MARAVILLAS
DEL
SISTEMA
SOLAR

Para Gia, George y Mo, quienes mantuvieron unida la familia mientras me ausenté para rodar Wonders.
Brian Cox

Para Anna, Benjamin, Martha y Theo, las auténticas maravillas de mi sistema solar.
Andrew Cohen

BLUME

Título original:
Wonders of the Solar System

Traducción:
Dulcinea Otero-Piñeiro

Revisión científica de la edición en lengua española:
David Galadí-Enríquez
Astrónomo
Doctor en Física

Coordinación de la edición en lengua española:
Cristina Rodríguez Fischer

Primera edición en lengua española 2012

© 2012 Naturart, S.A. Editado por BLUME
Av. Mare de Déu de Lorda, 20
08034 Barcelona
Tel. 93 205 40 00 Fax 93 205 14 41
e-mail: info@blume.net
© 2010 Harper Collins Publishers Ltd., Londres
© 2010 del texto Brian Cox y Andrew Cohen
© 2010 de las fotografías, salvo las detalladas
en la página 255, BBC
© 1996 del logo de la BBC, BBC

ISBN: 978-84-8076-984-6

Impreso en China

WWW.BLUME.NET

MIXTO
Papel procedente de
fuentes responsables
FSC
www.fsc.org
FSC™ C007454

MARAVILLAS DEL SISTEMA SOLAR

UN VIAJE DE EXPEDICIÓN
RIGUROSO Y PRAGMÁTICO
PARA VER, SENTIR Y VISITAR
OTROS MUNDOS

EL LIBRO DE LA SERIE DE TELEVISIÓN DE LA BBC

BRIAN COX
ANDREW COHEN

BLUME

CAPÍTULO I

—

LA MARAVILLA

—

06
INTRODUCCIÓN

CAPÍTULO 2

—

EL IMPERIO DEL SOL

—

22
UNA ESTRELLA ORDINARIA

Eclipses de Sol

En los dominios del Sol

La energía del Sol

Ha nacido una estrella

Las fuerzas ocultas tras el Sol

36
EL PODER DE LA LUZ DEL SOL

Manchas solares: las estaciones del Sol

El Sol y la Tierra:
¿comparten un mismo ritmo?

Cómo atrapar un rayo de Sol

Eclipse de Sol en Varanasi

46
EL SOL INVISIBLE

La estructura de la atmósfera solar

La heliosfera

Cómo defenderse de la fuerza del Sol

Luces fantásticas: las auroras boreales

La gran gira de las *Voyager*

De la Tierra a la nube de Oort

Indagar en el futuro del Sol

El diagrama Hertzsprung-Russell

La muerte del Sol

CAPÍTULO 3

—

ORDEN A PARTIR DEL CAOS

—

68
EL SISTEMA SOLAR COMO MECANISMO DE RELOJERÍA

Ritmos del Sistema Solar

El centro del universo

La concepción heliocéntrica

El nacimiento del Sistema Solar

84
SATURNO: LA INFANCIA DEL SISTEMA SOLAR

Saturno

Los anillos de Saturno

Los anillos de Saturno en la Tierra

Los satélites de Saturno

Encélado: el satélite más brillante

La gravitación: la gran escultora

106
INICIOS VIOLENTOS

El intenso bombardeo tardío

Un regalo para la Tierra

CAPÍTULO 4
—

LA DELGADA LÍNEA AZUL

—

114
LA EXPLORACIÓN DE LA ATMÓSFERA TERRESTRE

Viaje al borde de la Tierra

Las ataduras de la fuerza de la gravitación

Langostas en el fondo del mar

124
LA TEMPERATURA AMBIENTE EN LA TIERRA

Historia de dos atmósferas

Temperatura en superficie

La primera línea de defensa

Los cráteres de Mercurio

Atmósferas perfectas

El efecto invernadero

El planeta rojo

Cómo se perdió la atmósfera de Marte

144
UN SISTEMA SOLAR TEMPESTUOSO

Júpiter: el planeta de la meteorología

Titán: el satélite misterioso

Un viaje a Titán

El misterio de los lagos de Titán

CAPÍTULO 5
—

VIVOS O MUERTOS

—

162
EL CALOR INTERNO

Marte: un mundo familiar para nosotros

Los volcanes de Marte

La formación de los planetas rocosos

Formación de planetas

La ley del enfriamiento de Newton

Venus: una historia atormentada

180
JÚPITER: EL REY DE LOS GIGANTES

Júpiter: el planeta etéreo

Una visión apocalíptica

Impacto

El tirón gravitatorio de Júpiter

Interrelaciones poderosas:
la Luna y las mareas

Los satélites de Júpiter

Erta Ale, nordeste de Etiopía

El lugar más violento del Sistema Solar

Vulcanismo en el Sistema Solar

Las resonancias del Sistema Solar

CAPÍTULO 6
—

EXTRATERRESTRES

—

206
VIDA EN LA TIERRA

¿Qué es la vida?

El agua: una fuerza esencial para la vida

La rúbrica del agua

218
¿VIDA EN MARTE?

Cicatrices en Marte

Los minerales de Marte

El subsuelo inexplorado de Marte

Vida subterránea

La última pieza del rompecabezas

230
EUROPA: VIDA EN EL CONGELADOR

La excentricidad de la órbita de Europa

El glaciar de Vatnajökull en Islandia

244 — Índice

255 — Créditos de ilustraciones

256 — Agradecimientos

CAPÍTULO I

LA MARAVILLA

Hay mundos con un calor asfixiante y con un frío extremo; planetas con vientos peores que los huracanes terrestres más severos, y satélites con inmensos océanos subterráneos de agua.

E l frío atardecer invernal del día siguiente a la jornada del Año Nuevo de 1959, una minúscula esfera de metal llamada *Primera Nave Cósmica* ascendió, lenta en un principio pero con un ímpetu cada vez mayor, por el cielo del cosmódromo de Baikonur, situado unos ciento cincuenta kilómetros al este del mar de Aral. Pocos minutos después de emprender el vuelo, se separó de la tercera fase del cohete y se convirtió en el primer objeto fabricado por la humanidad que escapaba de la atracción gravitatoria del planeta Tierra. El 4 de enero pasó junto a la Luna y se situó en una órbita de 450 días de duración alrededor del Sol, en algún lugar situado entre la Tierra y Marte donde continúa estando en la actualidad.

Medio siglo después hemos lanzado toda una armada de emisarios robóticos y veintiún exploradores humanos más allá de la atracción gravitatoria de la Tierra, rumbo a los mundos de nuestro vecindario cósmico. Cinco de nuestras pequeñas naves han conseguido incluso escapar del abrazo gravitatorio del Sol en viajes que acabarán llevándolas hasta las estrellas. Ahora que ya no estamos confinados a la Tierra, deambulamos libremente por todo el imperio del Sol.

Esas naves nuestras nos han traído un legado de exploración que rivaliza fácilmente con las expediciones de Magallanes, Drake, Cook y las tripulaciones con las que surcaron los océanos de la Tierra. Como sucede con cualquier exploración, los viajes entrañaron grandes costes y dificultades, pero la recompensa no tiene precio.

El primer medio siglo de exploración espacial de la humanidad (menos de una vida humana) nos ha revelado que el Sistema Solar que habitamos es verdaderamente un lugar colmado de maravillas. Alberga mundos repletos de violencia y salpicados de oasis de calma; mundos de fuego y hielo, con un calor asfixiante y con un frío extremo; planetas con vientos peores que los huracanes terrestres más severos, y satélites con inmensos océanos subterráneos de agua. En un rincón del imperio del Sol hay planetas en los que el plomo fluiría fundido por la superficie, mientras que otro alberga hábitats potenciales para la vida fuera de la Tierra. Hay surtidores de hielo, penachos volcánicos de gases sulfurosos que alcanzan grandes alturas en cielos bañados en radiación, y mundos gigantes de gas rodeados por anillos de agua prístina congelada. Mil millones de mundos diminutos de roca y hielo orbitan alrededor de este Sol nuestro, amarillo y de mediana edad, y se adentran hasta la cuarta parte del espacio que nos separa de nuestra vecina estelar más cercana, Proxima Centauri. ¡Menudo imperio de riquezas y menudo tema para una serie de televisión!

Cuando empezamos a pensar en materializar el proyecto de *Maravillas del Sistema Solar*, enseguida reparamos en que hay mucho más sobre la exploración del espacio que las espectaculares imágenes y los sorprendentes datos y números que nos han brindado

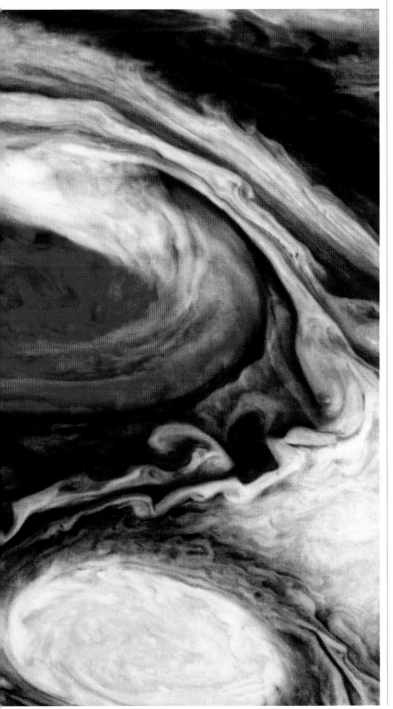

nuestras naves robóticas. Cada misión ha aportado una pieza más a este rompecabezas sutil y complejo y nos ha revelado una imagen mucho más amplia del majestuoso ruedo en el que vivimos nuestras vidas. Misión tras misión, pieza a pieza, hemos aprendido que nuestro entorno no se acaba en el límite superior de la atmósfera terrestre. Las sutiles y complejas interacciones gravitatorias de los planetas con el Sol y los miles de millones de fragmentos de roca y hielo que orbitan en su derredor han ejercido un influjo directo en la evolución de la Tierra a lo largo de los 4 500 millones de años que han transcurrido desde su formación, y esa influencia perdura aún hoy.

Se cree que la Luna, de un tamaño extraordinariamente grande para un satélite en relación con su planeta, estabiliza las estaciones del año y, por tanto, pudo tener una relevancia considerable para permitir el desarrollo de vida compleja en la Tierra; probablemente necesitamos a nuestra Luna.

Se cree que los cometas procedentes de los lejanos dominios del Sistema Solar exterior liberaron gran parte del agua que conforma los océanos terrestres durante un episodio de bombardeo violento tan solo quinientos millones de años después de que se gestara nuestro planeta. Se cree que aquel suceso, conocido como bombardeo intenso tardío, se produjo como resultado de una potente danza gravitatoria entre los planetas gigantes del Sistema Solar: Júpiter, Saturno y Neptuno. Sin aquella intervención violenta y aleatoria tal vez tendríamos poca agua, o ninguna, en nuestro planeta; probablemente necesitamos a los cometas, a Júpiter, Saturno y Neptuno.

Y lo más preocupante para nosotros en la actualidad es que no tenemos motivos para pensar que esta interacción, a menudo violenta, con el resto de pobladores del Sistema Solar haya cesado; volverán a visitarnos pedazos colosales de roca y hielo procedentes de las distantes profundidades del Sistema Solar exterior y, si no los detectamos y nos pillan desprevenidos, tal vez no sobrevivamos. Se cree que esta amenaza tan real está amortiguada por el influjo gravitatorio que ejerce Júpiter sobre los cometas y asteroides que pasan junto a él, porque aparta muchos de ellos de nuestro camino; probablemente necesitamos a Júpiter.

Este esbozo del Sistema Solar como un entorno complejo, entretejido y en interacción que se extiende mucho más allá del límite superior de nuestra atmósfera constituye uno de los temas centrales de esta serie. Para conocer nuestra posición en el universo debemos alzar la vista más allá del horizonte terrestre y escudriñar una inmensa esfera que quizá abarque un año-luz más allá del cinturón de Kuiper, formado por cometas, y llegue hasta los confines de la nube de Oort, repleta de mundos helados, que rodea el Sol.

La exploración del Sistema Solar también nos ha brindado información muy valiosa sobre algunos de los problemas más opresivos y acuciantes a los que nos enfrentamos en la actualidad. La comprensión del complejo sistema meteorológico y climático de la Tierra, y de cómo reacciona ante cambios como el aumento de los gases de efecto invernadero en la atmósfera, tal vez constituya el mayor desafío para la ciencia de principios del siglo XXI. Se trata de un reto para las ciencias planetarias: la Tierra es un ejemplo de planeta con una atmósfera de una composición química particular que orbita alrededor del Sol a una distancia particular. El disponer de un solo ejemplo de un sistema tan vasto e interdependiente dista de lo ideal para los científicos y dificultaría enormemente la comprensión de ese comportamiento sutil y complejo. Pero, por suerte, disponemos de más de un ejemplo. El Sistema Solar es un laboratorio cósmico, un conjunto diverso de cientos de mundos, grandes y pequeños, tórridos y gélidos. Algunos orbitan nuestra estrella más cerca que nosotros, la mayoría se encuentra muchísimo más lejos. Algunos poseen atmósferas ricas en gases de efecto invernadero, mucho más densas que la nuestra; otros han perdido por completo sus atmósferas en el vacío del espacio, con la salvedad de tenues trazas. Nuestros vecinos planetarios más próximos, Venus y Marte, constituyen ejemplos notables de lo que podría sucederle a mundos muy parecidos a la Tierra si imperaran unas condiciones ligeramente distintas. Venus experimentó un efecto invernadero desbocado que elevó las temperaturas de la superficie por encima de los 400 °C, y la presión atmosférica hasta 90 veces más que en la Tierra. Como las leyes de la física que controlan la evolución de las atmósferas planetarias son idénticas en la Tierra y en Venus, nuestros conocimientos sobre el efecto invernadero en la Tierra se pueden trasladar a Venus y comprobar allí. De este modo adquirimos una información adicional y valiosa para refinar y mejorar los modelos. El descubrimiento de que este planeta azul, apacible y brillante que luce tan hermoso en los cielos crepusculares de la Tierra se transformó hace mucho tiempo en un mundo infernal con unas temperaturas abrasadoras, lluvia ácida y una presión aplastante ha tenido un verdadero y profundo impacto psicológico, porque demuestra con crudeza que en planetas no muy distintos del nuestro puede darse un efecto invernadero galopante.

El estudio de Marte nos ha reportado datos igual de provechosos. Durante los primeros días de la exploración de Marte, la observación de la evolución de las tormentas de polvo en el planeta rojo respaldó la hipótesis del invierno nuclear en la Tierra. Así, se observó que tormentas que comenzaban en pequeñas regiones localizadas lanzaban grandes cantidades de polvo a la atmósfera del planeta. Al cabo de varias semanas, el polvo envolvía todo el orbe, lo que coincidía

El acceso a mundos fuera de nuestro alcance es un motor esencial para el progreso y un sustento necesario para el espíritu humano. La curiosidad es el combustible que propulsa nuestra civilización.

con exactitud con los modelos sobre la evolución de las nubes de polvo y de humo que generaría un intercambio de ataques nucleares a gran escala. Cuando un planeta queda cubierto por un manto de polvo, el calor del Sol sale reflejado de vuelta al espacio y las temperaturas caen con rapidez, lo que conduce a lo que se conoce como un invierno nuclear que podría prolongarse muchas décadas. En la Tierra, una situación así podría provocar la extinción de muchas especies, incluyendo quizá la nuestra.

La observación del mini-invierno nuclear que se produce de forma periódica en Marte fue crucial para la aceptación de la teoría, y esto influyó enormemente en el fin de la guerra fría. Tal como dijo el expresidente soviético Mijaíl Gorbachov en el año 2000, «los modelos desarrollados por científicos soviéticos y estadounidenses evidenciaron que una guerra nuclear derivaría en un invierno nuclear que resultaría extremadamente destructivo para toda la vida de la Tierra; esta información supuso un gran estímulo para que nosotros, gente con honor y con moral, tomáramos medidas ante aquella situación».

Maravillas trata también sobre el ingenio y la excelencia ingenieril de la humanidad. La soviética *Primera Nave Cósmica* emprendió su viaje al exterior de la Tierra cincuenta y cinco años después del primer vuelo propulsado, logrado por Orville y Wilbur Wright en diciembre de 1903. *Wright Flyer 1* se construyó con madera de piceas y muselina, y lo propulsaba un motor de gasolina de doce caballos ensamblado en un taller de bicicletas. En 1969, al cabo de un intervalo temporal inferior al de una vida humana,

INFERIOR: El astronauta Ed White realizó el primer paseo espacial estadounidense durante la misión *Gemini 4* el 3 de junio de 1965. Permaneció suspendido sobre el océano Pacífico durante veintitrés minutos.

PÁGINAS SIGUIENTES: Despegue del *Cohete Lunar Saturn V Apollo 17* desde el Centro Espacial Kennedy, Florida, el 17 de diciembre de 1972.

14

LA MARAVILLA

Armstrong y Aldrin pusieron el pie en otro mundo, lanzados por un cohete, *Saturn V*, cuyos motores de la primera fase producían conjuntamente unos 180 millones de caballos. El cohete lunar, la máquina voladora más potente y evocadora jamás construida, medía 111 metros de altura, tan solo 30 centímetros menos que la cúpula de la magistral catedral de San Pablo de Christopher Wren, en Londres. Cargado al máximo de combustible para viajar a la Luna, pesaba 3 000 toneladas. Sesenta y seis años antes del viaje lunar de ida y vuelta, de 800 000 km, que acometió la *Apollo 11*, el *Wright Flyer 1* había alcanzado una altura de tres metros durante su primer vuelo. Este ritmo de avance tecnológico, que culmina con nuestros primeros viajes al Sistema Solar profundo, carece de precedentes en la historia de la humanidad, y sus beneficios son incalculables.

Maravillas es un canto al espíritu de exploración. La palabra *canto* quizá se quede demasiado corta. Es un llamamiento desesperado a recuperar y valorar el espíritu de los marinos y de los pioneros de la aviación y el vuelo espacial; un argumento de peso para convencer al público espectador y lector de que llegar a mundos fuera de nuestro alcance constituye un motor esencial para el progreso y un sustento necesario para el espíritu humano. La curiosidad es el combustible que propulsa nuestra civilización. Si renunciamos a esta inclinación impetuosa e innata, quizá porque los problemas terrestres parezcan más importantes o acuciantes, entonces las fronteras de nuestros dominios intelectuales y físicos menguarán con nuestras ambiciones. Formamos parte de un ecosistema mucho más vasto, y nuestra prosperidad y hasta nuestra supervivencia a largo plazo dependen del conocimiento que tengamos del mismo.

En 1962, John F. Kennedy pronunció uno de los discursos políticos más excelsos en la Universidad Rice de Houston, Tejas. Durante el mismo, expuso las razones para que Estados Unidos emprendiera la costosa y ambiciosísima conquista de la Luna. Imagine el arrojo, el inmenso poder y la clarividencia que tuvo para comprometerse a realizar un viaje a través de 400 000 km de espacio cósmico, aterrizar en otro mundo y regresar sin daño alguno a la Tierra. Estados Unidos consiguió la proeza más audaz del ingenio humano nueve años después de efectuar su primer vuelo suborbital tripulado. La próxima vez que alce la mirada hacia nuestro reluciente satélite, piense en esos hombres iguales a usted que decidieron colocar allí su bandera para toda la humanidad.

En los albores del siglo XXI, el Sistema Solar es la frontera de nuestra civilización. Los primeros pasos de la humanidad hacia las tierras inexploradas que penden sobre nuestras cabezas han resultado muy fructuosos, nos han revelado todo un tesoro de nuevos mundos y nos han aportado una información inestimable sobre la belleza y la fragilidad únicas de nuestro planeta. Como especie, pendemos constantemente del filo de una navaja, propensos a desavenencias parroquiales e incapaces de aprovechar nuestra poderosa curiosidad e inagotable ingenio. La exploración del Sistema Solar nos ha reportado lo mejor de nosotros mismos, y eso es un regalo muy valioso. Nos despoja de los peores instintos y nos insta a enfrentarnos cara a cara a lo mejor. Estamos obligados a saber que somos una especie entre millones de ellas que habitan un planeta en órbita alrededor de una estrella como miles de millones más en el seno de una de los billones de galaxias que existen. La belleza de nuestro planeta se torna manifiesta, experimenta un realce desmesurado al yuxtaponerla a otros mundos. Al final, el valor de esos primeros pasos hacia el exterior cobra un relieve tan extraordinario que todos los que compartan la maravilla se llenarán sin duda de optimismo y de un deseo irrefrenable por proseguir el viaje más valioso de todos ◉

«*Hace muchos años preguntaron al insigne explorador británico George Mallory, que más tarde fallecería en el Monte Everest, por qué quería escalarlo. Él respondió: "Porque está ahí". Pues bien, el espacio está ahí, y vamos a escalarlo, y la Luna y los planetas están ahí, y hay nuevas esperanzas de conocimiento y de paz ahí. Así que, en el momento de zarpar, imploramos la bendición de Dios para la aventura más arriesgada, peligrosa y grandiosa en la que se ha embarcado el hombre jamás*».

— John F. Kennedy, Universidad Rice, 1962

PÁGINA SIGUIENTE: La primera misión tripulada para aterrizar en la Luna, *Apollo 11*, despegó del Centro Espacial Kennedy el 16 de julio de 1969. A bordo de la nave viajaban los astronautas Neil Armstrong, Michael Collins y Edwin E. (Buzz) Aldrin. En esta fotografía, Aldrin camina entre varias rocas portando con facilidad equipos científicos demasiado pesados para acarrearlos así en la Tierra.

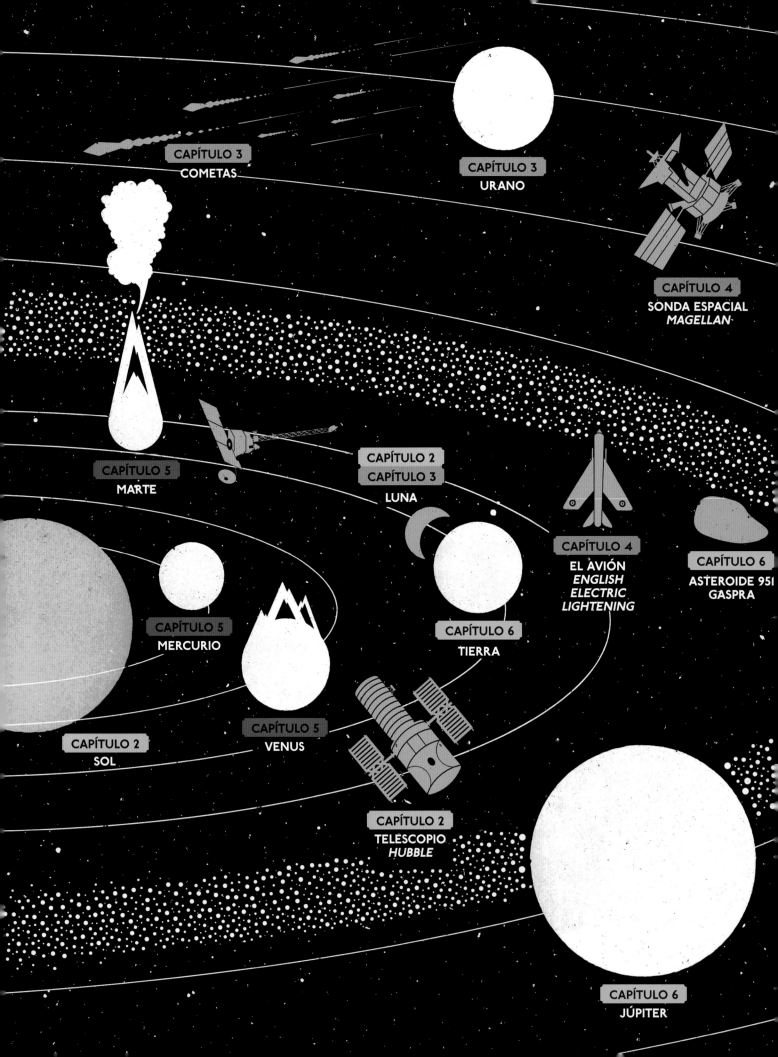

CAPÍTULO 3
COMETAS

CAPÍTULO 3
URANO

CAPÍTULO 4
SONDA ESPACIAL
MAGELLAN

CAPÍTULO 5
MARTE

CAPÍTULO 2
CAPÍTULO 3
LUNA

CAPÍTULO 4
EL AVIÓN
*ENGLISH
ELECTRIC
LIGHTENING*

CAPÍTULO 6
ASTEROIDE 951
GASPRA

CAPÍTULO 5
MERCURIO

CAPÍTULO 6
TIERRA

CAPÍTULO 5
VENUS

CAPÍTULO 2
SOL

CAPÍTULO 2
TELESCOPIO
HUBBLE

CAPÍTULO 6
JÚPITER

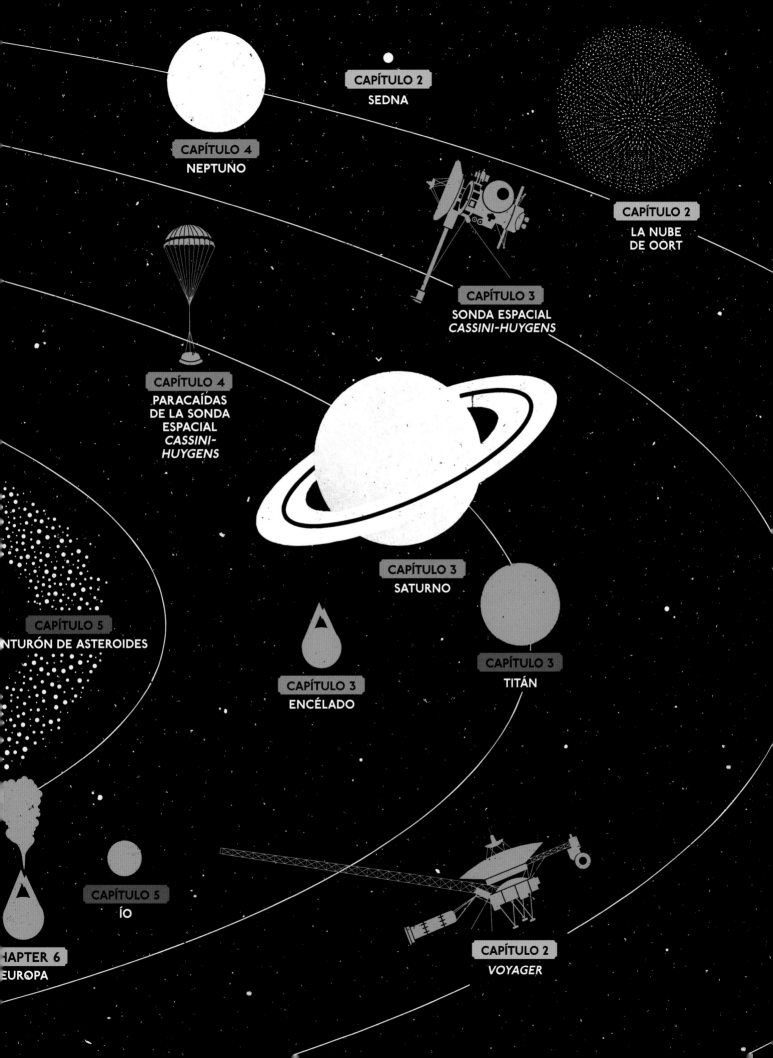

CAPÍTULO 2
SEDNA

CAPÍTULO 4
NEPTUNO

CAPÍTULO 2
LA NUBE
DE OORT

CAPÍTULO 3
SONDA ESPACIAL
CASSINI-HUYGENS

CAPÍTULO 4
PARACAÍDAS
DE LA SONDA
ESPACIAL
*CASSINI-
HUYGENS*

CAPÍTULO 3
SATURNO

CAPÍTULO 5
NTURÓN DE ASTEROIDES

CAPÍTULO 3
ENCÉLADO

CAPÍTULO 3
TITÁN

CAPÍTULO 5
ÍO

HAPTER 6
EUROPA

CAPÍTULO 2
VOYAGER

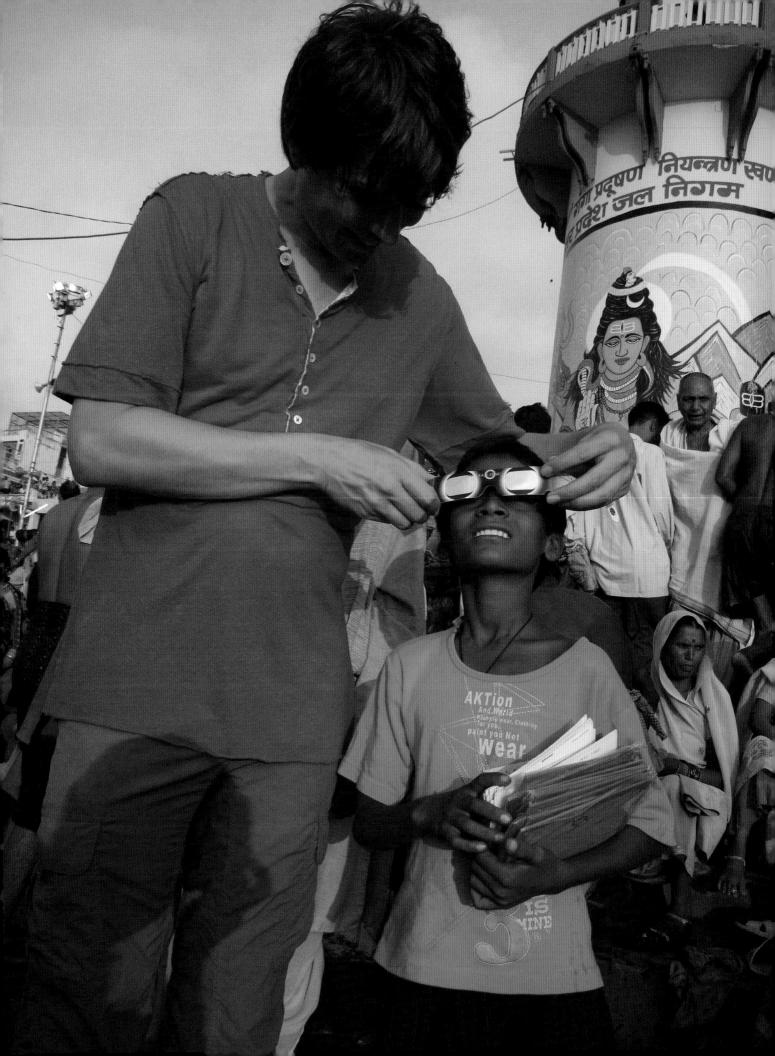

EL IMPERIO DEL SOL

UNA ESTRELLA ORDINARIA

Su núcleo energético radica en el centro
de nuestro complejo y fascinante Sistema
Solar. Lo es todo para nosotros y, sin embargo,
no es más que una estrella cualquiera
entre los 200 mil millones de estrellas
que pueblan la Galaxia. Es una gran
maravilla que nos saluda cada mañana;
una estrella que controla cada uno de
los mundos que tiene bajo su dominio.
Es el Sol. El Sol gobierna un vasto imperio
de mundos, y sin él no seríamos nada;
la vida no existiría en la Tierra. Aunque
moramos en el maravilloso imperio
del Sol, el astro es un lugar que nunca
podremos aspirar a visitar. En cambio,
gracias a los avances constantes de
la tecnología y la exploración espacial,
y a través de la observación desde la Tierra,
cada detalle espectacular que contemplamos
nos desvela algo más sobre ese enigma
que es el Sol.

INFERIOR: En julio de 2009 los peregrinos se congregaron en Varanasi, en el sagrado río Ganges, no solo para bañarse en sus veneradas aguas, sino también para contemplar el eclipse total de Sol más largo del siglo XXI.

En el norte de la India, a orillas del río Ganges, yace la ciudad santa de Varanasi. Es una de las ciudades más antiguas del mundo que ha permanecido poblada ininterrumpidamente y, para los hindúes, encarna una de las ciudades más santas de toda la India.

Varanasi, o Benarés, por devolverle a la urbe su antiguo nombre, es una ciudad impregnada con los colores, sonidos y aromas de una India más antigua. Como reza el célebre escrito de Mark Twain: «Benarés es más vieja que la historia, más vieja que la tradición, más vieja incluso que la leyenda, y parece dos veces más vieja que todo esto junto».

Cada año, un millón de peregrinos visita Varanasi para bañarse en el río sagrado y orar en los cientos de templos que tapizan la ciudad. Parte de lo que torna tan especial esta ciudad reside en la orientación con la que discurre el río sagrado; es el único lugar por donde el Ganges se tuerce hacia el norte, lo que lo convierte en el único tramo del río en el que uno puede bañarse contemplando la salida del Sol por la orilla oriental. Y la salida del Sol sobre Varanasi constituye ciertamente una de las vistas más magníficas de la Tierra. El aire húmedo tropical aporta un toque soporífero a la luz, que a su vez confiere un tono de fábula a los coloridos edificios y palacios que jalonan el río sagrado. Es una experiencia desdibujada en tonos pastel, una ensoñación, como si la ciudad se materializara, no a partir del amanecer, sino desde el pasado.

En cambio, el 22 de julio de 2009, justo a las 6:24 horas de la mañana, otra clase de peregrinación aguardaba a orillas del Ganges para presenciar una de las auténticas maravillas del Sistema Solar.

A aquella hora, a lo largo de una franja estrecha de la superficie de la Tierra, unos pocos afortunados contemplarían el eclipse total de Sol más largo desde junio de 1991. La Luna cubriría la faz del Sol durante tres minutos y medio, y sumiría esta antigua ciudad en las tinieblas ◉

ECLIPSES DE SOL

Los eclipses totales de Sol tal vez representen el ejemplo más visual y visceral de la estructura y el ritmo de nuestro Sistema Solar. Constituyen una experiencia muy humana que desvela la mecánica de ese sistema.

En el centro se halla el Sol, el cual gobierna un imperio de mundos que se **mueve** como un mecanismo de relojería. Todo lo que contienen estos dominios obedece a las leyes de mecánica celeste que descubrió sir Isaac Newton a finales del siglo XVII. Estas leyes nos permiten predecir con exactitud dónde se situará cada mundo durante varios de los siglos venideros. Y estemos donde estemos, siempre que haya un satélite entre nosotros y el Sol se producirá un eclipse solar en algún instante temporal.

Los eclipses se producen en todo el Sistema Solar; tanto Júpiter como Urano y Neptuno poseen varios satélites, de modo que alrededor de estos planetas se producen eclipses con frecuencia. En Saturno, la luna Titán se interpone entre el Sol y el planeta anillado cada quince años, mientras que, en el planetoide Plutón, los eclipses con su inmenso satélite Caronte se suceden en gran número cada 120 años. Pero el rey de los eclipses lo representa el gigante gaseoso Júpiter; como este planeta posee cuatro satélites grandes que orbitan a su alrededor, es habitual contemplar la sombra de lunas como Ío, Ganímedes y Europa desplazándose por las nubes altas jovianas. A veces se producen eclipses más espectaculares aún. En la primavera de 2004, el telescopio *Hubble* tomó una imagen extraordinaria (página siguiente, superior) en la que se divisa la sombra de tres satélites sobre la superficie de Júpiter; tres eclipses simultáneos. Aunque estos acontecimientos solo se producen una vez cada varias décadas, las fechas de los eclipses en Júpiter son tan predecibles como cualquier otro suceso celeste. Durante cientos de años hemos sido capaces de alzar la mirada al firmamento nocturno y saber con exactitud qué ocurrirá y en qué momento. A lo largo de la historia, este conocimiento preciso del movimiento del Sistema Solar brindó los fundamentos sobre los que se asienta un conocimiento mucho más profundo de la estructura y el funcionamiento de nuestro universo. Un ejemplo excelente lo ofrece el cálculo extraordinario que realizó el astrónomo holandés, y poco conocido, Ole Rømer en la década de 1670. Rømer fue uno de los muchos astrónomos que intentaron resolver un rompecabezas que parecía carente de sentido.

La ocultación de los satélites galileanos, Ío, Europa, Ganímedes y Calisto, por parte de Júpiter se predijo con precisión en cuanto se calcularon y se conocieron sus órbitas. Pero no se tardó en observar que los satélites desaparecían y reaparecían tras el disco joviano unos veinte minutos más tarde de lo esperado cuando Júpiter se hallaba en el extremo más alejado del Sol (el dato exacto actual asciende a diecisiete minutos). Cuando las predicciones de una teoría científica difieren de la observación, esa teoría debe modificarse o incluso rechazarse, a menos que se encuentre una explicación. Aquello ponía en tela de juicio el bello Sistema Solar de relojería de Newton.

Rømer fue el primero en reparar en que aquel retraso no respondía a un fallo en el mecanismo de relojería del Sistema Solar, sino que se debía a que la luz tarda un tiempo en viajar desde Júpiter hasta la Tierra. Los eclipses de los satélites galileanos se producen justo cuando los predice Newton, pero esos eclipses no se ven desde la Tierra hasta un poco más tarde de lo previsto cuando Júpiter se encuentra más lejos de la Tierra, por la sencilla razón de que la luz tarda más tiempo en recorrer una distancia mayor.

A partir de esta observación maravillosamente simple de los eclipses de Júpiter, el astrónomo holandés Christiaan Huygens consiguió efectuar el primer cálculo de la velocidad de la luz. Ahora sabemos que la velocidad de la luz es una propiedad fundamental de nuestro universo. Es uno de los números universales que no varía y se mantiene constante en todo el cosmos. Al final, hubo que esperar hasta la teoría de Einstein sobre el espacio y el tiempo, la relatividad especial de 1905, para conocer su verdadero significado, pero la larga y sinuosa senda de este descubrimiento se puede seguir hasta Rømer y sus eclipses.

Más cerca de casa los eclipses se vuelven más familiares aún. En 2004, el todoterreno de exploración de Marte llamado *Opportunity* miró hacia las alturas desde la superficie de Marte y tomó la imagen posiblemente más bella de un eclipse extraterrestre (página siguiente, inferior). En esta fotografía singular se ve el satélite Fobos de Marte pasando ante el disco del Sol, la imagen de un eclipse parcial de Sol desde la superficie de otro mundo.

En Marte, los eclipses no solo son posibles, sino además tan comunes que se producen cientos de ellos cada año. Lo que jamás veremos en Marte es un eclipse total de Sol.

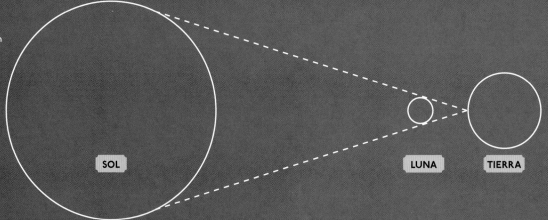

UN ECLIPSE TOTAL DE SOL:
Este fenómeno natural ocurre cuando la Luna se sitúa entre la Tierra y el Sol, y oculta por completo la contemplación del Sol desde la Tierra.

SOL   LUNA   TIERRA

Aquí en la Tierra, en cambio, los humanos disponemos de la mejor localidad de todo el Sistema Solar para disfrutar del espectáculo de un eclipse total de Sol gracias a un capricho maravilloso del azar.

Para que suceda un eclipse total de Sol perfecto, la Luna debe mostrar el mismo tamaño aparente en el firmamento que el Sol. En el resto de planetas del Sistema Solar no existe ningún satélite con el tamaño y la distancia al Sol adecuados para crear la perspectiva perfecta de un eclipse total de Sol. En cambio, aquí en la Tierra los cielos se han dispuesto en el orden perfecto. El Sol tiene un diámetro 400 veces mayor que el de la Luna y, por pura coincidencia, también se encuentra 400 veces más lejos que ella de la Tierra. Así que, cuando nuestra Luna pasa ante el disco del Sol, puede llegar a cubrirlo por completo.

Dados los más de 150 satélites naturales que pueblan el Sistema Solar, cabría esperar que se produjeran más eclipses totales de Sol, pero ninguno de ellos crea eclipses tan perfectos como la Luna terrestre. Sin embargo, esto no durará siempre. El mecanismo de relojería del Sistema Solar es tal que las mareas que causa la Luna en la Tierra tienen consecuencias. A medida que la Tierra gira bajo los abultamientos de marea provocados por la Luna, el ritmo de su rotación se frena de forma gradual, aunque casi imperceptible, debido a la fricción, y eso provoca que la Luna se aparte cada vez más y más de la Tierra. Esta danza compleja, perfectamente acorde con las leyes de Newton, también es la responsable de que solo veamos una cara de la Luna desde la Tierra: un fenómeno llamado rotación capturada o sincrónica.

El alejamiento es minúsculo, de tan solo unos 4 centímetros al año, pero se va acumulando a lo largo de la vasta extensión del tiempo geológico. Hace unos 65 millones de años, la Luna se encontraba mucho más próxima a la Tierra, y los dinosaurios no vieron los eclipses perfectos que contemplamos hoy. La Luna estaba más cerca de la Tierra y, por tanto, ocultaba al Sol sobradamente. En el futuro, a medida que la Luna se aleje de la Tierra, este alineamiento único empezará a degradarse poco a poco; a medida que se aparte de nuestro planeta, la Luna se verá más pequeña en el cielo y acabará mostrándose demasiado pequeña para cubrir el Sol por completo. Esta disposición accidental del Sistema Solar significa que ahora estamos viviendo justo en el instante y en el lugar correctos para disfrutar del acontecimiento astronómico más preciado de todos ◉

INFERIOR: El rey de los eclipses. Esta imagen del telescopio espacial *Hubble* de la NASA muestra con claridad tres círculos negros en la superficie de Júpiter que se corresponden con las sombras que proyectan en él tres de los cuatro satélites principales que orbitan alrededor del planeta.

EXTREMO INFERIOR: Estas tres imágenes se tomaron de izquierda a derecha con el todoterreno de exploración de Marte *Opportunity* y en ellas se aprecia el desplazamiento del satélite marciano Fobos a medida que pasa ante el disco solar y provoca un eclipse parcial de Sol.

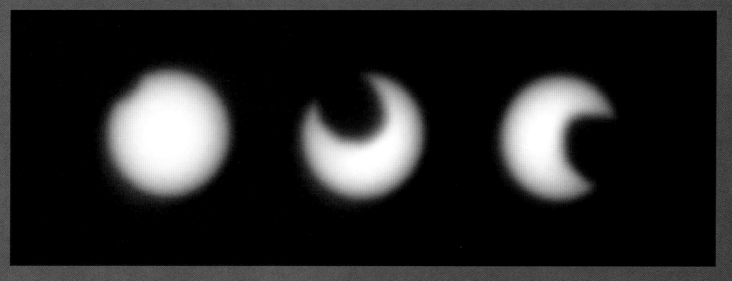

EN LOS DOMINIOS DEL SOL

La estrella que tenemos más cerca constituye el lugar más extraño y alienígena para nosotros de todo el Sistema Solar. Es un lugar que nunca aspiraremos a visitar, pero, a través de la exploración espacial y de una serie de descubrimientos casuales, nuestra generación está empezando a conocer el Sol con un grado de detalle exquisito. Para nosotros lo es todo y, aún así, no es más que una estrella ordinaria entre los doscientos mil millones de maravillas estelares que conforman nuestra Galaxia. La exploración de los dominios del Sol requiere un viaje de más de 13 000 millones de kilómetros; un viaje que nos lleve desde temperaturas de quince millones de grados centígrados, en el núcleo de nuestra estrella, hasta los gélidos confines del Sistema Solar, donde el calor del Sol desapareció mucho tiempo atrás.

El 14 de noviembre de 2003, tres científicos estadounidenses descubrieron un planeta enano en las fronteras más remotas del Sistema Solar. Sedna es un planetoide tres veces más alejado del Sol que Neptuno. Sedna, con unos 1 600 kilómetros de diámetro, apenas recibe el calor del Sol; la temperatura de la superficie jamás se eleva por encima de -240 °C. Durante la mayor parte de su recorrido orbital, Sedna se encuentra más alejado de nuestra estrella que ningún otro planeta enano conocido. El lento viaje que realiza alrededor del Sol hace que cada órbita completa (un año de Sedna) dure 12 000 años terrestres. Desde su helada superficie, situada a un mínimo de trece mil millones de kilómetros de distancia de la Tierra, la contemplación de la salida del Sol sobre Sedna debe de brindar una imagen muy distinta del Sistema Solar y una idea muy clara sobre lo lejos que se extienden los dominios del Sol. Un amanecer en Sedna no es más que la salida de una estrella en el firmamento nocturno: desde este lugar helado, nuestro resplandeciente Sol es tan solo una estrella más.

Para viajar desde la linde más exterior de la órbita de Sedna hasta uno de los primeros planetas reales del Sistema Solar habría que recorrer más de diez mil millones de kilómetros. Urano fue el primer planeta que se descubrió empleando un telescopio. Lo logró sir Wilhelm Herschel en 1781, y, al igual que todos los planetas gigantes (salvo Neptuno), se divisa a simple vista. Y, a pesar de ello, la salida del

SOL ···································· ○

150 MILLONES DE KM   TIERRA

PÁGINA ANTERIOR: El planeta enano recién descubierto llamado Sedna reside en los confines más remotos del Sistema Solar. Desde este planeta helado, el Sol se mostraría meramente como una estrella muy distante.

INFERIOR: Este paisaje con el Sol poniéndose tras el cráter Gusev de Marte lo fotografió el todoterreno de exploración *Spirit*. Las puestas y las salidas del Sol llegan a durar dos horas en este planeta.

Sol apenas resulta perceptible en Urano; el Sol pende en el firmamento 300 veces más pequeño de lo que se muestra en la Tierra. Solo 2 500 millones de kilómetros después de Júpiter y Saturno, se llega al primer mundo con una imagen del Sol más familiar para nosotros. Las puestas de Sol en Marte, más de 200 millones de kilómetros más alejado del Sol que la Tierra, nos resultan extrañamente familiares. El 19 de mayo de 2005, el todoterreno de exploración de Marte *Spirit* captó esta misteriosa imagen del Sol poniéndose tras el borde del cráter Gusev. El todoterreno tomó esta panorámica compuesta a las 6:07 de la tarde durante la jornada n.º 489 que pasó en el planeta rojo. Esta puesta de Sol no solo es hermosa, sino que además nos trasmite algo esencial sobre el cielo de Marte. Reiteradas observaciones han revelado que los crepúsculos duran mucho en Marte, de forma que comienzan hasta dos horas antes de que salga el Sol y terminan dos horas después de su puesta. La razón de esta progresión lenta desde y hacia la oscuridad estriba en el fino polvo que se desprende de la superficie del planeta y se alza hasta altitudes increíbles. A esas alturas, el polvo de la mitad de Marte bañada en luz esparce los rayos de Sol por la mitad sumida en tinieblas, lo que produce la bonita transición entre el día y la noche. Aquí en la Tierra algunas de las salidas y puestas de Sol más largas se deben a un mecanismo similar, cuando diminutos granos de polvo salen catapultados a grandes alturas de la atmósfera por intensas erupciones volcánicas, lo cual esparce la luz y provoca momentos muy coloridos en nuestro planeta.

Más allá de la Tierra, situada a 150 millones de kilómetros del Sol, nos encaminamos hacia el corazón del Sistema Solar. Mercurio es el planeta más próximo al Sol, a tan solo cuarenta y seis millones de kilómetros de distancia. Gira tan despacio sobre su eje que entre un amanecer y el siguiente transcurren 176 días terrestres. Después de él no hay nada salvo el Sol desnudo, una esfera ardiente y colosal de martirizada materia incandescente en cuyo núcleo las temperaturas rondan los quince millones de grados centígrados.

Cuesta concebir las dimensiones del Sol; con 1 400 000 kilómetros de diámetro, supera en 100 veces el diámetro de la Tierra, lo que significa que podría contener en su interior más de un millón de Tierras. Su masa asciende a 2×10^{30} kilogramos, es decir, 330 000 veces la de nuestro planeta. La suma de la masa de los planetas, planetoides, satélites y asteroides representa menos del 50 % de su masa total. ◉

A lo largo de la historia de la humanidad, esta majestuosa maravilla ha sido una fuente constante de consuelo, respeto y veneración, pero nuestro conocimiento del Sol ha avanzado despacio. Durante siglos, las mentes científicas más exquisitas se han esforzado por descubrir cómo se creó esta fuente de calor y energía aparentemente inagotable. Hasta épocas tan recientes como el siglo XIX, la ciencia ha tenido un conocimiento escaso sobre la composición del Sol, su origen o el secreto de su fabuloso poder.

LA ENERGÍA DEL SOL

INFERIOR: Por medio tan solo de un paraguas, una lata de agua y un termómetro, medimos la energía que emite el Sol en el Valle de la Muerte de California, que suele ser el lugar más tórrido del planeta.

PÁGINA SIGUIENTE: Lo que parece ser un agujero en el firmamento nocturno es en realidad la nube molecular Barnard 68. Esta nube de polvo y gas molecular acabará formando con el tiempo un nuevo sistema solar resplandeciente.

En 1833 John Herschel, el astrónomo más célebre de su generación, viajó hasta el cabo de Buena Esperanza, en Sudáfrica, rumbo a una ambiciosa aventura astronómica para cartografiar las estrellas de los cielos australes. Aquel viaje supuso el fin de una odisea extraordinaria para la familia Herschel; él completó el trabajo que su padre, Wilhelm Herschel, había iniciado en los cielos boreales 50 años antes.

En 1838 Herschel se dedicó a responder una de las cuestiones más fundamentales que podemos plantearnos acerca del Sol: ¿cuánta energía produce en realidad? Tal vez parezca un cálculo increíblemente ambicioso, pero Herschel sabía que para medir esta «constante solar» solo necesitaría un termómetro, una lata con agua, un paraguas y los previsibles cielos azules de Ciudad del Cabo.

Para medir la radiación del Sol a través de miles de millones de kilómetros de espacio, hay que partir de algo pequeño. Así que Herschel empezó por preguntarse cuánta energía deposita el Sol sobre una pequeña porción de la superficie terrestre. Herschel esperó al mes de diciembre para llevar a cabo el experimento porque para entonces el Sol se situaría justo en la vertical del cielo. Entonces colocó la lata a la sombra del paraguas expuesto al Sol del mediodía. Cuando el agua se calentó hasta alcanzar la temperatura ambiente, le quitó la sombra para permitir que el Sol incidiera directo sobre el agua. Expuesta directamente al Sol, la temperatura del agua empezó a ascender y, midiendo el tiempo que tarda el Sol en elevar un grado centígrado la temperatura del agua, Herschel calculó con precisión cuánta energía depositaba el Sol en la lata de agua.

El cálculo era sencillo porque Herschel ya conocía lo que se denomina capacidad calorífica del agua que, en unidades modernas, se corresponde con la cantidad de energía necesaria para elevar un kelvin la temperatura de un kilogramo de agua. El kelvin es la unidad de temperatura de la escala que se suele emplear en ciencia: un kelvin tiene la misma magnitud que un grado centígrado, pero el origen de la escala kelvin, 0 kelvin, está situado en -273 ºC. (Para que conste, la capacidad calorífica del agua asciende a 4 187 julios por cada kilogramo y por kelvin). A partir de ese cálculo, solo hay que dar un pequeño paso más para ampliar la cifra y calcular cuánta energía se libera sobre un metro cuadrado de superficie terrestre en un segundo. Resulta que en un día despejado en el que el Sol se sitúe justo en la vertical, ese número ronda un kilovatio. Lo que equivaldría a que la energía del Sol alimentara diez bombillas de 100 vatios en cada metro cuadrado de la superficie terrestre.

Con esta cifra, Herschel ya pudo dar un salto imaginario y calcular toda la emisión energética del Sol. Él sabía que la Tierra dista 150 millones de kilómetros del Sol, así que imaginó una esfera gigante alrededor del Sol de 150 millones de kilómetros de radio. Sumando cada uno de esos kilovatios por cada metro cuadrado de toda esa esfera imaginaria, consiguió estimar la emisión energética

Cada segundo el Sol produce 400 millones de millones de millones de millones de vatios de potencia, lo que se corresponde con un millón de veces el consumo energético de Estados Unidos a lo largo de todo un año, irradiados en un solo segundo.

por segundo del Sol en su totalidad. Se trata de una cifra que empieza a revelar la verdadera magnitud de nuestra estrella: cada segundo el Sol produce 400 millones de millones de millones de millones de vatios de potencia, lo que se corresponde con un millón de veces el consumo energético de Estados Unidos a lo largo de todo un año, irradiados en un solo segundo. Es una potencia inconcebible, pero la hemos calculado usando el más simple de los experimentos y algo de agua, un termómetro, una lata y un paraguas.

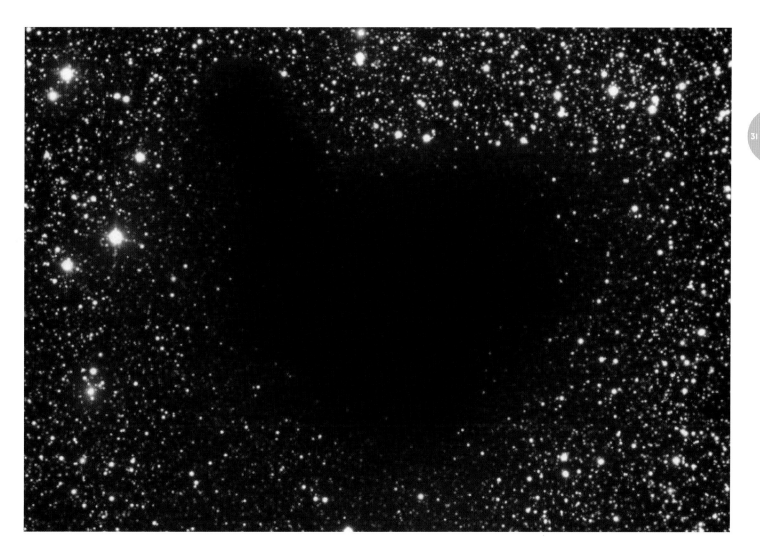

HA NACIDO UNA ESTRELLA

Una de las maravillas del Sol es que se las haya arreglado para conservar este prodigioso ritmo de producción energética durante milenios. Las estrellas como el Sol son increíblemente longevas y estables. La mejor estimación actual de la edad del universo es de 13 700 millones de años, y el Sol ha existido durante casi cinco mil millones de años de ese intervalo temporal, lo que equivale a alrededor de un tercio de la edad del mismísimo universo. Pero ¿qué fuente de energía permitiría brillar al Sol con tanta intensidad un día tras otro durante cinco mil millones de años? La mejor manera de hallar una respuesta consiste en remontarnos hasta sus inicios, hasta los tiempos en que este rincón de la Galaxia carecía de luz, y aún el Sol estaba por surgir.

La fotografía superior muestra la Vía Láctea. Las zonas oscuras en las que no hay estrellas se denominan nubes moleculares; entre nosotros y las estrellas de la Galaxia se interponen nubes de hidrógeno y polvo molecular. Esta imagen, tomada desde el Telescopio Muy Grande (VLT, Very Large Telescope) del Observatorio de Paranal en Chile, reproduce Barnard 68, una nube molecular muy sumergida en el interior de nuestra Galaxia y situada a una distancia aproximada de 410 años-luz. Obsérvela con atención porque está viendo una futura estrella, una nube de polvo y gas que en los próximos 100 000 años o así se contraerá e iniciará su periplo para convertirse en otro lucero más del firmamento.

Barnard 68, como todas las nubes moleculares, contiene la materia prima que conforma las estrellas, vastos criaderos estelares que se cuentan entre los lugares más gélidos y más aislados de la Galaxia. Esta nube mide alrededor de medio año-luz de ancho, o veinte billones de kilómetros, y su masa ronda el doble de la que tiene nuestro Sol. Pero lo más importante es que está increíblemente fría; en el centro de esta nube las temperaturas no pasan de 4 kelvin, es decir, de -269 °C. Esto sucede porque la temperatura mide a qué velocidad se mueven las cosas: en estas nubes las concentraciones de hidrógeno y polvo se mueven muy despacio.

La estabilidad de una nube como Barnard 68 se halla en delicado equilibrio. Por un lado, las concentraciones de hidrógeno y polvo pululan aleatoriamente, lo que crea una presión hacia el exterior que expande la nube. Pero eso está contrarrestado por la fuerza de la gravitación, que se afana por contraerla hacia dentro. Para que la nube se convierta en estrella, la gravitación debe imperar lo suficiente como para causar una contracción enérgica de la nube. Esto solo puede ocurrir si las partículas se mueven muy despacio, es decir, si la temperatura es baja.

El influjo de la gravitación domina con el paso de los milenios; las nubes moleculares se contraen y fuerzan la concentración del hidrógeno y el polvo en acumulaciones muy densas. Existe un nombre para las concentraciones de gas y polvo que se contraen por efecto de su propia gravitación: estrellas. A medida que las nubes se contraen, se van calentando hasta alcanzar en su centro temperaturas tan elevadas en que el hidrógeno empieza a fusionarse en helio. Las estrellas se encienden, las nubes dejan de ser negras, y arranca el ciclo vital de una estrella nueva ◉

Cinco mil millones de años atrás nació una estrella que acabaría conociéndose como el Sol.
Su nacimiento desvela el secreto de las extraordinarias fuentes energéticas de nuestra estrella porque el Sol, al igual que cualquier otra estrella, prendió gracias a la fuerza más poderosa que se conoce en el universo.

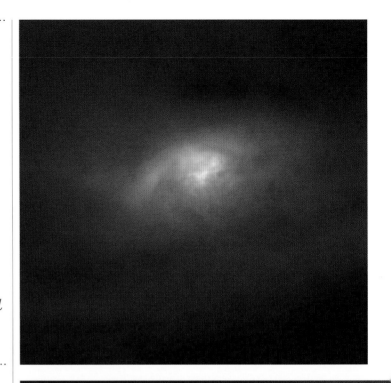

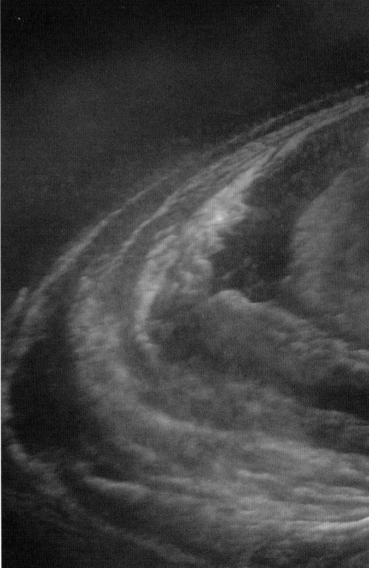

PÁGINA SIGUIENTE: El Sol, como cualquier otra estrella, se gestó a partir de nubes descomunales de polvo y gas molecular; evolucionó hasta convertirse en una bola giratoria de gas incandescente que se calienta mediante una reacción termonuclear en su núcleo.

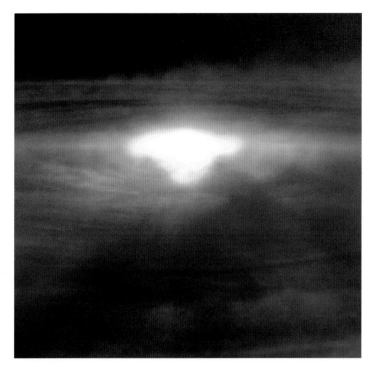

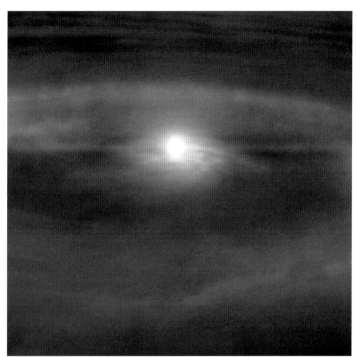

LAS FUERZAS OCULTAS TRAS EL SOL

PÁGINA SIGUIENTE: El arco incandescente que aparece aquí a la derecha inferior del disco del Sol se conoce como la «protuberancia solar» del 12 de febrero. Las protuberancias son bucles de gas suspendidos sobre la superficie del Sol que se mantienen anclados a un lugar fijo debido a campos magnéticos opuestos.

La fusión nuclear es el proceso mediante el cual se han formado todos los elementos químicos del universo distintos del hidrógeno. Solo se necesitan tres piezas básicas de materia para fabricar todo lo que vemos, desde las estrellas más distantes, hasta la partícula de polvo más minúscula del Sistema Solar. Dos de ellas, los cuarks arriba y abajo, conforman los protones y neutrones de los núcleos atómicos, y los terceros, los electrones, orbitan alrededor de los núcleos para formar átomos. Estas partículas lo conforman todo, literalmente, incluido el libro que lee en este instante, las manos que lo sostienen y los ojos que lo descifran. ¡Moramos en un universo muy simple en su esencia!

Pero el universo actual dista mucho, por supuesto, de lo simple. Es un lugar complejo, hermoso y diverso que alberga estrellas, planetas y seres humanos. La fusión nuclear es uno de los procesos primarios que generan esa complejidad.

El universo comenzó hace 13 700 millones de años con la Gran Explosión (o Big Bang). En el primer instante era increíblemente caliente y denso, pero se expandió y enfrió muy deprisa. Tan solo un segundo después se había enfriado lo suficiente como para que los cuarks arriba y abajo se adhirieran entre sí y formaran protones y neutrones. El núcleo del hidrógeno es el más simple de la naturaleza y consiste en un único protón. Le sigue el helio en cuanto a complejidad, formado por dos protones y uno o dos neutrones. Después vienen el litio, el berilio, el boro, carbono, nitrógeno, oxígeno, y así sucesivamente, cada uno de ellos con un protón más y sus neutrones correspondientes. Este proceso de unión de más y más protones y neutrones para crear los elementos químicos recibe el nombre de fusión nuclear.

El proceso de fusión no es sencillo. Los protones portan carga eléctrica positiva, lo que significa que experimentan una potente repulsión cuando se acercan unos a otros. La fuerza que los aparta es una de las cuatro fuerzas fundamentales de la naturaleza: el electromagnetismo. Si los protones consiguen acercarse lo suficiente, impera otra fuerza llamada fuerza nuclear fuerte. La fuerza fuerte porta un nombre muy adecuado (es la más fuerte del universo) y vence con facilidad la repulsión electromagnética, que es más débil. No notamos la fuerza fuerte en la vida cotidiana porque sus efectos se perciben en el núcleo atómico.

El modo de conseguir que los protones se acerquen lo suficiente para que se produzca la fusión consiste en calentarlos hasta temperaturas muy elevadas. Si los protones se acercan entre sí a gran velocidad, se calientan y consiguen vencer la repulsión electromagnética y acercarse lo suficiente como para que la fuerza fuerte actúe y los una.

Durante los primeros instantes de la existencia del universo, todo el espacio estuvo repleto de partículas lo bastante calientes como para fusionarse. Unos diez minutos después de la Gran Explosión, el universo ya se había enfriado lo suficiente como para que cesara la fusión. En aquel entonces nuestro cosmos consistía aproximadamente en un 75 % de hidrógeno y un 25 % de helio, con trazas ínfimas de litio. La fusión no reapareció en el universo hasta que se gestaron las primeras estrellas, varios cientos de millones de años después.

Las altas temperaturas que imperan en el interior de estrellas como el Sol implican que los núcleos de hidrógeno que albergan en sus centros portan suficiente velocidad como para vencer la repulsión electromagnética y permitir que actúe la fuerza nuclear fuerte, lo que desencadena la fusión nuclear. El proceso es bastante complejo y enrevesado, y muy muy lento. En primer lugar debe producirse un acercamiento entre dos protones dentro de una milbillonésima parte de un metro (expresado en números como 10^{-15} m). Entonces debe suceder algo muy raro: que un protón

FUSIÓN NUCLEAR:
Este proceso que acaece de manera natural en las estrellas es el que permite fusionar varios núcleos atómicos entre sí para dar lugar a un solo núcleo más pesado.

● **PROTÓN** ⊕ **POSITRÓN**
○ **NEUTRÓN** γ **RADIACIÓN GAMMA**

⊕ & γ & **ENERGÍA**   γ & **ENERGÍA**   **ENERGÍA**

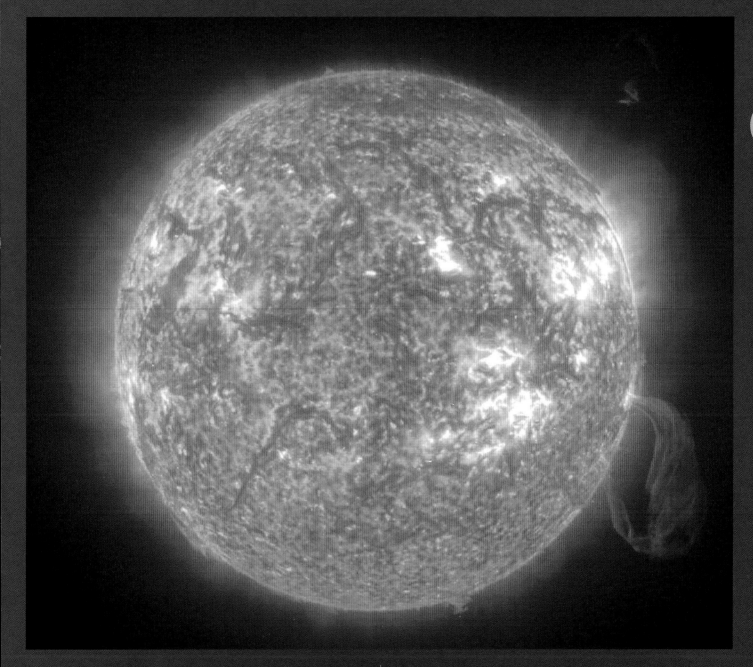

se convierta en neutrón. Esto sucede mediante la intervención de la tercera de las cuatro fuerzas de la naturaleza: la fuerza nuclear débil. Tal como sugiere su nombre, es improbable que la fuerza débil actúe: un protón medio pasará miles de millones de años en el núcleo del Sol antes de que comience la fusión.

Cuando este primer paso hacia la fusión se produce al fin, se forman un protón y un neutrón bien pegados entre sí. Este núcleo se conoce como deuterio. Durante el proceso se liberan un electrón de antimateria (conocido como positrón) y una partícula subatómica llamada neutrino. Pero también hay un ingrediente adicional importante que es la clave para comprender por qué brillan las estrellas. Al sumar la masa del deuterio, el electrón y el pequeño neutrino, se comprueba que es inferior a la masa de los dos protones iniciales. Durante el proceso de fusión se pierde algo de masa que se convierte en energía. Esta es una aplicación de la ecuación más conocida de Einstein: $E = mc^2$. Esta energía sale del Sol en forma de luz solar y supone la principal fuente energética de toda la vida terrestre.

A partir de este momento el proceso de fusión procede mucho más rápido porque ya no se necesita la intervención de la fuerza nuclear débil. El positrón choca contra un electrón y desaparece en otro destello de energía. Un protón se fusiona con el núcleo de deuterio para crear una variedad de helio que se conoce como helio 3 (dos protones y un neutrón), y después dos núcleos de helio 3 se fusionan entre sí para dar lugar a helio 4 (el producto final de la fusión en el Sol), trance en el que se liberan dos protones. Cada uno de estos pasos transforma masa en energía, lo que mantiene el Sol caliente y brillante.

Al final de sus vidas las estrellas agotan el combustible de hidrógeno que portan en los núcleos y se producen reacciones de fusión más complejas. Se crean elementos más pesados (como oxígeno, carbono, nitrógeno... los elementos de la vida). Cada elemento del universo actual se formó por fusión a partir del hidrógeno y el helio primordiales que dejó tras de sí la Gran Explosión ◉

EL PODER DE LA LUZ DEL SOL

Una vez que los fotones salen del Sol, el viaje que los conduce hasta la Tierra es bastante corto. La luz viaja a la misma velocidad que todas las variedades de ondas electromagnéticas: casi 300 mil kilómetros por segundo, de modo que un fotón procedente de la superficie del Sol alcanza la Tierra en unos ocho minutos. Tras recorrer casi 150 millones de kilómetros por el espacio, todos y cada uno de los fotones poseen una capacidad extraordinaria para modelar y transformar nuestro planeta.

SUPERIOR: Las cataratas del Iguazú, situadas en la frontera que separa Brasil de Argentina, ofrecen otro ejemplo del modo en que el Sol modela los contornos de la Tierra.

Por la frontera del estado brasileño de Paraná con la provincia argentina de Misiones fluye el río Iguazú. El Iguazú, que discurre a lo largo de más de mil kilómetros, acaba desembocando en el Paraná, uno de los grandes ríos del mundo. Son estos sistemas fluviales los que acaban vertiendo toda el agua de lluvia procedente de la cuenca amazónica meridional en el océano Atlántico. Miles de millones de litros de agua fluyen por este sistema fluvial cada día, y todos ellos, cada molécula del río, cada molécula de cada gota de lluvia que conforma cada nube, han viajado desde el Pacífico por encima de los Andes hasta este interior continental gracias a la energía que acarrea en fotones individuales procedentes del Sol. El Sol es la energía que eleva toda el agua del planeta azul, que modela y esculpe el paisaje y crea algunas de las estampas más sobrecogedoras de la Tierra.

Las cataratas del Iguazú constituyen una de las maravillas más espectaculares de nuestro planeta. Con casi tres kilómetros de ancho y más de 275 saltos de agua que llegan a alcanzar alturas superiores a 76 metros, las cataratas vierten un millón de litros de agua por segundo.

La energía espectacular de estos saltos de agua ofrece un ejemplo maravilloso sobre lo vinculado que está este planeta nuestro a la energía aparentemente constante e inagotable del Sol. Durante siglos se dio por hecho que el Sol, al igual que todo el firmamento, era perfecto e inmutable, pero poco a poco hemos sabido que el Sol es mucho más dinámico que un mero orbe celeste bello y perfecto. Hasta las fluctuaciones más minúsculas de su brillo pueden deparar unos efectos inmensos aquí en la Tierra ◉

MANCHAS SOLARES:
LAS ESTACIONES DEL SOL

EXTREMO INFERIOR: Este corte transversal de una mancha solar reproduce las temperaturas circundantes. Las zonas rojas muestran los lugares a temperaturas superiores a la media; las azules, las regiones a temperaturas por debajo de la media.

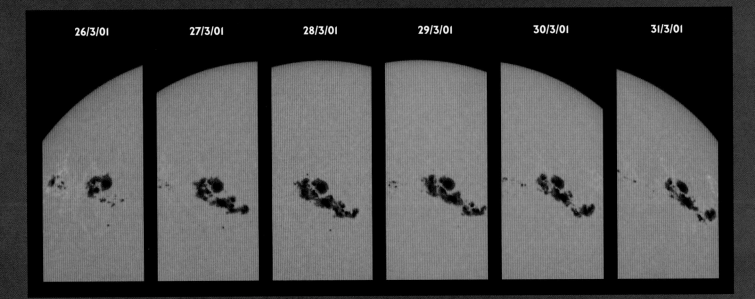

26/3/01   27/3/01   28/3/01   29/3/01   30/3/01   31/3/01

En tiempos tan remotos como el siglo XXVII antes de nuestra era (a.n.e.), astrónomos chinos observaron manchas oscuras en la superficie del Sol desde los desiertos de Asia central. Cuando el viento alzaba suficiente arena en suspensión como para filtrar el fulgor del Sol, consiguieron divisar esas extrañas manchas y dejaron constancia de ello en *El libro de Han*, donde se registra la historia de China. Durante los 1 500 años posteriores hubo más gente que percibió estas extrañas manchas oscuras en la superficie del Sol pero hasta Galileo, gracias a la invención del telescopio, no se logró una explicación correcta del fenómeno de las manchas solares.

La imagen de la página siguiente se tomó con la sonda *SOHO* u Observatorio Solar y Heliosférico (SOlar and Heliospheric Observatory), lanzada en diciembre de 1995. *SOHO* nos está revelando unos aspectos sin precedentes de la vida del Sol y está enviando las imágenes más hermosas y detalladas de nuestra estrella que hayamos contemplado jamás. En la secuencia de imágenes superior (también tomada por *SOHO*) se ve un ejemplo precioso del nacimiento, la vida y la muerte de una mancha solar. Puede parecer pequeña comparada con el Sol, pero lo cierto es que esta mancha solar es más grande que la Tierra. Las manchas solares son episodios transitorios que se producen en la superficie del Sol porque una actividad magnética intensa impide el flujo de calor desde las profundidades del Sol hasta la superficie. Estas manchas se muestran oscuras porque están muchísimo más frías que el entorno circundante (a menudo 2 000 °C más frías). En el siglo XVII se las consideraba tan frías como para poder aterrizar en la superficie de una de ellas, pero con el calor que despiden, entre 3 000 y 4 500 grados centígrados, estas manchas frías del Sol fundirían una nave al instante.

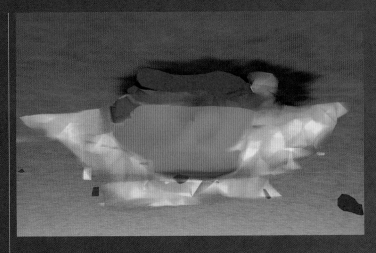

Las manchas solares crecen y menguan a medida que se desplazan por la superficie del Sol y llegan a alcanzar 80 000 kilómetros de diámetro, de manera que las más grandes se divisan desde la Tierra sin telescopio. La tecnología avanzada y la observación espacial permiten en la actualidad seguir el número de ellas a medida que aparecen y desaparecen en el disco del Sol.

Como las manchas solares son regiones más frías que el resto del Sol, sería de esperar que la intensidad total del Sol disminuyera cuando las manchas solares se hallan en su máximo de actividad. Aunque se ha descubierto justo lo contrario: cuanta más cantidad de manchas solares haya, más potente se vuelve nuestra estrella. Esta variación no es fortuita: al estudiar el Sol con un grado de detalle mayor, observamos la aparición de patrones que parecen mantener una relación directa con el clima de la Tierra. Hemos descubierto que el Sol tiene estaciones ◉

PÁGINA ANTERIOR SUPERIOR E INFERIOR: Las manchas oscuras que aparecen en la superficie del Sol son efímeras. Las manchas solares crecen y menguan a medida que se desplazan por la superficie del Sol; estas fotografías se tomaron mediante la sonda *SOHO*, pero algunas manchas solares son tan grandes que llegan a verse desde la Tierra sin necesidad de usar telescopio.

·····**TIERRA**

EL SOL Y LA TIERRA: ¿COMPARTEN UN MISMO RITMO?

Durante décadas los científicos han aspirado a conocer cómo podrían estar afectando a la Tierra estos sutiles cambios en la potencia del Sol. Este misterio animó a un hombre a apartar la mirada del Sol y centrarse, en su lugar, en los ríos que rodean las cataratas del Iguazú. El astrofísico argentino Pablo Mauas ha dedicado la última década a analizar datos que detallan todos los aspectos de este sistema fluvial (desde el nivel del agua hasta el caudal) desde 1904 y a lo largo de todo el siglo XX. A diferencia de muchos de los grandes ríos del planeta, el Paraná es tan enorme que resulta navegable para buques muy grandes y, si hay barcos, hay registros. Esos registros permitieron a Pablo descubrir una historia extraordinaria y desvelar que, al igual que las manchas solares, también el río sigue un ritmo.

Pablo y su equipo encontraron que el caudal del río había experimentado fluctuaciones impresionantes en tres ocasiones durante el último siglo, pero los registros no indicaban nada sobre el motivo que las había causado. La cantidad de agua que lleva el río Paraná parece seguir un patrón, y Pablo tuvo el presentimiento de que ese ritmo podía estar relacionado con el del Sol. Para conectar lo que ocurre en el Sol (situado a 150 millones de kilómetros) con la corriente del gran Paraná, Pablo observó en primer lugar el ritmo más evidente de nuestra estrella.

Sabemos desde hace más de 150 años (desde que el astrónomo alemán Heinrich Schwabe recopiló los datos que se remontaban a las primeras observaciones de manchas solares por parte de Galileo) que el Sol sigue un ciclo que se repite aproximadamente cada once años. Este ciclo refleja una variación rítmica en el número de manchas solares, lo que nos brinda una idea muy clara sobre la cantidad de radiación que ha emanado del Sol: a mayor número de manchas, más energía recibe la Tierra. Sin embargo, cuando Pablo Mauas buscó una conexión entre el ritmo del Paraná y el ciclo de once años, no encontró nada en un principio. En lugar de seguir por ahí, decidió centrarse en los cálculos que describían el brillo subyacente del Sol durante el último siglo. Ya se sabe que el cambio climático y fenómenos como el de El Niño pueden incrementar la intensidad de la corriente del río, pero, cuando Pablo retiró esos dos efectos de los datos, encontró una intensa relación entre los datos solares y el caudal del río.

Si se superponen los datos del Sol con el nivel del agua del río (*véase* inferior), se observa que cuando aumenta la actividad solar también crece el volumen del agua. Existe una correlación magnífica entre el caudal de estos ríos y la energía solar. Pablo ha evidenciado una conexión asombrosa a través de 150 millones de kilómetros de espacio que algún día quizá nos sirva, no ya para conocer mejor el impacto del Sol en nuestro clima, sino también para predecir la probabilidad de inundaciones en las populosas vías fluviales de uno de los ríos más grandes de toda América del Sur.

Los cambios en el Sol también parecen alterar patrones meteorológicos en otros lugares. En la India, el monzón sigue un patrón similar al del río Paraná que favorece las precipitaciones cuando la actividad solar está en el máximo, mientras que en el desierto del Sáhara parece suceder lo contrario: más actividad solar implica menos lluvia. De momento sigue siendo un misterio mediante qué mecanismo exacto puede repercutir nuestra estrella en la meteorología de la Tierra. Sabemos que el ritmo de producción energética del Sol (la energía que liberan las reacciones de fusión en su núcleo) es muy constante, en realidad. Al parecer no varía, de modo que los cambios que apreciamos deben de guardar relación con el modo en que la energía sale del Sol. Y, aunque la cantidad de radiación que incide sobre la superficie terrestre solo asciende a unas pocas décimas de punto porcentual del total, sí evidencia la estrecha y delicada relación que existe entre el Sol y la Tierra ◉

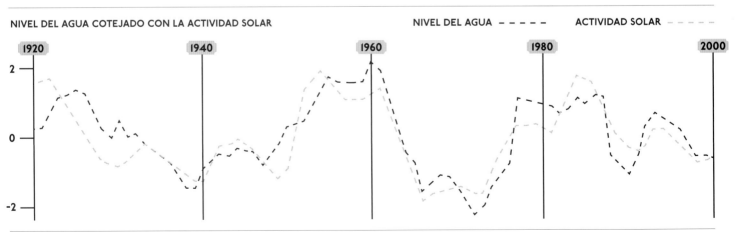

NIVEL DEL AGUA COTEJADO CON LA ACTIVIDAD SOLAR | **NIVEL DEL AGUA** - - - - - | **ACTIVIDAD SOLAR** - - - - -

1920   1940   1960   1980   2000

2

0

-2

PÁGINA ANTERIOR E INFERIOR:
Los estudios del físico argentino
Pablo Mauas indicaron que puede
existir una correlación directa
entre la actividad del Sol y el caudal
del río Paraná.

CÓMO ATRAPAR UN RAYO DE SOL

Estamos atados al Sol de la más íntima de las maneras. Todos los planetas del Sistema Solar están bañados por el Sol en diversos grados, pero solo en uno de ellos conocemos un fenómeno que no solo se limita a recibir pasivamente el calor del Sol. Aquí en la Tierra nos alimentamos verdaderamente de luz estelar. El Sol sirve como fuente de energía a casi toda la vida de la Tierra: cada planta, alga y muchas especies de bacterias dependen del proceso de la fotosíntesis para fabricar su alimento usando la energía del Sol. Ellas, a su vez, generan los fundamentos para el complejo tejido de vida que alberga la Tierra; el proceso de la fotosíntesis no solo mantiene el nivel normal de oxígeno en la atmósfera, sino que también es la base de la que depende casi toda vida terrestre en lo que a suministro de energía se refiere.

Solo estamos empezando a conocer el complejo mecanismo que permite a las plantas capturar la luz del Sol; parte de esa explicación nos desviaría hacia el mundo cuántico, pero, a un nivel químico elemental, la fotosíntesis es un proceso simple. Dentro de cada hoja hay millones de orgánulos llamados cloroplastos, y son estas pequeñas unidades las que consiguen algo mágico cuando capturan un fotón que ha realizado el viaje de 8 minutos (o 150 millones de kilómetros) desde el Sol. Los cloroplastos absorben dióxido de carbono y agua y, con la energía que capturan de un rayo de Sol, los convierten en oxígeno y azúcares complejos. Estos azúcares complejos, o carbohidratos, son los que conforman la base de todo el alimento que comemos (bien directamente, mediante el consumo de plantas fotosintéticas, o bien indirectamente, mediante la ingesta de animales que se alimentan de ellas). La cantidad de energía que capta la fotosíntesis es inmensa: alrededor de 100 teravatios-año, es decir, el consumo energético de toda la civilización humana multiplicado por seis.

Esta conexión íntima entre nuestro planeta y el Sol está en todas partes. Pero, aunque nos rodean vastas franjas de maravillosas máquinas verdes que se alimentan del Sol, las hojas y plantas que cubren tanta extensión del planeta no dependen de cualquier luz solar. De hecho, las plantas son comensales un tanto quisquillosas y han evolucionado para utilizar tan solo una porción de toda la luz solar que penetra en la atmósfera terrestre.

En la superficie de la Tierra la luz del Sol tal vez parezca blanca, pero, si la pasamos a través de un prisma, se ve que se compone de todos los colores del arcoíris. Cada longitud de onda de la luz tiene un color diferente (desde los tonos azules, con la longitud de onda más corta, hasta los rojos, con la longitud de onda más larga), pero no se distinguen tan solo por el color. El prisma revela la receta de la luz específica de nuestra estrella; vemos los fotones rojos, verdes y azules que conforman la luz del Sol que nos circunda, y cada uno de éstos presenta unas características muy específicas. Los rojos no portan demasiada energía, pero hay gran cantidad de ellos, mientras que los fotones azules, más escasos, portan un poco más de energía. Las plantas han evolucionado para obtener el máximo de energía de la manera más eficiente a partir de la receta de la luz que arroja nuestra estrella, así que para realizar la fotosíntesis, usan los fotones procedentes de las franjas roja y azul del espectro.

Esta intrincada relación entre la evolución de las plantas y nuestra estrella ha afectado de lleno a una de las características definitorias de nuestro planeta. Cuando un fotón rojo o azul incide sobre una planta, esta lo absorbe y esas longitudes de onda de la luz ya no pueden volver a rebotar y llegar hasta nuestros ojos. Pero las plantas no absorben los fotones verdes que inciden en ellas, sino que los reflejan, así que esta longitud de onda de la luz rebota en las hojas y en nuestros ojos, y crea un mundo vivo definido por un color más que por cualquier otro: el verde. De modo que el verdor de los bosques y las junglas que cubren el planeta se debe al modo en que las plantas se han adaptado a las características de la luz de nuestra estrella ◉

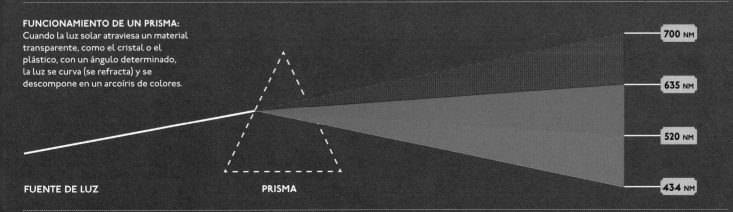

FUNCIONAMIENTO DE UN PRISMA:
Cuando la luz solar atraviesa un material transparente, como el cristal o el plástico, con un ángulo determinado, la luz se curva (se refracta) y se descompone en un arcoíris de colores.

700 NM

635 NM

520 NM

434 NM

FUENTE DE LUZ

PRISMA

ECLIPSE DE SOL
EN VARANASI

Nada te prepara para un eclipse total de Sol, y nada te prepara para Varanasi. La vieja Ciudad del Sol nunca está tranquila y desierta; es un trocito de la India antigua, y parece más frenética y vibrante incluso que la versión del siglo XXI. Pero, la mañana del 22 de julio de 2009, las orillas del río sagrado estaban atestadas de gente. No había espacio, ni un centímetro cuadrado de espacio, entre el millón de pies en sandalias que abarrotaban los *ghats*. Saris verdes, amarillos, rojos y naranjas y bronceados torsos descubiertos al sol estival del amanecer formaban un puente

continuo entre la escalonada orilla y las turbias aguas del Ganges procedentes del Himalaya. El instinto ritual de lavarse en el río sagrado potenciaba un flujo convectivo continuo de cuerpos descendiendo por los escalones de cemento de los *ghats* hacia la orilla del agua: una pared humana impenetrable y en circulación al mismo tiempo frenética y calmada. Mientras permanecí entre ellos, me maravilló la paciencia del pueblo indio, algo que jamás conseguirá emular un equipo de rodaje británico cargado de trípodes y maletines.

Con inmensa dificultad encontramos un lugar donde quedarnos en un *ghat* milagrosamente poco poblado. Más tarde descubrimos por qué no estaba repleto: era el urinario público. Sin embargo, decidimos que aquellas vistas inigualables compensaban el olor, y nos acomodamos para beber agua y esperar.

El momento del primer contacto llegó a las 5:28 AM, cuando el limbo de la Luna tocó el disco solar. El Sol pendía sobre el río, parcialmente oscurecido por nubes bajas que atenuaban la luz y nos permitieron ver los primeros instantes del eclipse con más facilidad. El ánimo de la muchedumbre apenas cambió porque quienes carecían de las gafas de Sol especiales de cartón no percibieron ninguna disminución en la intensidad del Sol.

Durante los treinta minutos siguientes el disco de la Luna atravesó con rapidez la cara del Sol y yo fui consciente de un sentimiento extraño e inesperado. La Luna se movía con rapidez y, a diferencia de las incontables noches que la había contemplado, me resultó evidente que estaba siguiendo una órbita, que era un morador del espacio y no ese disco brillante del firmamento terrestre. Sentí una especie de vértigo porque la realidad de que la Luna es una esfera de roca que efectúa un giro veloz por el espacio se transfirió a mi propia situación. Reparé en que también yo me encontraba sobre una esfera de roca.

A las 6:20 AM, casi una hora después del primer contacto, faltaba poco para la totalidad. Muy, muy aprisa, la luz matinal pareció descender, como si el tiempo retrocediera. Pero aquel oscurecimiento no era como una puesta de Sol porque ocurría muy deprisa. La luz no se desvanecía poco a poco; desaparecía de golpe. El murmullo de un millón de voces también se apagó, pero el Sol aún pendía como un disco débil que sin la protección de las gafas no se percibía atenuado. Entonces, a las 6:24 AM, de repente y con una precisión newtoniana, la Luna se situó justo delante de nuestra estrella, como el engranaje perfecto de un Rolex. Y al instante estalló una ovación en los *ghats*.

Entonces tuve más tiempo del que ningún otro presentador de televisión tendrá en este siglo para hablarle a la cámara sobre el eclipse. Por supuesto, habíamos trabajado el texto desde Londres porque sabíamos que este acontecimiento sería uno de los temas cruciales de la serie, pero, cuando llegó el momento, solo pude pensar en aquella sorprendente sensación de vértigo. El cielo azulado y rojizo del amanecer se tiñó de negro con rapidez, a medida que una roca oscura se cruzaba ante una esfera brillante de plasma durante su recorrido orbital, lo que nos dejaba a mí y a un millón de almas más expuestos al vacío encima de nuestra propia roca. Vislumbré el horror de Pascal al silencio de los espacios infinitos, miré a la cámara y dije lo que sentía: «Si alguna vez necesitó convencerse de que vivimos en un Sistema Solar, de que reside en una esfera de roca que orbita alrededor del Sol en compañía de otras esferas de roca, mire esto. Es el Sistema Solar que baja hasta el suelo para dejárnoslo bien claro» ◉

EL SOL INVISIBLE

Desde 150 millones de kilómetros de distancia, el Sol se revela en nuestro cielo como un disco perfecto. De hecho, se acerca más a una esfera casi perfecta que cualquier planeta o satélite del Sistema Solar; mide medio millón de kilómetros de ancho, pero la disparidad entre lo que mide de arriba abajo y lo que mide de lado a lado asciende a poco más de diez kilómetros. En cambio, esta perfección casi total oculta la increíble complejidad de su estructura. Sus elementos constitutivos son bastante simples; podría decirse, como buena aproximación, que el Sol se compone de los dos elementos más simples del universo: hidrógeno y helio.

PÁGINA SIGUIENTE: En esta imagen, el eclipse solar del 1 de agosto de 2009 alcanza el instante de la totalidad en el momento en que la Luna tapa el Sol por completo. Mientras sucede, se revela con claridad la corona solar, la cual no es visible en ningún otro instante.

LA ESTRUCTURA
DE LA ATMÓSFERA SOLAR

El hidrógeno conforma alrededor de tres cuartas partes de la masa del Sol, mientras que el helio constituye alrededor de una cuarta parte. Menos del 2 % consiste en elementos más pesados, como hierro, oxígeno, carbono y neón. Esta bola en rotación formada por los elementos más simples es casi 330 000 veces más masiva que la Tierra. No es gaseosa, ni líquida, ni sólida, sino que se encuentra en un cuarto estado de la materia que se conoce como plasma. Un plasma es un gas en el que muchos de los átomos han perdido los electrones que los orbitan. Esto sucede porque la temperatura es lo bastante elevada como para, literalmente, despojar los núcleos atómicos de sus electrones. El plasma es el estado más habitual de la materia del universo y, de hecho, lo encontramos en la Tierra a diario: las lámparas fluorescentes se llenan de plasma

brillante al encenderse. Como los plasmas contienen una proporción elevada de núcleos atómicos desnudos con carga positiva y de electrones libres con carga negativa, conducen la electricidad y responden muchísimo a los campos magnéticos.

Esto confiere al Sol un montón de extrañas características que no se encuentran en ningún otro objeto del Sistema Solar. Rota más deprisa en el ecuador que en los polos, de forma que cada rotación dura veinticinco días en el ecuador y treinta días en los polos.

El núcleo del Sol, ciento cincuenta veces más denso que el agua y con temperaturas que alcanzan los quince millones de grados centígrados, es una estructura pasmosa y abrumadora. Es ahí donde se producen las reacciones de fusión del Sol, lo que genera el 99 % de su producción energética. Cada segundo se fusionan alrededor de 600 millones de toneladas de hidrógeno y crean 596 millones de toneladas de helio. Los cuatro millones de toneladas que faltan se transforman en energía (hasta noventa mil millones de megatones de TNT explosivo), y dicha energía se transporta hasta la superficie en forma de fotones de alta energía, o rayos gamma, liberados durante las reacciones de fusión. Sin embargo, la vida de un fotón recién fabricado en el núcleo

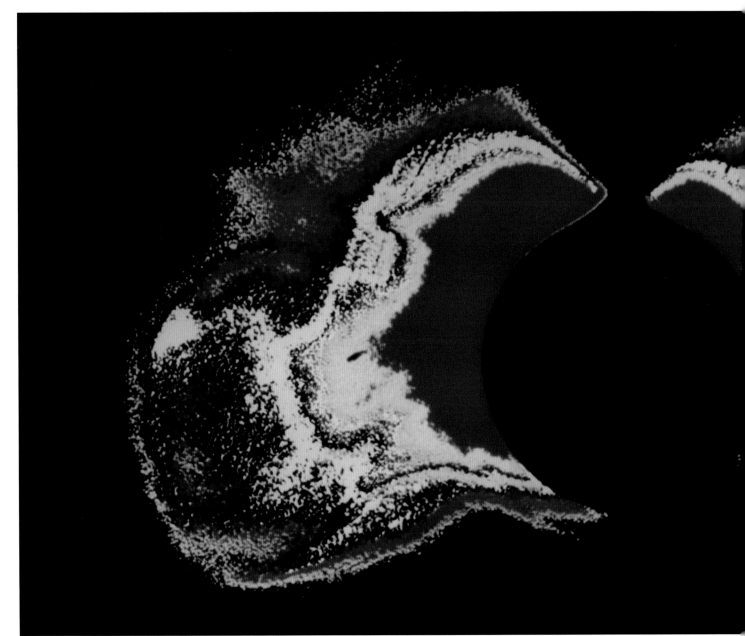

del Sol no es nada sencilla. La mayoría queda absorbida con rapidez por el denso plasma del núcleo a pocos milímetros del punto en el que se formó, y después se reemite en direcciones aleatorias. Así pues, el viaje de un rayo gamma desde el núcleo hasta la superficie del Sol es como una partida tórrida, larguísima e impredecible de billarín eléctrico que conduce a la liberación de millones de fotones de baja energía desde la superficie del Sol. Toda la luz que nos llega a la Tierra es increíblemente antigua; se calcula que cada fotón puede tardar entre 10 000 y 170 000 años en migrar desde el núcleo hasta la superficie del Sol antes de emprender el viaje de ocho minutos que lo lleva hasta nuestra vista.

Para cuando un fotón llega a la superficie, o fotosfera, la temperatura del Sol ha descendido de trece millones de grados centígrados a unos 6 000 grados. Esta variación enorme de temperatura causa las inmensas corrientes de convección que recorren todo el Sol y que forman columnas termales que transportan material caliente hasta la superficie y crean el característico aspecto granulado que se divisa desde la Tierra.

Esto no es más que el principio de la historia de la poderosa presencia física de nuestro Sol. Fuera de la superficie del Sol hay una capa extraña e invisible que se conoce como atmósfera solar. Esta, que solo se percibe desde la Tierra a simple vista durante los eclipses totales de Sol, se compone de una concentración poco densa de partículas con carga eléctrica, protones y electrones. Como es de esperar, la atmósfera del Sol se enfría a medida que se aparta de la superficie. A una distancia de 500 kilómetros hay una región que se conoce como Mínimo de Temperatura, donde la temperatura ronda los 4 400 grados centígrados. Tal como sugiere su nombre, esta es la zona más fría de nuestra estrella y el primer lugar en el que llegan a sobrevivir moléculas simples, como agua y dióxido de carbono, en las proximidades del Sol. Fuera de esta región sucede algo raro. A medida que nos alejamos del Sol y nos adentramos en el espacio, la atmósfera no se enfría, sino que se vuelve mucho más caliente. Esta región externa de la atmósfera del Sol se conoce como la corona. Esta capa misteriosa del Sol solo se aprecia a simple vista durante los eclipses totales de Sol, pero lo que se ve es una estructura más grande y caliente que el propio Sol. Esta nube descomunal alberga

··

El núcleo del Sol, ciento cincuenta veces más denso que el agua y con temperaturas que alcanzan los quince millones de grados centígrados, es una estructura pasmosa y abrumadora.

··

una temperatura media de un millón de grados centígrados y en algunos puntos alcanza temperaturas colosales de hasta veinte millones de grados centígrados, más elevadas incluso que en el propio núcleo solar. Aún no se conoce bien el mecanismo que induce temperaturas tan elevadas en la corona, pero este efecto se debe sin duda a las complejas interacciones magnéticas que se producen entre la superficie y la corona. Lo que se sabe es que todos y cada uno de los días se escapan algunas de las partículas coronales más energéticas por la parte superior de la atmósfera. El Sol filtra al espacio casi siete mil millones de toneladas de corona cada hora; un inmenso conjunto supersónico y supercaliente de átomos destrozados que recibe el nombre de viento solar. Ahí comienza un viaje épico que transporta el hálito del Sol hasta las regiones exteriores del Sistema Solar y conforma la última estructura descomunal de nuestra estrella: la heliosfera ◉

IZQUIERDA: La corona solar es la atmósfera externa del Sol, y se extiende hasta más de un millón de kilómetros desde su superficie. Desde la Tierra se divisa como un halo alrededor del Sol, pero solo durante los eclipses totales de Sol, cuando la superficie del Sol queda oculta.

LA HELIOSFERA

La heliosfera es una burbuja magnética colosal desplegada
en el espacio que abarca el Sistema Solar, el viento solar
y todo el campo magnético del Sol. Esta esfera se adentra
hasta regiones muy remotas del Sistema Solar, posiblemente
incluso entre cuarenta o cincuenta veces más lejos del Sol
que la Tierra, y su forma viene determinada por los vientos
solares procedentes del Sol.

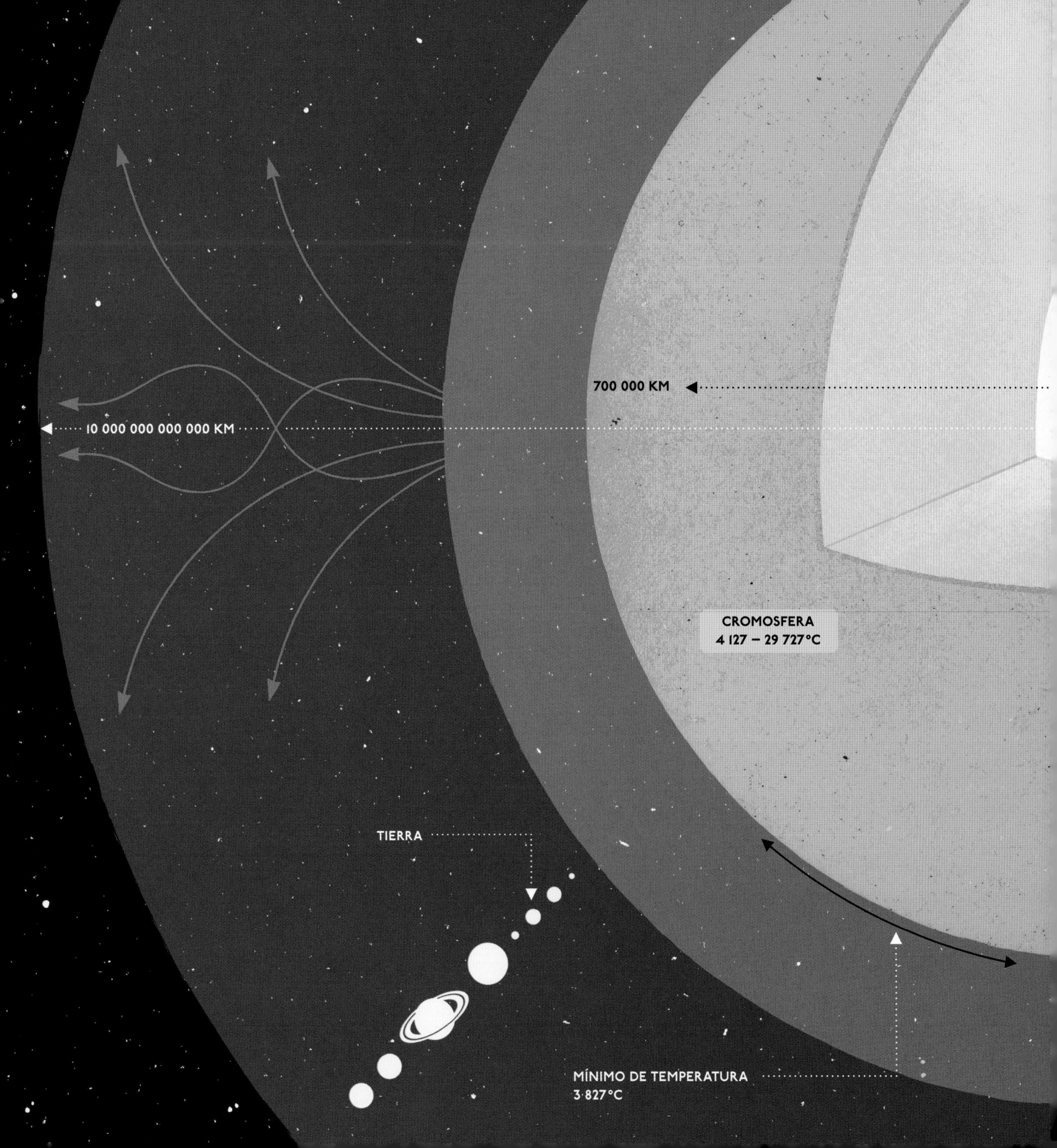

700 000 KM

10 000 000 000 000 KM

CROMOSFERA
4 127 – 29 727 °C

TIERRA

MÍNIMO DE TEMPERATURA
3 827 °C

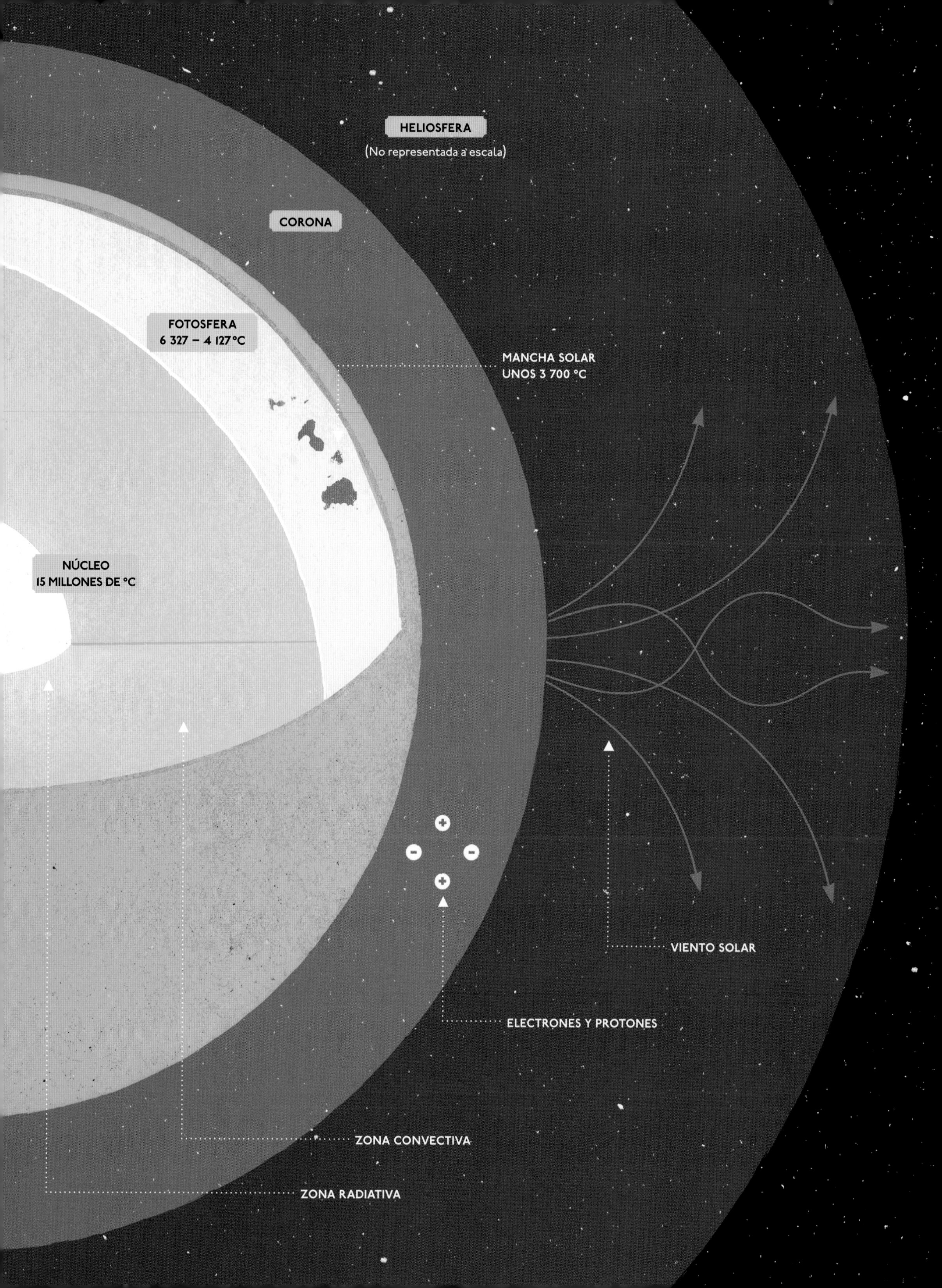

HELIOSFERA
(No representada a escala)

CORONA

FOTOSFERA
6 327 − 4 127 °C

MANCHA SOLAR
UNOS 3 700 °C

NÚCLEO
15 MILLONES DE °C

VIENTO SOLAR

ELECTRONES Y PROTONES

ZONA CONVECTIVA

ZONA RADIATIVA

Durante un precioso día soleado de invierno en el Ártico cuesta creer que nuestra estrella pueda representar una amenaza. Pero desde las grandes alturas se precipitan sobre nosotros mortales partículas solares que bombardean la Tierra a más de un millón de kilómetros por hora.

CÓMO DEFENDERSE DE LA FUERZA DEL SOL

La astronomía tiene una dilatada historia de descubrimientos logrados por aficionados a esta materia. Desde Clyde Tombaugh, el hombre que encontró Plutón, hasta David Levy, codescubridor del cometa Shoemaker-Levy, la libertad de los cielos siempre ha tentado a no profesionales a saltarse a los expertos y abrir nuevas sendas. El astrónomo aficionado británico Richard C. Carrington es un miembro respetable de esa lista. En 1858 Carrington realizó la primera observación de un acontecimiento que con el tiempo acabaría denominándose fulguración solar.

Estas explosiones masivas en la atmósfera del Sol liberan una cantidad inmensa de energía, y Carrington se percató de que aquel hecho fue seguido por una tormenta geomagnética, una alteración enorme del campo magnético de la Tierra, al día siguiente de la erupción. Carrington fue el primero en sospechar que ambos sucesos podían estar relacionados. Más allá de la meteorología que se da en nuestra arremolinada atmósfera, el viento solar crea otra atmósfera y otro sistema meteorológico más tenues alrededor del planeta. Es raro que notemos esta etérea meteorología espacial que se produce a tanta altura sobre nosotros porque, para cuando el viento solar llega a la Tierra, su intensidad ya se ha debilitado bastante. Si viajáramos al espacio próximo a la Tierra y levantáramos la mano, no sentiríamos nada. En realidad, cada fracción de espacio del tamaño de un terrón de azúcar alberga cinco protones y cinco electrones, pero se mueven muy rápido y portan gran cantidad de energía, la suficiente como para causar daños graves en la atmósfera de nuestro planeta, de no ser por

el sistema de defensa que se genera en el núcleo más profundo de la Tierra.

Durante un precioso día soleado de invierno en el Ártico cuesta creer que nuestra estrella pueda representar una amenaza. Pero desde las grandes alturas se precipitan sobre nosotros mortales partículas solares que bombardean la Tierra a más de un millón de kilómetros por hora. Aquí abajo, en la superficie, un escudo natural desvía la mayor parte de ellas y nos protege de ese intenso viento solar. Para ver ese escudo no se necesita nada más que una brújula. Esto se debe a que el campo de fuerza de la Tierra es magnético, una coraza invisible que rodea el planeta como una vaina protectora.

El campo magnético emana del profundo núcleo giratorio y rico en hierro de la Tierra. Este campo de fuerza colosal conocido como magnetosfera desvía hacia el espacio la mayor parte del letal viento solar. Sin embargo, el planeta no se libra por completo de él; cuando el viento solar se encuentra con el campo magnético de la Tierra, lo distorsiona. Estira ese campo por el hemisferio del planeta sumido en la noche; en cierto modo, es como estirar un trozo de goma. Cada vez penetra más energía dentro del campo, se va acumulando y va alargando la cola hasta que no es capaz de sostenerse más. Al final, la energía se libera y acelera una corriente de partículas con carga eléctrica por las líneas del campo magnético orientadas hacia los polos. Cuando estas partículas, cargadas de energía procedentes del viento solar, chocan contra la atmósfera terrestre, crean uno de los espectáculos más hermosos de la naturaleza: la aurora boreal ◉

LUCES FANTÁSTICAS:
LAS AURORAS BOREALES

La ciudad noruega de Tromsø se conoce como «la puerta al Ártico». A setenta grados de latitud Norte y bien inmersa en el círculo polar ártico, disfruta de luz solar permanente desde mediados de mayo hasta finales de julio, y de oscuridad permanente desde finales de noviembre hasta mediados de enero. A finales de marzo, el océano Ártico es una masa azul oscura y helada donde las blancas crestas de las olas se confunden con las capas de nieve y hielo que se han solidificado en los embarcaderos de madera y en las cubiertas bien curtidas de las barcas de pesca. Era un lugar absolutamente mágico para comenzar la grabación el 22 de marzo de 2009.

Habíamos acudido allí para ver la aurora boreal. Tromsø ocupa una posición perfecta dentro del arco auroral, el delgado círculo alrededor de polo sobre el cual suele manifestarse este esquivo espectáculo de luz. Marzo y septiembre son los mejores meses para contemplarlo debido al alineamiento del campo magnético de la Tierra con el Sol, y nos habían dicho que, si el cielo estaba despejado, tendríamos grandes posibilidades de vislumbrar la aurora boreal.

Nuestro guía me contó una leyenda sami sobre las auroras. (Los sami son un pueblo procedente del norte cuyo territorio

Las auroras boreales revelan con una belleza exquisita el vínculo que mantiene nuestro planeta con el resto del Sistema Solar. El entorno de la Tierra no se acaba en la atmósfera; se extiende al menos hasta el Sol.

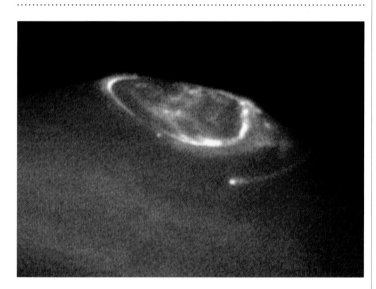

PÁGINA ANTERIOR INFERIOR: A la espera de la aurora boreal en Noruega. Nos alejamos mucho de la ciudad con la esperanza de presenciar este fantástico espectáculo natural de luces.

PÁGINA ANTERIOR SUPERIOR: La contemplación de la aurora boreal fue una experiencia única. Aquellos cielos se salpicaron de haces verdes de luz que parecían elevarse desde la cordillera de montañas.

SUPERIOR: Júpiter posee el campo magnético más extenso y potente de todo el Sistema Solar, de modo que las auroras son un detalle permanente alrededor de los polos del planeta, y también se han observado alrededor de sus satélites.

se extiende desde Tromsø por el oeste, hasta Rusia por el este, pasando a través del norte de Suecia y Finlandia.) La leyenda dice que las auroras son los espíritus de las mujeres fallecidas antes de tener hijos. Atrapadas entre la tierra helada y el cielo, están condenadas a danzar para siempre en los oscuros cielos del Ártico. Al caer la tarde nos dirigimos en moto de nieve hacia los densos bosques que bordean el fiordo para apartarnos de las luces urbanas y esperar.

Justo después de la medianoche llegó la aurora boreal. Caminé hacia el gélido aire nocturno disfrutando del crujido de la nieve recién caída al pisarla con los pies, y alcé la mirada. Las luces llegaron lentamente con una ligera tonalidad verde, pero se intensificaron con rapidez; cortinas de color flotaban despacio y, después, de repente, se desmembraron y danzaron con una rapidez imposible y con una lluvia tridimensional de luz ascendente y descendente entre la tierra y el cielo. La mayoría era verde con tintes naranjas y rojos cerca del horizonte. No se parecían a nada de lo que hubiéramos visto jamás, y, cuando me dirigí a la cámara, supe que no me interesaba la física de lo que estábamos contemplando. Mi reacción, redactada de antemano en mi escritorio de Mánchester, no valía nada ante aquella manifestación suprema de la magnificencia de la naturaleza. Los sami tenían razón, las auroras no son luces desplegadas por átomos de nitrógeno y oxígeno cuando los bombardean partículas de alta energía procedentes de la ionosfera de la Tierra y aceleradas por las líneas del campo magnético que discurren hacia los polos, están hechas por majestuosos y afligidos espíritus danzantes aprisionados en la noche ártica.

Las auroras boreales revelan con una belleza exquisita el vínculo que mantiene nuestro planeta con el resto del Sistema Solar. El entorno de la Tierra no se acaba en la atmósfera, sino que se extiende al menos hasta el Sol. Estamos unidos a nuestra estrella mediante la luz visible que crea y alimenta la vida del planeta y por el invisible y constante viento solar, que solo se nos manifiesta de noche en circunstancias especiales. Cada uno de los planetas del Sistema Solar comparte esta misma conexión con el Sol, y a todos se les aplican las mismas leyes de la física. Siempre que el viento solar se topa con un planeta provisto de magnetosfera en su raudo viaje por el Sistema Solar, se forman auroras polares a su paso. El campo magnético de Júpiter es el más grande y potente de todo el Sistema Solar, y el telescopio espacial *Hubble* revela auroras polares permanentes sobre los polos jovianos. Ío, Europa y Ganímedes, todos ellos satélites de Júpiter, también tienen auroras polares generadas por la interacción del viento atmosférico de Júpiter con las atmósferas de estas lunas. También Saturno ofrece espectáculos impresionantes con auroras en ambos polos pero, como su campo magnético es irregular, exhibe auroras polares más pequeñas y más intensas en el norte.

A medida que el viento solar se acerca a los confines de la heliosfera, pierde intensidad. Por increíble que parezca, tenemos una sonda para descubrir dónde termina este viento solar ◉

INFERIOR: La aurora boreal, un espectáculo de luz tan solo visible desde el hemisferio norte, se despliega aquí sobre el lago Thórisvatn de Islandia.

LA GRAN GIRA
DE LAS *VOYAGER*

INFERIOR: *Voyager 1* ha tenido una importancia capital para la exploración espacial durante más de treinta años. Esa nave fue la artífice de esta imagen de la Luna y la Tierra, registrada el 18 de septiembre de 1977, la primera de esta clase tomada por una sonda.

PÁGINA SIGUIENTE: El 5 de septiembre de 1977 se lanzó la *Voyager 1* desde el Centro Espacial Kennedy de Cabo Cañaveral, Florida. Aunque la otra nave gemela, *Voyager 2*, se lanzó dieciséis días antes, *Voyager 1* siguió una ruta de vuelo más rápida que le permitió llegar la primera a Júpiter.

E n el otoño de 1977 se lanzó desde Cabo Cañaveral, Florida, un par de naves idénticas de 722 kilogramos de peso. Las *Voyager 1* y *2* estaban a punto de embarcarse en una misión muy especial: visitar los cuatro planetas gigantes gaseosos del Sistema Solar, Júpiter, Saturno, Urano y Neptuno. En condiciones normales tardarían treinta años en completar un viaje así, pero un golpe de suerte quiso que aquellas naves se diseñaran en un momento en que esos planetas adoptaron una alineación única que permitiría realizar la gran gira en menos de doce años. Hoy, más de treinta años después del lanzamiento, ambas naves siguen operativas y en buen estado, y curiosamente *Voyager 1* aún envía datos a la Tierra, lo que la convierte en el ejemplo máximo y más espléndido de misión ampliada en la historia de la exploración espacial.

Voyager 1 es en la actualidad el objeto fabricado por humanos más alejado de la Tierra. Esta nave espacial extraordinaria que viaja a diecisiete kilómetros por segundo se halla a poco más de diecisiete mil millones de kilómetros de casa y transmite información para la que nunca fue diseñada y que jamás esperamos descubrir. El sensible oído de la estación marciana de Goldstone, en el desierto de Mojave, California, es el que se mantiene a la escucha de la *Voyager 1*. Se trata de uno de los pocos telescopios del mundo capacitados para comunicarse a distancias tan vastas. La *Voyager* se encuentra tan lejos que la señal tarda unas quince horas en llegarnos, aunque viaja a la velocidad de la luz. Tal vez parezca poco más que un punto en una pantalla, pero la información que está enviando nos brinda los primeros datos que tenemos procedentes de los confines del Sistema Solar, desde el borde último de la heliosfera y, a medida que se desvanece, realiza una medición constante del viento solar. *Voyager 1* ha llegado ahora al punto donde este viento que emana con tanta intensidad de la superficie del Sol, literalmente se esfuma. La heliopausa es la frontera donde el viento solar ya no consigue empujar el viento estelar procedente de las estrellas circundantes. Más allá de este lugar, la *Voyager* abandonará su cuna y se adentrará en el espacio interestelar. Como se espera que las baterías aguanten hasta 2025, esta nave continuará enviándonos datos a medida que se convierta en el primer artefacto humano que salga del Sistema Solar ◉

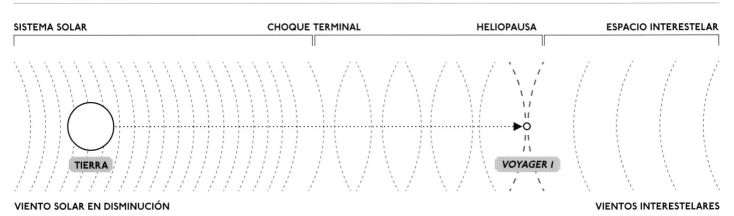

| SISTEMA SOLAR | CHOQUE TERMINAL | HELIOPAUSA | ESPACIO INTERESTELAR |

TIERRA

VOYAGER 1

VIENTO SOLAR EN DISMINUCIÓN

VIENTOS INTERESTELARES

DE LA TIERRA
A LA NUBE DE OORT

EXTREMO INFERIOR: Sería perdonable que pasáramos por alto la pequeña estrella roja del centro de esta imagen. Su luz es tan débil que esta estrella enana, Proxima Centauri, la estrella más cercana al Sol, no se descubrió hasta 1915.

INFERIOR: La nube de Oort es un conjunto casi esférico de objetos helados que parece situarse a alrededor de un año-luz del Sol. El tirón gravitatorio de otras estrellas puede hacer que estos objetos se adentren más en el Sistema Solar y se conviertan en cometas.

Nuestro viaje a través del imperio del Sol no termina en esa frontera lejana situada a diecisiete mil millones de kilómetros de distancia, donde el viento solar se topa con el viento interestelar. El Sol ejerce una última fuerza invisible que llega mucho más lejos. Nuestra estrella es, con mucho, la mayor maravilla del Sistema Solar. De hecho, ella sola conforma el 99 % de toda la masa del Sistema Solar. Esa inmensidad es la que otorga al Sol su influjo de mayor alcance: la gravitación.

Esta es la extensión total del imperio del Sol; el tirón gravitatorio más leve que retiene una nube de hielo alrededor del Sol en forma de esfera colosal. Más allá de la nube de Oort no hay nada. Solo escapa la luz solar, una luz que tardará cuatro años en llegar incluso a la estrella vecina más cercana al Sol, Proxima Centauri (una enana roja de entre los 200 mil millones de estrellas más que conforman la Galaxia). Y, mirando ahí, en las profundidades de nuestro vecindario galáctico más próximo, es donde estamos aprendiendo a leer el destino final de nuestra propia estrella ◉

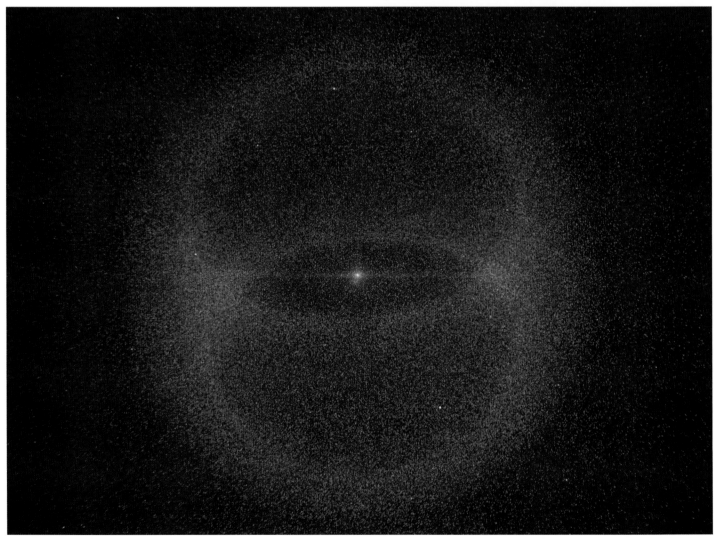

INDAGAR EN EL FUTURO DEL SOL

El imperio del Sol es tan vasto y tan antiguo, y su poder tan inmenso, que parece una osadía pensar que podamos empezar siquiera a concebir su final, la muerte del Sol. En cambio, eso es exactamente lo que están intentando hacer los astrónomos, y muchos de ellos acuden al desierto más árido y estéril de la Tierra, el de Atacama en Chile, en busca de respuestas.

Allí, a una altitud de 2 635 metros en la falda de un volcán extinto, yace el Observatorio Paranal, emplazamiento de la red de telescopios más potente del mundo. Al llegar nos dieron «Información importante para una estancia segura en Paranal». Como la instalación se encuentra a unos dos kilómetros y medio de altitud, se nos advertía de que, si sentíamos alguno de los siguientes malestares, consultáramos con el auxiliar sanitario de inmediato: dolor de cabeza y mareo, problemas respiratorios, zumbido de oídos, pérdida de audición, o visión de estrellas. De verdad ponía que si veías estrellas en el Observatorio Paranal debías consultar con el auxiliar sanitario ¡de inmediato!

La razón de que tantos astrónomos se aventuren a visitar este desierto reside en que este observatorio se encarama muy por encima de las nubes. En él, cuatro instrumentos colosales conforman el Telescopio Muy Grande o VLT (por las siglas de su nombre en inglés, Very Large Telescope) del Observatorio Europeo Austral. Cuando se contempla el firmamento con estas majestuosas máquinas, enseguida se ve que las estrellas no son meros puntos blancos de luz contra la negrura del cielo, sino que en realidad tienen colores. A través de esas lentes, los límpidos cielos chilenos aparecen repletos de estrellas entre anaranjadas y rojas, amarillas y blanquiazules.

Esta hermosura nos ha revelado que mirar hacia la galaxia repleta de estrellas es contemplarlas en todas las etapas de su existencia: desde estrellas jóvenes fulgurantes hasta estrellas amarillas de mediana edad muy similares al Sol. En el seno del firmamento nocturno, un código de color nos permite trazar el ciclo vital de cualquier estrella, incluida la nuestra ◉

Cuando se contempla el firmamento con estas majestuosas máquinas, enseguida se ve que las estrellas no son meros puntos blancos de luz contra la negrura del cielo, sino que en realidad tienen colores diversos. A través de esas lentes, los límpidos cielos chilenos aparecen repletos de estrellas entre anaranjadas y rojas, amarillas y blanquiazules.

IZQUIERDA: El Telescopio Muy Grande del Observatorio Europeo Austral consiste en cuatro telescopios de 8 metros de abertura que trabajan de manera independiente, o se combinan para formar uno de los telescopios más potentes del mundo.

SUPERIOR: El Telescopio Muy Grande es famoso por su elevado nivel de observación y por su resolución espectroscópica. Esta imagen espectacular de la nebulosa de Orión demuestra el funcionamiento excepcional de esta máquina.

EL DIAGRAMA DE HERTZSPRUNG-RUSSELL

Durante los últimos 100 años la comunidad astronómica
ha cartografiado con minuciosidad las diez mil estrellas
más cercanas a la Tierra, y las ha clasificado de acuerdo con
su color y brillo. Así nació el diagrama de Hertzsprung-Russell,
una herramienta eficaz y elegante que permite predecir la
historia y la evolución de las estrellas y, en particular, la vida
futura del Sol. La mayoría de las estrellas, incluida la nuestra,
se sitúa en la «secuencia principal», la franja de estrellas que
discurre desde la Superior izquierda hasta la inferior derecha.
El Sol pasará la mayor parte de su existencia ahí, quemando
sin cesar sus ingentes reservas de combustible de hidrógeno,
el cual le durará otros cinco mil millones de años. Después,
se adentrará en la fase de gigante roja.

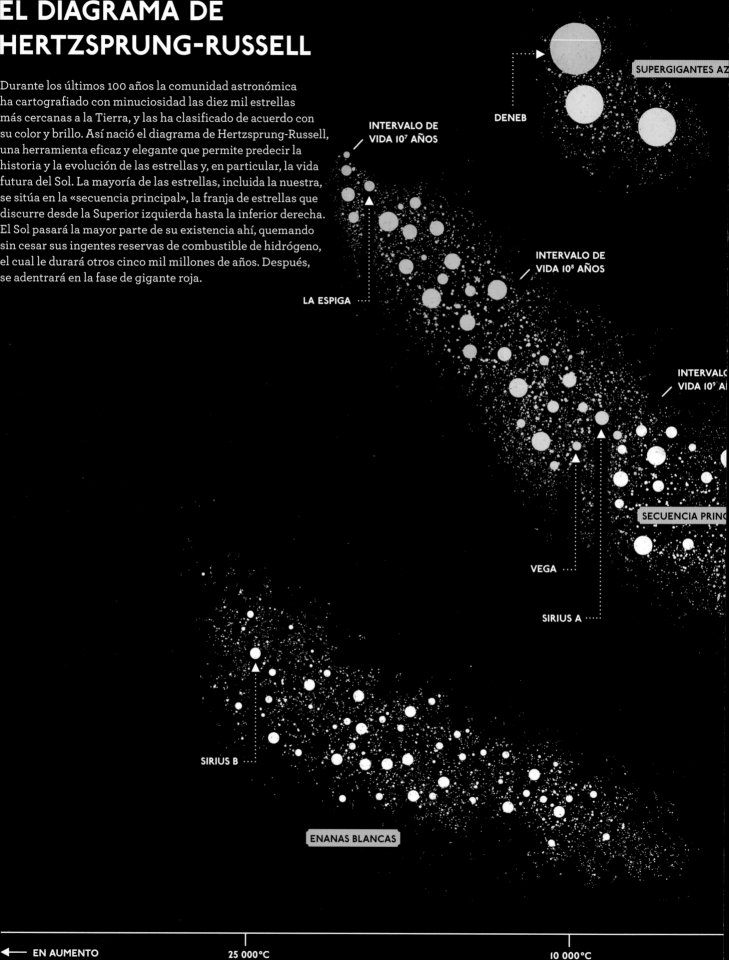

SUPERGIGANTES AZ

DENEB

INTERVALO DE
VIDA 10⁷ AÑOS

INTERVALO DE
VIDA 10⁸ AÑOS

INTERVALO
VIDA 10⁹ AÑ

LA ESPIGA

SECUENCIA PRIN

VEGA

SIRIUS A

SIRIUS B

ENANAS BLANCAS

EN AUMENTO   25 000°C   10 000°C

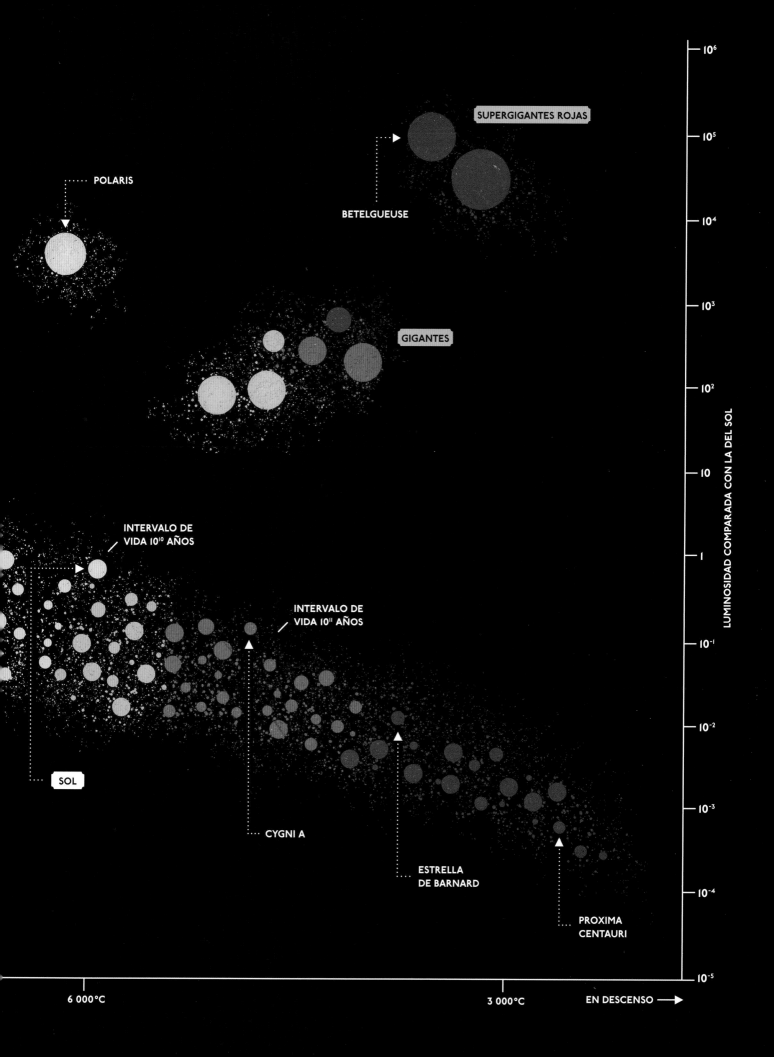

EL IMPERIO DEL SOL

LA MUERTE DEL SOL

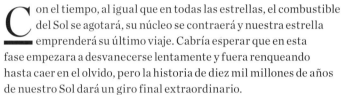

Con el tiempo, al igual que en todas las estrellas, el combustible del Sol se agotará, su núcleo se contraerá y nuestra estrella emprenderá su último viaje. Cabría esperar que en esta fase empezara a desvanecerse lentamente y fuera renqueando hasta caer en el olvido, pero la historia de diez mil millones de años de nuestro Sol dará un giro final extraordinario.

Cuando el combustible se agote al fin, las reacciones de fusión nuclear en el núcleo del Sol se detendrán en seco y la gravitación volverá a gobernar el destino de nuestra estrella. El Sol ya no podrá soportar su propio peso y empezará a contraerse. Al igual que durante su formación, este colapso calentará el Sol una vez más hasta que las capas de plasma del exterior del núcleo alcancen una temperatura lo bastante elevada como para que vuelva a iniciarse la fusión, pero esta vez a una escala mucho mayor. El brillo de nuestra estrella se multiplicará por mil o más y lo hinchará hasta un tamaño muchas veces mayor que el actual. Entonces, el Sol se apartará de la secuencia principal y se situará en el extremo derecho superior del diagrama de Hertzsprung-Russell, en la región que se conoce como la rama de las gigantes.

A medida que se expandan las capas exteriores, la temperatura de la superficie se desplomará y el color del Sol pasará a ser rojo. Mercurio será poco más que un recuerdo cuando lo engulla el rojo Sol en expansión, el cual crecerá hasta alcanzar cien veces su tamaño actual. A medida que se hinche, el Sol cubrirá toda la distancia que lo separa de la órbita de la Tierra, donde las expectativas para nuestro planeta serán muy poco alentadoras.

Así que todo apunta a que la maravilla que permanecerá tan constante a lo largo de sus diez mil millones de años de vida, acabará sus días convertida en una estrella gigante roja. Durante unos breves instantes, el Sol brillará dos mil veces más que ahora, pero no por mucho tiempo. A la larga, nuestra estrella se despojará de las capas exteriores y solo conservará su núcleo en proceso de enfriamiento, una tenue ceniza, o enana blanca, que lucirá más o menos hasta el final de los tiempos desvaneciéndose lentamente en la noche interestelar. Con ello habrán desaparecido también todas sus maravillas: las auroras polares danzantes en las atmósferas de los planetas del Sistema Solar y esa luz que da sustento a toda la vida de la Tierra.

El gas y el polvo del Sol moribundo se perderán en el espacio y, a su debido tiempo, darán lugar a una inmensa nube oscura cargada y repleta de posibilidades. Entonces, algún día, nacerá otra estrella quizá con una historia parecida que contar, la historia más grandiosa del cosmos ◉

CAPÍTULO 3

ORDEN A PARTIR DEL CAOS

EL SISTEMA SOLAR COMO MECANISMO DE RELOJERÍA

La historia del Sistema Solar es la historia del surgimiento del orden a partir del caos gracias a la ley más simple de la física: la gravitación. Los planetas y sus satélites permanecen en órbitas bastante estables debido a una interacción sutil entre la gravitación y el momento angular, y este magnífico equilibrio natural se escribe ante nuestros ojos en los movimientos giratorios y los ritmos del firmamento.

La pequeña y antigua localidad de Cairuán, situada en las llanuras del nordeste de Túnez, es la cuarta ciudad santa del mundo islámico. Esta población, fundada por los árabes en el año 670 de nuestra era, solo tiene 150 000 habitantes y alberga el lugar de culto musulmán más antiguo del mundo occidental. La gran mezquita de Cairuán impresiona tanto por su belleza como por sus dimensiones. La mezquita abarca más de 9 000 metros cuadrados y recuerda tanto a una gran fortaleza como a un lugar de culto. En su interior hay un patio enorme con una bella obra de ingeniería astronómica casi en su centro: un antiguo reloj de sol. La humanidad ha utilizado relojes de sol como este para seguir la estrella más brillante del cielo durante más de 5 500 años.

Durante los últimos quince siglos, el reloj de sol situado en el corazón de esta gran mezquita ha medido el implacable discurrir de los días señalando el paso del tiempo a medida que el Sol recorre el cielo para marcar la llamada a la oración antes del amanecer, a la salida del Sol, a mediodía, a la puesta del Sol y al anochecer.

Los relojes de sol son piezas tecnológicas de una sencillez fabulosa. En su origen no eran más que un palo hincado en el suelo o la longitud de la sombra de una persona, pero siempre nos han permitido medir el tiempo siguiendo el desplazamiento del Sol por nuestros cielos. Durante milenios este movimiento pareció confirmarnos que la Tierra se encuentra en el centro del universo. A partir de la más simple de las observaciones, nos pareció absolutamente obvio que el Sol orbita alrededor de la Tierra cada 23 horas y 56 minutos. En cambio, el ritmo sencillo y regular que todos y cada uno de nosotros observamos a diario no es más que una ilusión. No es el Sol el que se mueve, lo que presenciamos es la rotación de la Tierra a medida que esta se desplaza por el espacio.

INFERIOR: La gran mezquita de Cairuán es la más antigua de África, y en el corazón de su patio espectacular hay una hermosa pieza de ingeniería astronómica: un antiguo reloj de sol.

Es fabuloso pensar que en todo el planeta el ritmo de cualquier vida humana se rige por el viaje que realizamos por el cosmos. Desde nuestros despertares hasta nuestros descansos nocturnos, el uso de un jersey un mes y una camiseta el mes siguiente, o comer fresas en julio y una mandarina en diciembre.

INFERIOR: Los poderosos efectos del Sistema Solar en nuestro clima se aprecian en este mercado francés. El puesto aparece repleto de fresas y setas de temporada.

Nuestro planeta avanza a 108 000 kilómetros por hora para realizar el épico viaje de 900 millones de kilómetros alrededor del Sol que completa una vez cada 365.25 días. Para la existencia de nuestro planeta, cada año no es más que uno de los ritmos interminables que rigen nuestra propia existencia, y todos ellos están gobernados por un movimiento de nuestro planeta semejante a un mecanismo de relojería. Este nos depara ciclos de noche y día a medida que la Tierra rota sobre su propio eje a 1 700 kilómetros por hora cada veinticuatro horas. La duración del día en un lugar determinado de la superficie terrestre viene dictada por el ángulo preciso que forma nuestro planeta con el Sol.

También tenemos estaciones debido a que el eje de la Tierra mantiene una inclinación de veintitrés grados. A medida que viajamos alrededor del Sol, este ángulo crea la dinámica cambiante que define los ciclos de muchas criaturas del planeta, tanto en tierra firme como en los océanos. En el hemisferio norte, los meses estivales coinciden con la inclinación del polo norte hacia el Sol, una época del año en que el ángulo favorece la mitad boreal del planeta con una cantidad de energía adicional de nuestra estrella. En invierno, la dinámica ha cambiado; el polo norte apunta en dirección opuesta al Sol y es el hemisferio sur el que recibe un baño adicional de luz solar.

Es fabuloso pensar que en todo el planeta, el ritmo de cualquier vida humana se rige por el viaje que realizamos por el cosmos. Desde nuestros despertares hasta nuestros descansos nocturnos, el uso de un jersey un mes y una camiseta el mes siguiente; cada uno de estos acontecimientos cotidianos está íntimamente relacionado con un viaje a través del espacio que nos catapulta a 108 000 kilómetros por hora alrededor de una estrella, pero que nos mantiene a la mayoría de nosotros completamente ajenos a esta montaña rusa en la que surcamos el cosmos.

No solo la Tierra está sujeta a estos ritmos, todo el Sistema Solar está repleto de ciclos como este, de manera que cada planeta orbita alrededor del Sol a su propio ritmo particular. Mercurio es el más rápido; como es el más próximo al Sol, alcanza velocidades de 200 000 kilómetros por hora y completa cada órbita en tan solo ochenta y ocho días. Venus rota tan despacio que tarda más en completar un giro sobre su propio eje (225 días) que en completar una vuelta alrededor del Sol, de modo que en Venus (y también en Mercurio), un día dura más que un año. Más hacia el exterior, los planetas orbitan cada vez más despacio. Marte completa una órbita alrededor del Sol cada 687 días, un par de meses menos que dos años terrestres. Júpiter, el planeta más grande, necesita doce años terrestres para completar cada órbita; Saturno, casi treinta años; Urano, ochenta y cuatro años, y Neptuno, situado en los dominios más exteriores del Sistema Solar, a cuatro mil millones y medio de kilómetros del Sol, viaja tan despacio que hubo que esperar a 2011 para que completara una sola órbita desde su descubrimiento en 1846.

El Sistema Solar está propulsado por estos ritmos, tan regulares que todo él podría regirse por un mecanismo de relojería. Parece increíble que un sistema tan bien ordenado haya surgido espontáneamente, pero esta pequeña isla de orden que denominamos Sistema Solar es en realidad un ejemplo fantástico de la belleza y la simetría resultantes de la actuación de las leyes físicas simples que gobiernan el universo. El estudio de esas leyes no solo nos ha desvelado cómo emergió el orden a partir del caos del espacio, sino que también nos ha ayudado a desentrañar los orígenes y la formación del propio Sistema Solar. El conocimiento de la posición que ocupamos dentro del Sistema Solar constituye uno de los viajes más grandiosos de la ciencia ◉

RITMOS DEL SISTEMA SOLAR

Todos los planetas del Sistema Solar están sujetos a ritmos y ciclos específicos, y todos ellos son tan regulares como un mecanismo de relojería. Cada planeta orbita alrededor del Sol con un tempo particular, pero, cuanto más cerca del Sol se encuentra el planeta, más rápido completa una órbita.

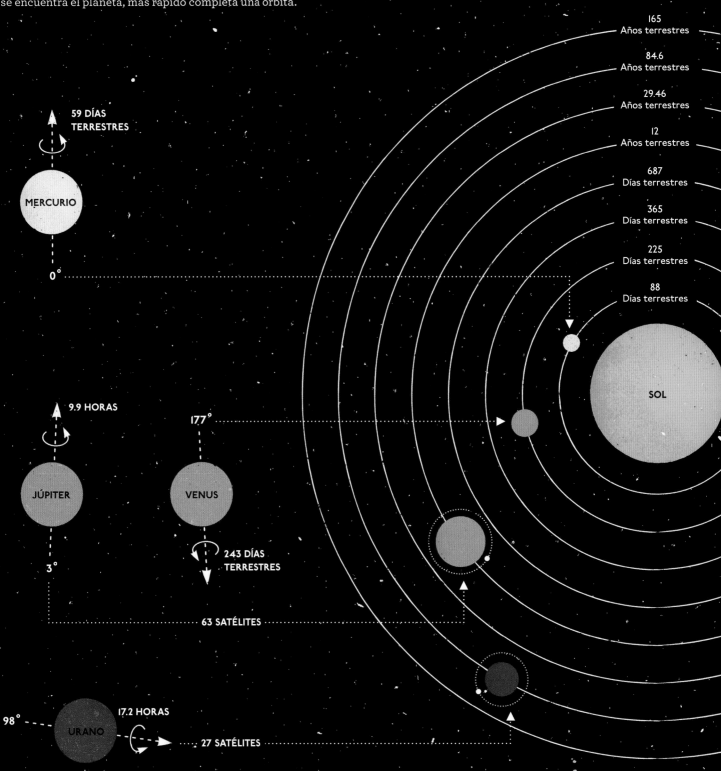

59 DÍAS TERRESTRES

MERCURIO

0°

9.9 HORAS

JÚPITER

3°

177°

VENUS

243 DÍAS TERRESTRES

63 SATÉLITES

98°

URANO

17.2 HORAS

27 SATÉLITES

165
Años terrestres

84.6
Años terrestres

29.46
Años terrestres

12
Años terrestres

687
Días terrestres

365
Días terrestres

225
Días terrestres

88
Días terrestres

SOL

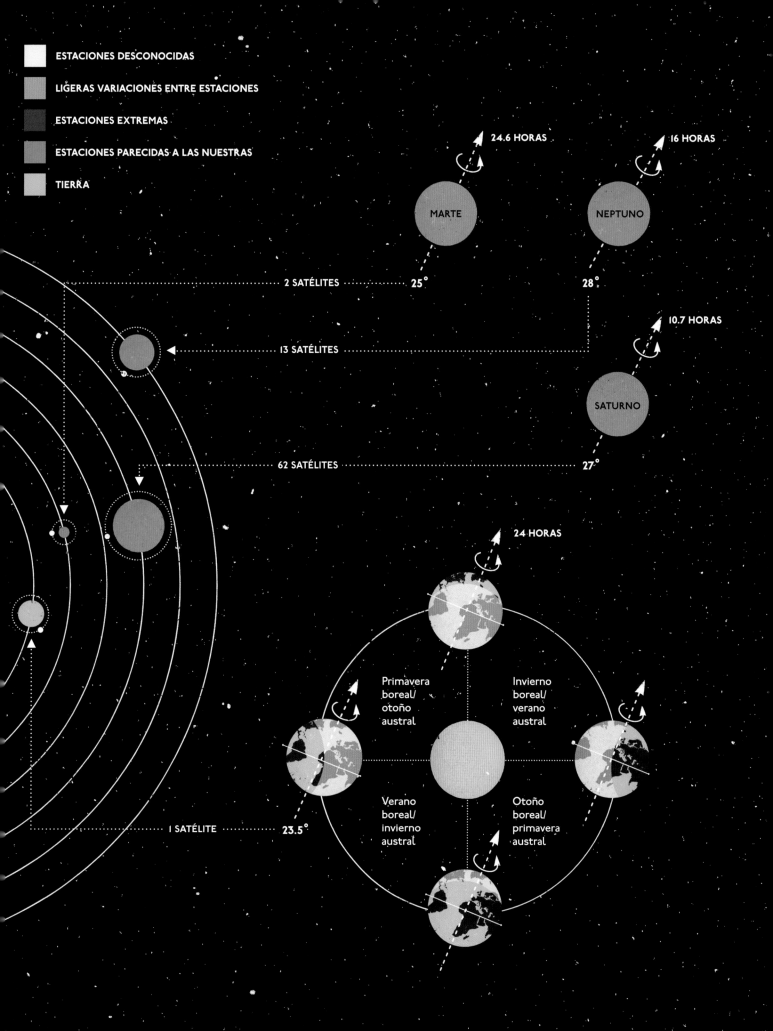

ESTACIONES DESCONOCIDAS

LIGERAS VARIACIONES ENTRE ESTACIONES

ESTACIONES EXTREMAS

ESTACIONES PARECIDAS A LAS NUESTRAS

TIERRA

24.6 HORAS

16 HORAS

MARTE

NEPTUNO

2 SATÉLITES

25°

28°

10.7 HORAS

13 SATÉLITES

SATURNO

62 SATÉLITES

27°

24 HORAS

Primavera boreal/ otoño austral

Invierno boreal/ verano austral

Verano boreal/ invierno austral

Otoño boreal/ primavera austral

1 SATÉLITE

23.5°

EL CENTRO DEL UNIVERSO

De acuerdo con la mitología griega, Atlas era el poderoso dios que llevaba la Tierra sobre sus hombros y sostenía los cielos desde los montes del Atlas, en el norte de África. En la actualidad, esta cordillera sigue siendo uno de los lugares más imponentes para observar las estrellas. La vida urbana tal vez nos haya robado la conexión que mantenemos con el firmamento nocturno, pero desde la oscuridad total de los montes del Atlas no cuesta nada notar los hondos efectos que debió de causar en nuestros ancestros. Alzaban la mirada al cielo para entender qué lugar les correspondía dentro de la creación, y el movimiento de las estrellas les decía algo: estaban en el centro del universo.

Si contemplamos el cielo nocturno durante cierto tiempo no sorprende en absoluto que llegaran a esa conclusión. La Estrella Polar, o Polaris, está alineada casi exactamente con el eje de rotación de la Tierra, lo que afianza la ilusión de que todas las estrellas rotan en el cielo en torno a ese punto. Eso es lo que creyeron los antiguos durante miles de años, pero, por muy obvio que parezca, se trata, por supuesto, de una percepción errónea.

Para comprender la verdadera posición que ocupa la Tierra dentro del Sistema Solar, hay que observar el grupo de cuerpos

SUPERIOR: Trazos estelares en el firmamento nocturno de Túnez. El movimiento de las estrellas dibuja arcos concéntricos espectaculares.

PÁGINA SIGUIENTE: Esta combinación de imágenes tomadas durante varios meses permite seguir el desplazamiento de Marte por el cielo terrestre. Por lo común, se mueve en línea recta, pero, una vez cada dos años, la Tierra adelanta a Marte y el planeta parece desplazarse hacia atrás, un fenómeno que se conoce como movimiento retrógrado.

celestes que no se comportan de manera tan previsible como las estrellas. Los griegos los llamaron *planetas*, o *estrellas errantes*, y nosotros hemos conservado el nombre de *planetas* para referirnos a ellos.

La imagen de Marte en la página siguiente ilustra que, en lugar de desplazarse siempre en línea recta con respecto a las estrellas del fondo, el planeta cambia en ocasiones de dirección, retrocede y forma un rizo sobre sí mismo. Los griegos habían observado este extraño movimiento ya en el año 1534 a. n. e., pero no lograron explicarlo. ¿Por qué dibujaba este planeta aquellos patrones tan extraños en el firmamento si orbitaba alrededor de la Tierra, situada en el centro del universo? La explicación de este movimiento retrógrado de Marte no llegó con facilidad; de hecho, tardamos más de 3 000 años en obtener la respuesta correcta.

Durante la mitad de ese tiempo nuestra noción del universo se rigió por el trabajo de un hombre, Claudio Tolomeo. Hacia el año 150 n. e., Tolomeo publicó su obra más excelsa, *El Almagesto*, una explicación completa del complejo movimiento de los planetas y las estrellas. Durante más de mil años, la concepción tolemaica del Sistema Solar permaneció inamovible, con la Tierra en el centro y todo lo demás girando a su alrededor. Eran la ciencia y la religión funcionando codo con codo. Como el hombre era la creación más importante de Dios, solo se consideraba correcto que la Tierra ocupara el centro de un universo perfecto y uniforme. Algo aparentemente tan inexplicable como el movimiento retrógrado de Marte se resolvió introduciendo órbitas menores conocidas como epiciclos, que encajaban a la perfección con los datos observados.

Esta tendencia, tal vez innata en los humanos, de aceptar el criterio de la autoridad en temas terrenales y celestes, ha supuesto uno de los mayores obstáculos para el avance a lo largo de la historia. La Real Sociedad de Londres, la sociedad científica más antigua del mundo, se creó en 1660 y tomó como lema «*Nullius in verba*», que significa «En palabras de nadie». Dicho de otro modo, el conocimiento verdadero y profundo del universo no se logra leyendo a las autoridades de la antigüedad, sino mediante la observación cuidadosa de la naturaleza y la aplicación de razonamientos originales.

La retirada de la Tierra del centro del Sistema Solar se convirtió en el cometido vital de un astrónomo polaco llamado Nicolás Copérnico, uno de los padres fundadores de la ciencia moderna. Casi literalmente, Copérnico puso patas arriba nuestro concepto del Sistema Solar. Utilizando los instrumentos más elementales, recopiló los datos que acabarían llevándolo a construir una visión completamente nueva de los cielos, la concepción heliocéntrica, que situaba el Sol con gran contundencia en su centro ◉

LA CONCEPCIÓN HELIOCÉNTRICA

Aunque la teoría de Copérnico se completó más de una década antes, no se publicó hasta poco antes de su fallecimiento, en 1543. *Sobre las revoluciones de los orbes celestes* desmontó 1500 años de pensamiento astronómico y lo reemplazó por una manera nueva de pensar. En su centro albergaba una explicación del misterioso movimiento retrógrado de un planeta como Marte.

El diagrama de la página siguiente explica esta teoría. Al situar el Sol en el centro del Sistema Solar y los planetas girando en su derredor siguiendo órbitas casi circulares, se entiende de inmediato que desde la Tierra ocupamos un asiento muy diferente para contemplar el mecanismo celeste de relojería. A medida que nos movemos alrededor del Sol todos a la vez, Marte parece seguir una línea recta en el firmamento. Es lógico que, mientras Marte y la Tierra se mueven, nos veamos como dos coches próximos entre sí que circulan veloces por una autopista. Recordemos que Marte viaja más despacio que nosotros, a veinticuatro kilómetros por segundo frente a los treinta kilómetros por segundo de la Tierra, de modo que llega un momento en que lo alcanzamos y hasta lo adelantamos, y de repente cambiamos de perspectiva. La Tierra se aleja de Marte, que parece desplazarse hacia atrás en relación con las estrellas fijas, parece invertir la marcha. Igual que un automóvil al que adelantamos por la izquierda, el planeta más lento parece moverse en sentido contrario.

Marte parece retroceder en el cielo hasta que la Tierra se ha adelantado lo bastante como para que volvamos a cambiar de perspectiva, y entonces el desplazamiento de Marte recupera su dirección habitual en el firmamento nocturno. Así que Marte parece seguir un extraño movimiento en forma de rizo en el cielo porque la Tierra lo adelanta por dentro, y por eso observamos el movimiento retrógrado. Es simple cuando se explica ¡pero tardamos milenios en resolverlo!

La explicación de los bucles retrógrados fue uno de los mayores logros de la astronomía temprana. Creó el concepto del Sistema Solar y nos permitió trazar los primeros mapas precisos de los planetas y sus órbitas alrededor del Sol. Una vez que tuvimos este esquema, surgieron muchos interrogantes nuevos. Tomando como base el trabajo de Copérnico, generaciones de científicos han indagado en el funcionamiento esencial del Sistema Solar y, al hacerlo, se han visto obligados a plantearse cuestiones profundas sobre sus orígenes, como: ¿por qué es tan ordenado? y ¿cómo emergió ese orden a partir del caos de los cielos?

Para encontrar las respuestas hay que buscar las claves en lo que observamos. Un buen punto de partida lo ofrecen los movimientos circulares de los planetas. La explicación de este mecanismo astronómico de relojería trasciende nuestro Sistema Solar porque requiere un conocimiento de los principios físicos que rigen todo el universo ◉

IZQUIERDA: Este grabado de Andreas Cellarius de 1660 ilustra la teoría del sistema del mundo de Nicolás Copérnico. En esencia, esta concepción propone situar el Sol en el centro del universo, alrededor del cual el resto de los astros se desplazan siguiendo movimientos circulares uniformes.

EL MOVIMIENTO RETRÓGRADO DE MARTE

Cuando Marte retrograda, se desplaza hacia atrás con respecto a la posición que mantienen las estrellas fijas situadas tras él. Entonces parece moverse dibujando un rizo en el cielo cuando la Tierra lo adelanta por el interior de su órbita

FONDO FIJO DE ESTRELLAS

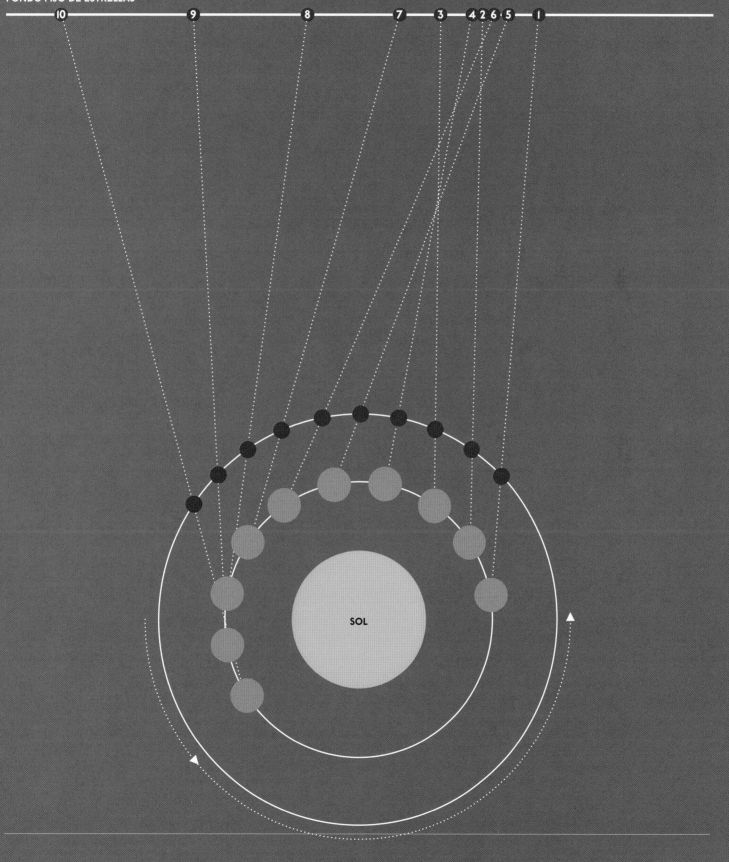

TIERRA   MARTE

SOL

EL NACIMIENTO
DEL SISTEMA SOLAR

INFERIOR Y EXTREMO INFERIOR:
El estado de Oklahoma, situado
en el centro de lo que se conoce como
Tornado Alley, soporta cientos de
tornados cada año entre los meses
de abril y junio. Estas gigantescas
tormentas giratorias recorren
zumbando el territorio sembrando
el caos y la destrucción a su paso.

Uno de los aspectos más notables de las leyes de la naturaleza es su universalidad. En otras palabras, las mismas leyes que describen la formación del Sistema Solar deben describir también los asuntos más mundanos de la Tierra. Por tanto, los majestuosos movimientos de giro de los planetas a medida que viajan alrededor del Sol, deben describirse mediante las mismas leyes que rigen otros objetos giratorios, como el movimiento giratorio aparentemente normal del agua cuando se vacía un lavabo. Las espirales giratorias se observan por toda la Tierra y en el resto del universo. Las vemos por todas partes porque las leyes de la física son idénticas en todas partes.

Cada año, estas leyes universales desatan fuerzas en Oklahoma que desencadenan algunos de los fenómenos más poderosos y destructivos de nuestro planeta. Oklahoma se encuentra en el centro de una región de Estados Unidos que se conoce como Tornado Alley (o «callejón de tornados»), donde cientos de remolinos recorren el paisaje a toda velocidad entre abril y julio. Se trata de fenómenos peligrosos y destructivos, caracterizados sobre todo por una violenta columna de aire giratoria.

Para los seguidores de tormentas profesionales el reto consiste en acercarse a un tornado lo máximo posible. Pero jugar con el fenómeno atmosférico más intenso de todos conlleva muchos riesgos. Un tornado puede levantar un coche, desplazarlo por el aire hasta medio kilómetro de distancia y aplastarlo hasta dejarlo hecho una bola. Este inmenso poder destructivo lo generan bajas presiones muy intensas, causantes de las grandes velocidades eólicas y la rápida rotación características de un tornado.

Los tornados suelen formarse a partir de una clase de tormenta denominada supercélula. Estas tormentas gigantescas en rotación comienzan a gran altura en la atmósfera y descienden hacia el suelo absorbiendo aire caliente y contrayéndose en un apretado embudo giratorio. La velocidad del viento aumenta a medida que la tormenta se contrae para obedecer al principio universal de conservación del momento angular. Cuando se dan las condiciones adecuadas en la Tierra, la conservación del momento angular en estas tormentas en contracción puede generar con rapidez velocidades eólicas de 300, a veces 400 y, en casos excepcionales, 500 kilómetros por hora.

EL MOMENTO ANGULAR

Para la física, las cantidades que se conservan tienen una importancia abrumadora. Una cantidad que se conserva es algo que nunca cambia, algo que no se crea ni se destruye. La energía constituye un ejemplo de dichas cantidades conservadas, pero hay otras. Una con la que todos estamos familiarizados, aunque tal vez tenga un nombre poco conocido, es el momento lineal, también denominado cantidad de movimiento.

En física, el momento lineal es la rapidez de algo (o, más exactamente, su velocidad, que se corresponde con su rapidez en una dirección determinada), multiplicada por la masa (mv). Imaginemos un cañón preparado para disparar. Tanto el cañón como el proyectil están quietos. Esto significa que el momento de ambos es cero porque nada tiene una velocidad. Ahora disparemos el cañón. El proyectil sale volando a gran velocidad y, por tanto, tiene un momento lineal igual a la velocidad multiplicada por la masa. Pero el momento lineal es una cantidad conservada, lo que significa que no se crea ni se destruye. Esto implica que incluso cuando el proyectil se desplaza por el aire, el momento combinado del cañón y del proyectil tiene que seguir siendo cero. Esto se cumple porque el cañón retrocede en la dirección opuesta al proyectil, y la suma de su momento lineal y el del proyectil asciende a cero. El cañón no sale volando hacia atrás a la misma velocidad que el proyectil porque tiene más masa, y lo único que debe compensarse es el producto de su masa por su velocidad: más masa, menor velocidad, mismo momento. Tal vez nos preguntemos qué sucede con el momento cuando el proyectil impacta contra el suelo, o cuando el cañón deja de recular. No se destruye; el proyectil transfiere su momento a la Tierra cuando se hunde en el suelo y transfiere un poco de él a las moléculas del aire que atraviesa mientras permanece en vuelo. El cañón transferirá su momento a las moléculas del suelo por fricción. Si fuéramos lo bastante inteligentes, podríamos seguir el movimiento de todas las moléculas desplazadas alrededor del cañón y el proyectil, y el momento combinado de todo ello siempre ascendería a cero.

Hay un concepto semejante al de momento lineal denominado momento angular. En lugar de medir la rapidez con la que algo vuela en línea recta, el momento angular guarda relación con la velocidad a la que algo gira. En matemáticas, si algo de masa m vuela en círculo a una distancia r del centro con una velocidad (tangencial) v, el momento angular alrededor del centro del círculo equivale a mvr (*véase* inferior).

Al igual que el momento lineal, el momento angular se conserva, tampoco se crea ni se destruye. Un ejemplo clásico de la conservación del momento angular en acción lo encontramos en el giro de una patinadora sobre hielo. Si la patinadora empieza a girar y estrecha los brazos contra su cuerpo, girará más deprisa. Esto sucede porque el momento angular de sus brazos es mayor cuanto más los aparte del centro del giro (en este caso, su cuerpo). Así que, si la chica aprieta los brazos hacia dentro, pierde momento angular en los brazos, y esto debe compensarse con un aumento en el ritmo de giro del resto del cuerpo: gana velocidad.

Nuevamente, el lector atento apreciará una sutileza aquí. ¿Cómo empieza a girar la patinadora si el momento angular no se crea? La respuesta es que la patinadora se empuja contra el hielo para iniciar el giro, y el hielo está firmemente unido a la Tierra. Del mismo modo que el cañón retrocedía en dirección opuesta al proyectil para conservar el momento lineal, en este caso es la Tierra entera la que se aparta de la patinadora para conservar el momento angular, y se altera el ritmo del giro de la Tierra. El efecto es minúsculo, por supuesto, porque la Tierra es muchos millones de veces mayor que la patinadora. A medida que la chica pierde velocidad por la fricción contra el hielo, igual que ocurría con el cañón, el momento angular se redistribuye de nuevo en la Tierra por fricción. Sin embargo, el giro total de todo jamás cambia; el momento angular se conserva siempre.

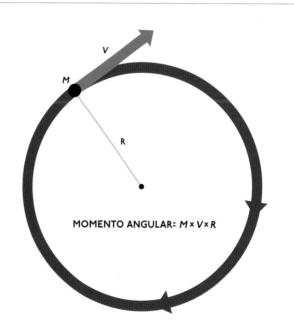

UN PRINCIPIO DE RELATIVIDAD GENERAL
(i) El momento lineal se conserva. (ii) El momento anterior = 0. Por tanto (iii) $m_1v_1 + m_2v_2 = 0$. (iv) El pesado cañón recula despacio frente al movimiento veloz del proyectil.

CONSERVACIÓN DEL MOMENTO ANGULAR
Si la masa (M) es constante, cualquier reducción de la longitud R da lugar a un incremento de la velocidad (V). Por eso la patinadora gira más deprisa cuando encoge los brazos hacia dentro y reduce su R de manera efectiva.

INFERIOR: El telescopio espacial *Hubble* de la NASA captó en 1995 esta imagen de tres columnas espaciales apodadas «Los pilares de la creación». Estas columnas espectaculares de la nebulosa del Águila se formaron a lo largo de millones de años a partir de la radiación y el polvo procedentes de unas veinte o más estrellas gigantescas.

PÁGINA SIGUIENTE: Las manchas oscuras de esta imagen revelan un tipo de nube interestelar denominada glóbulo de Bok. Los glóbulos de Bok son los objetos menos conocidos del universo, a pesar de los numerosos estudios realizados por el astrónomo Bart Bok, de los que toman su nombre. Estas nubes pequeñas y frías de gas y polvo se condensan y dan lugar a estrellas.

Por insólito que parezca, los procesos universales que modelan estos vastos sistemas tormentosos son los mismos que esculpieron el Sistema Solar incipiente, porque las leyes de la física son universales y se aplican a todo por igual. La nebulosa del Águila, una nube interestelar de polvo, hidrógeno, helio y trazas de elementos más pesados, dista de la Tierra unos 6 500 años-luz. Mide casi cien billones de kilómetros de alto, y en el interior de sus largas columnas se forman estrellas. Esta célebre fotografía (inferior), conocida como «Los pilares de la creación», se tomó con el telescopio espacial *Hubble* en 1995. Además de tener una belleza impactante, también nos permite vislumbrar de dónde venimos. Todo lo que conocemos y vemos a nuestro alrededor se formó hace cinco mil millones de años a partir de una nebulosa igual a esta: una nube gigante de gas y polvo. Mientras flotaba por años-luz

del espacio, aquella nube permaneció inmutable durante millones de años hasta que sucedió algo que provocó su coalescencia en el Sistema Solar que tenemos ahora. Se cree que fue una supernova, la muerte explosiva de una estrella cercana, la que introdujo ondas de choque en la nebulosa y provocó la formación de un conglomerado en el centro de la nube.

Esta aglomeración debió de ser más densa que la nube circundante, de modo que ejercía un tirón gravitatorio más fuerte. Muy despacio, a lo largo de millones de años, atrajo más y más gas y polvo. Con el tiempo, toda la nube se compactó contra sí misma cada vez más deprisa, pero el hecho crucial es que al comprimirse estaba haciendo algo que generaría una serie de sucesos que todos experimentamos hoy en día: la nube giraba.

de Bok es uno de los objetos más fríos que se conocen en el universo natural. Su baja temperatura tiene una relevancia crucial porque significa que las moléculas de gas y polvo se mueven muy despacio y, por tanto, es más fácil que la débil fuerza gravitatoria las capture y las empuje a unirse. Según avanzaba la compresión, una región especialmente densa se hizo dominante y el gas adoptó poco a poco una forma más familiar. A partir de la nube había nacido una estrella.

Mientras la gravedad favorecía que una parte de nuestro Sistema Solar incipiente se comprimiera cada vez más hasta que las reacciones de fusión nuclear detuvieron el colapso, el resto del disco en rotación se estabilizó mediante un mecanismo diferente. Fue el giro conservado lo que compensó el empuje de la gravitación hacia el interior. Imagine que lanzamos al aire una pelota de tenis. Trazará

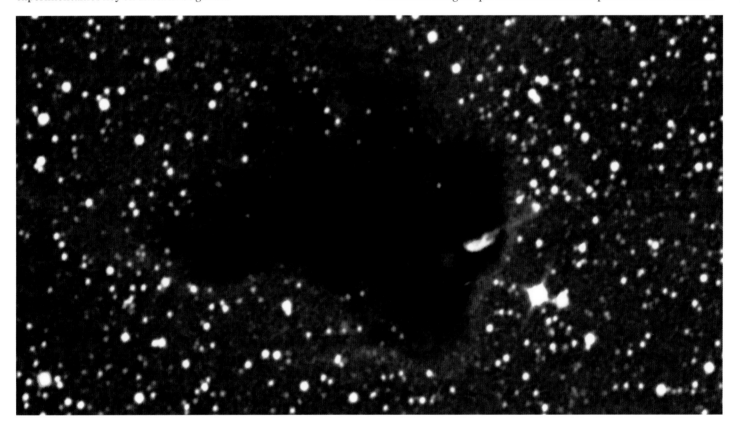

El giro inicial probablemente provino del empujón lateral que le propinó la onda expansiva de la supernova. Al igual que el vórtice rotatorio de un tornado, aquella nube giratoria de polvo cósmico de la que surgimos todos nosotros tuvo que seguir las leyes universales del cosmos. Ya sea una molécula diminuta del aire en un planeta minúsculo o una nube descomunal de gas que alberga todos los ingredientes para crear un sistema solar, si algo que gira se contrae, entonces el principio universal de la conservación del momento angular dicta que debe rotar más deprisa.

En el caso de un tornado, esta contracción desencadena fuerzas increíblemente destructivas. El núcleo rota cada vez más rápido, y de la nube desciende una columna de aire en intensa rotación que causa estragos en cualquier estructura construida por nosotros que encuentre a su paso. Un aspecto curioso y maravilloso a la vez es que el principio universal responsable de esta violencia también causa la estabilidad del Sistema Solar, porque es el momento angular lo que impide que el Sistema Solar se comprima por completo.

A medida que la nube se compactaba, se fue formando uno de los objetos más extraños y menos conocidos del universo. El glóbulo

un arco siguiendo una trayectoria curva llamada parábola, primero en sentido ascendente, pero después en sentido descendente hasta llegar al suelo, donde caerá a cierta distancia de nosotros. A menos que la lancemos hacia arriba en vertical, la pelota de tenis tiene un momento angular en relación con la Tierra. Este momento angular se conservaría si no fuera por el hecho de que la pelota choca contra el suelo. Pero imaginemos que pudiéramos lanzar la pelota a mucha velocidad, tanta que cuando tuviera que empezar a caer hacia el suelo, hubiera sobrepasado ya la curvatura de la Tierra. Entonces la pelota de tenis se situaría en órbita alrededor del planeta y, si no hubiera resistencia del aire, sobre ella no actuaría ninguna fuerza más que la gravitación, porque jamás chocaría contra el suelo. Se precipitaría de manera constante hacia la Tierra y ¡permanecería constantemente perdida! Como el momento angular, o giro, se conserva, se produce una situación completamente estable: la gravitación garantiza que la pelota siga cayendo, pero, como no actúa ninguna otra fuerza, la pelota no llega al suelo y se mantiene en órbita. De idéntico modo, los planetas no se precipitan contra el Sol aunque la única fuerza que perciban sea la atracción gravitatoria; caen constantemente hacia el Sol pero nunca llegan a él ◉

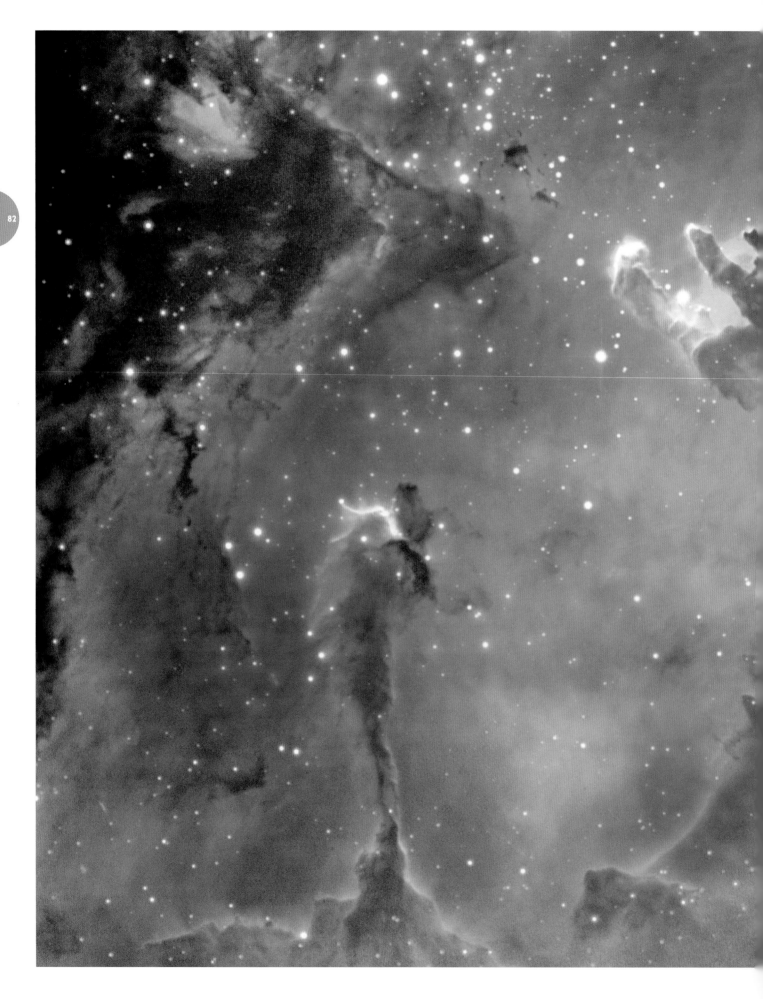

ORDEN A PARTIR DEL CAOS

Así nació el Sistema Solar: en lugar de que todo el sistema se comprimiera para dar lugar al Sol, alrededor de la estrella recién nacida se formó un disco de polvo y gas que abarcaba miles de millones de kilómetros de espacio. En cuestión de unos pocos cientos de millones de años, algunos fragmentos de la nube se compactaron y formaron planetas y satélites, y así surgió un sistema estelar, nuestro Sistema Solar. Había comenzado el viaje del caos al orden.

IZQUIERDA: Esta fotografía de la nebulosa del Águila (llamada así porque parece un águila vista desde lejos) nos brinda una imagen extraordinaria sobre cómo nace un sistema solar. Las altas columnas y las bolas esféricas de polvo y gas indican dónde se están gestando estrellas nuevas.

SATURNO:
LA INFANCIA DEL SISTEMA SOLAR

Entre todas las maravillas del Sistema Solar existe un lugar al que podemos viajar en el que aún permanecen activos los procesos que crearon el Sistema Solar. Es un lugar de una belleza y una complejidad excepcionales; un lugar que ha hechizado a los astrónomos durante siglos. Es el planeta Saturno.

SATURNO

Saturno, situado a 1 400 millones de kilómetros del Sol, dista
seis planetas del centro del Sistema Solar. Tarda casi treinta años
en completar una órbita alrededor del Sol, y un día en Saturno
solo dura unas diez horas y media, aunque se cree que sus días
fluctúan más que las estables jornadas terrestres. Saturno
es el segundo planeta más grande, precedido por Júpiter, pero,
aunque deja raquítica la Tierra en cuanto a volumen, solo supera
en noventa y cinco veces la masa de nuestro planeta. Esto se
debe a que tiene una densidad sorprendentemente baja. Una de
las realidades más divertidas del Sistema Solar es que Saturno
flotaría en el agua si encontráramos un océano lo bastante
grande. La baja densidad de Saturno se debe a su composición;
se compone sobre todo de hidrógeno y helio, con pequeñas
cantidades de otros elementos traza. Al igual que los otros tres
planetas más exteriores (Júpiter, Urano y Neptuno), Saturno
es un gigante gaseoso.

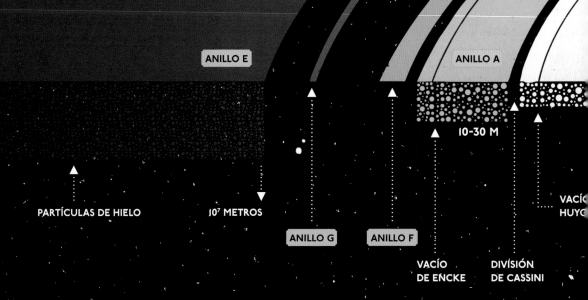

ANILLO E

ANILLO A

10-30 M

PARTÍCULAS DE HIELO

10^7 METROS

VACÍO
HUYG

ANILLO G

ANILLO F

VACÍO
DE ENCKE

DIVÍSIÓN
DE CASSINI

SATÉLITES DE SATURNO

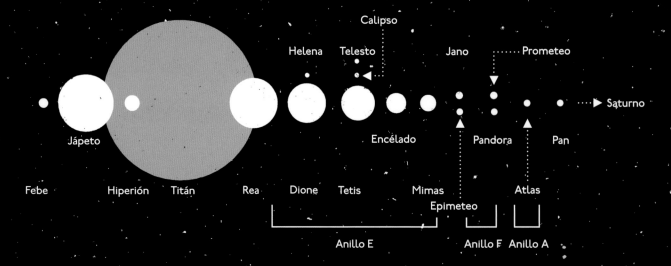

Calipso

Helena   Telesto

Jano   Prometeo

Saturno

Encélado

Pandora   Pan

Jápeto

Febe   Hiperión   Titán   Rea   Dione   Tetis   Mimas

Epimeteo

Atlas

Anillo E   Anillo F Anillo A

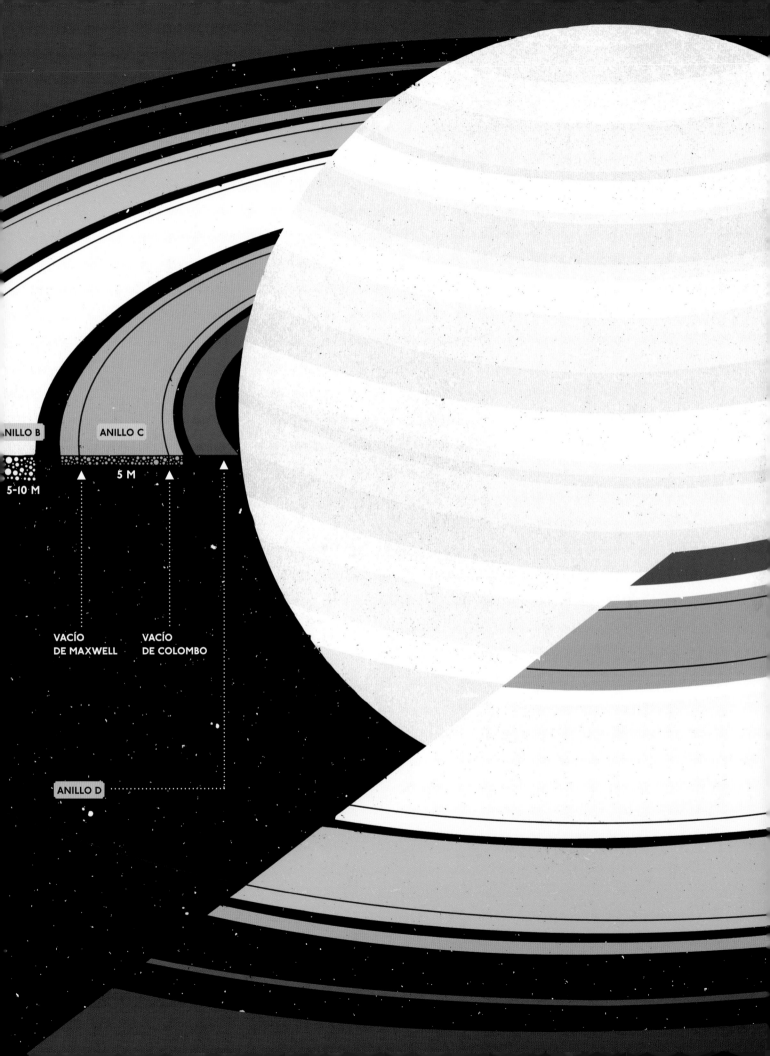

NILLO B   ANILLO C

5-10 M

5 M

VACÍO
DE MAXWELL

VACÍO
DE COLOMBO

ANILLO D

LOS ANILLOS DE SATURNO

El ser humano sabe de la existencia de Saturno desde que alzó por primera vez la mirada al firmamento, porque se revela como una brillante y preciosa estrella errante de color amarillo. Situado a 1 300 millones de kilómetros de la Tierra, es el planeta más lejano que se divisa a simple vista y ha ocupado un lugar especial en la mitología antigua durante milenios. En todo ese tiempo, y a pesar de tantas miradas expertas puestas en esta estrella errante amarilla, nadie se percató de la característica específica que nos atrae más hacia Saturno que hacia ningún otro planeta. Hasta el momento en que Galileo apuntó por primera vez un telescopio hacia Saturno en 1610, la humanidad no había contemplado una de las verdaderas maravillas del Sistema Solar: los anillos de Saturno.

Galileo creía que los anillos eran dos satélites situados a cada lado del planeta gigante, y eso ocurrió cuarenta y cinco años antes de que el astrónomo holandés Christiaan Huygens distinguiera por primera vez un «delgado anillo plano» usando un telescopio más potente que ampliaba la imagen del planeta cincuenta veces. Huygens fue también el primero que descubrió el satélite de Saturno llamado Titán, pero fue el gran astrónomo italiano Giovanni Cassini quien desentrañó los primeros detalles de la estructura de los anillos. En 1675, tras haber descubierto ya otros cuatro satélites más pequeños de Saturno (Jápeto, Rea, Tetis y Dione), Cassini descubrió un hueco entre los anillos que ahora se conoce como división de Cassini.

Durante los últimos 350 años, los nombres de Huygens y Cassini han estado íntimamente unidos a Saturno. En 1997 este legado alcanzó un merecido clímax con el lanzamiento de una de las misiones más extraordinarias y ambiciosas enviadas jamás al Sistema Solar exterior. El lanzamiento de la nave robótica de la misión *Cassini-Huygens* se controló desde el laboratorio de la NASA en Pasadena, California.

El 1 de julio de 2004, tras un viaje de 3 500 millones de kilómetros que incluyó rodear Venus para catapultar la nave y sobrevolar la Tierra y Júpiter, *Cassini* se convirtió en la primera sonda y, hasta la fecha, la única, que hemos situado en órbita alrededor de Saturno. Su cometido consistió en estudiar Saturno y sus anillos con un grado de detalle con el que Cassini solo pudo soñar. Puede que cada una de las imágenes enviadas por la nave *Cassini* a través de ondas de radio hasta la Tierra tarde ochenta minutos en llegarnos, pero, una vez tras otra, la espera ha merecido la pena. Durante más de seis años, la sonda nos ha mandado las imágenes más asombrosas. En ellas hemos visto que los anillos tienen una complejidad imposible, que se componen de miles y miles de bandas y huecos independientes y que están rodeados por toda una red de satélites. Parte del objetivo de la misión *Cassini* consiste en descubrir cómo llegaron los anillos a ser así, cómo se formó esta estructura increíble. Esto ya es interesante de por sí, desde luego, pero existe una razón más trascendente para estudiar Saturno

PÁGINA ANTERIOR, IZQUIERDA E INFERIOR: Saturno es bien conocido por su aspecto diferente. Sin embargo, los primeros astrónomos tardaron años en identificar los anillos de Saturno: creían que se trataba de satélites. La imagen de la página anterior la tomó la sonda *Cassini*, lanzada en 1997; esta nave y la división de Cassini deben su nombre a Giovanni Cassini, descubridor de los anillos en el año 1675.

Cuanto mejor conozcamos las fuerzas que actúan en los anillos, mejor podremos montar las piezas del origen de nuestra propia existencia.

y sus anillos: su intrincada estructura es lo más parecido que tenemos al disco de polvo, roca y hielo que rodeaba el Sol primordial, a partir del cual se formaron los planetas. Por eso hay tanto por aprender en el sistema de Saturno.

El profesor Carl Murray es miembro del equipo de imágenes de la misión *Cassini* y ha dedicado toda una vida a estudiar los anillos de Saturno. Para él, los anillos son mucho más que una de las escenas más bellas de nuestro entorno cósmico: representan una oportunidad única para entender los orígenes del Sistema Solar a través de la observación directa. «Son como un sistema solar en miniatura porque los satélites se corresponden con los planetas y Saturno equivale al Sol», me dijo cuando me encontré con él y charlamos en el pasillo situado sobre la sala de control de la *Cassini*. «Los procesos físicos que se producen en los anillos, y su interacción con las lunas pequeñas que hay a su alrededor probablemente se asemejen a lo que sucedió en el Sistema Solar primigenio tras la formación de los planetas». Murray opina que la observación de los anillos de Saturno es como contemplar el Sistema Solar de hace cuatro mil quinientos millones de años, con el Sol en el centro rodeado por un disco de polvo no muy distinto de los anillos de Saturno.

Esta semejanza, la historia del Sistema Solar contenida en el interior de los anillos, es lo que convence a Murray de la importancia de estudiarlos: «Si no logramos explicar un disco de materia que tenemos aquí al lado, ¿qué posibilidad tenemos de esclarecer un disco desaparecido hace largo tiempo?»

Cuanto mejor conozcamos las fuerzas que actúan en los anillos, mejor podremos montar las piezas del origen de nuestra propia existencia, y eso significa conocer la estructura de los anillos con gran detalle. Ahora, por primera vez, los datos procedentes de la *Cassini* nos permiten recrear casi cualquier aspecto de los anillos. Podemos viajar desde la escala colosal del disco hasta la estructura diminuta de cada anillo individual. Podemos medir las enormes velocidades de los anillos a medida que orbitan alrededor de Saturno. Al igual que los planetas en órbita alrededor del Sol, los anillos más próximos a Saturno son los más veloces: viajan a más de ochenta mil kilómetros por hora. Aunque los anillos parecen sólidos, puesto que proyectan sombras en el planeta, también son increíblemente delicados; el disco principal de los anillos mide más de cien mil kilómetros de ancho, y menos de un kilómetro de espesor.

La belleza de los anillos de Saturno es indudable y, cuando vemos las espléndidas imágenes que envía la sonda *Cassini*, es casi imposible concebir que ese grado de complejidad, belleza y simetría pueda haber surgido de manera espontánea, pero así fue. Solo por esta razón, los anillos de Saturno son una maravilla del Sistema Solar, pero hay más que eso porque el estudio del origen y la evolución de los anillos de Saturno nos permite empezar a obtener al fin información valiosa y sin precedentes sobre los orígenes y evoluciones del Sistema Solar ◉

LOS ANILLOS DE SATURNO EN LA TIERRA

E l barquero que nos guió cuando visitamos Islandia me dijo dos cosas sobre estos témpanos de hielo: una es que ascienden desde el fondo del lecho marino sin avisar, aparecen de repente en la superficie, vuelcan la barca y estás muerto. La otra fue que si reúnes un poco de ese hielo y te lo llevas a casa, resulta excelente para enfriar el whisky porque es un agua pura, de miles de años de antigüedad y sin contaminantes, que aporta al whisky un sabor excelso. Así que, o la muerte o un whisky. ¡Así son las lagunas que a mí me gustan!

Cuesta imaginar las dimensiones, la belleza y el embrollo de los anillos de Saturno desde la Tierra, pero los lagos glaciales de Islandia pueden transportarnos a miles de kilómetros de distancia en el espacio y facilitarnos la concepción de la verdadera naturaleza de los anillos. Allí, a medida que el viejo glaciar se desmorona por la montaña, se desprenden trozos inmensos de hielo que llenan de témpanos, hasta donde alcanza la vista, la laguna situada más abajo. En una primera ojeada, la laguna parece una única capa sólida de hielo prístino, pero es una ilusión. La superficie varía constantemente por el montón de témpanos individuales, cambiantes, casi orgánicos, que flota en el agua. La estructura de los anillos de Saturno es parecida porque, a pesar de las apariencias, los anillos no son sólidos. Cada anillo está formado de anillos menores y cada uno de ellos consiste en miles de millones de fragmentos sueltos. Las partículas de los anillos, capturadas por la gravedad de Saturno, orbitan el planeta de manera independiente y forman una capa de una delgadez imposible.

Pero la semejanza no termina en la estructura. La razón de que los anillos de Saturno brillen tanto vistos desde la Tierra estriba en que se componen sobre todo de hielo de agua de una pureza glaciar, que resplandece al reflejar la tenue luz del Sol; son miles de millones de fragmentos de agua helada situados a mil millones de kilómetros de la Tierra. La mayoría de los fragmentos mide menos de un centímetro; muchos son cristales de hielo de un tamaño micrométrico, pero algunos son tan grandes como un témpano de hielo; otros alcanzan el tamaño de un edificio y los hay que llegan a tener más de un kilómetro de ancho.

Sería fantástico estar sobre uno de los trozos más grandes de los anillos de Saturno y desplegar la vista ante miles de kilómetros de hielo reluciente. Quizá la laguna sea lo más parecido a esto que tengamos los humanos en cientos de años, pero su belleza nos permite dejar volar la imaginación. Confío en que algún día nosotros la sigamos.

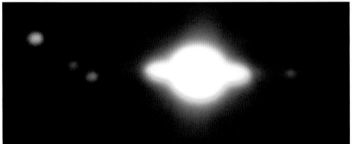

SUPERIOR: La estructura de los anillos de Saturno es muy similar al modo en que estos preciosos y relucientes témpanos de hielo flotan en esta laguna de Islandia.

INFERIOR: Una imagen realmente increíble: Saturno y sus anillos vistos a través de un telescopio. Hasta se vislumbran varios satélites alrededor del planeta.

RECIENTES O ANTIGUOS

El brillo del hielo de los anillos de Saturno es un misterio porque el Sistema Solar es un lugar muy opaco: está repleto de polvo. Hasta hace poco se creía que los anillos de Saturno debieron de formarse recientemente porque, en caso contrario, habrían perdido su esplendor a medida que la superficie de los cristales de hielo se fuera cubriendo con esos escombros interplanetarios. Ahora se los considera mucho más antiguos, con cientos de millones, o incluso miles de millones, de años de antigüedad. El motivo de que los anillos brillen con tanta intensidad radica en que, al igual que los témpanos de la laguna, los anillos cambian sin cesar. Paradójicamente, a pesar de su estructura compleja y de una belleza casi eterna, ahora sabemos que los anillos son un lugar caótico, al menos a la pequeña escala de las partículas de hielo individuales. A medida que las partículas de los anillos orbitan alrededor de Saturno, chocan unas contra otras y se agrupan en acumulaciones gigantescas que se ensamblan y escinden sin fin. Con las colisiones, las partículas se rompen en añicos y dejan expuestas capas nuevas de hielo que captan la luz del Sol. Es este reciclaje continuo lo que permite que los anillos continúen brillando igual que cuando se formaron.

Este dinamismo es uno de los aspectos más extraordinarios y sorprendentes de los anillos de Saturno. Su regeneración constante los mantiene lo bastante limpios como para que reflejen la luz del Sol y podamos divisarlos. Si permanecieran estáticos, el polvo ya habría empañado su esplendor hace mucho tiempo. Hoy son distintos de como eran hace mil años; y también serán diferentes dentro de cien o mil años, pero esa estructura y esa belleza, su esplendor, se mantendrán probablemente mientras haya Sistema Solar ◉

Cada anillo está formado por cientos de anillos menores y cada uno de estos anillos menores consiste en miles de millones de fragmentos individuales. Las partículas de los anillos, atrapadas por la gravedad de Saturno, orbitan de manera independiente formando una capa de una delgadez imposible.

La razón de que los anillos de Saturno brillen tantísimo como para que puedan verse desde la Tierra se debe a que consisten en hielo de agua casi pura que resplandece al recibir la luz del Sol; son miles de millones de fragmentos situados a 1 000 millones de kilómetros de distancia de la Tierra.

ORDEN A PARTIR DEL CAOS

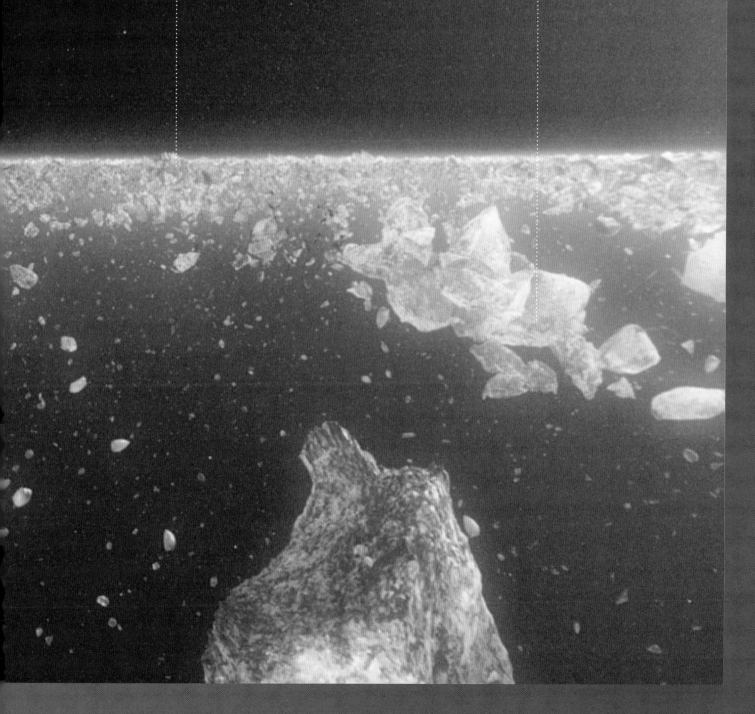

A medida que las partículas de los anillos orbitan alrededor de Saturno, chocan unas contra otras y se agrupan en acumulaciones gigantescas que se ensamblan y escinden sin fin. Con las colisiones, las partículas se rompen en añicos y dejan expuestas capas nuevas de hielo que captan la luz del Sol. Es este reciclaje continuo lo que permite que los anillos continúen brillando igual que cuando se formaron.

La mayoría de los fragmentos mide menos de un centímetro; muchos son cristales de hielo de un tamaño micrométrico, pero algunos son tan grandes como un témpano de hielo; otros alcanzan el tamaño de un edificio y los hay que llegan a alcanzar más de un kilómetro de ancho.

LOS SATÉLITES
DE SATURNO

Cuando Galileo observó por primera vez Saturno a través de su rudimentario telescopio en 1610, pensó que el planeta tenía orejas. Aquel telescopio, no más potente que un par de prismáticos modernos, solo permitió a Galileo intuir lo que estaba contemplando. Como poco antes había descubierto cuatro satélites en órbita alrededor de Júpiter, llegó a la conclusión obvia: Saturno tenía dos satélites gigantescos en órbita alrededor del planeta y los «lóbulos» que él alcanzaba a ver no eran más que una ilusión. Para su consternación, a medida que desfilaba ante sus ojos la danza celeste que mantienen la Tierra y Saturno, aquellos «satélites» parecían desaparecer, como si Saturno hubiera «devorado» a sus hijos. Lo que Galileo observó en realidad fue la desaparición de los anillos de Saturno a medida que el baile de la Tierra y Saturno alrededor del Sol alteraba nuestra perspectiva y orientaba los anillos de perfil.

Aunque su primera interpretación fue errónea, la intuición galileana de que Saturno, como Júpiter, tenía una cohorte de satélites era cierta. Hasta el momento actual hemos descubierto sesenta y dos satélites en órbita alrededor de este planeta y en ellos radica la clave para explicar la intrincada estructura de los anillos. Saturno es como un sistema solar en miniatura, donde los satélites orbitan en su derredor al igual que lo hacen los planetas alrededor del Sol. Desde la Tierra solo alcanzamos a divisar los satélites más grandes, pero, cuando las naves *Pioneer*, *Voyager* y *Cassini* exploraron el sistema en más detalle, revelaron con claridad que estos sesenta y dos satélites conforman un conjunto extraño y espléndido.

Dione es el prototipo de los satélites helados de Saturno. Descubierto por Cassini en 1684, se muestra muy similar a nuestra Luna, aunque posee una composición bien diferente. Unos dos tercios consisten en agua, pero la temperatura en superficie es de -190 °C y, a esas temperaturas, la superficie se comporta como roca sólida. Es un mundo cubierto de cráteres y de precipicios de hielo y, al igual que nuestra Luna, está ligado a Saturno por los efectos de marea, lo que significa que Dione siempre muestra la misma cara a su señor.

Jápeto es el tercer satélite de Saturno en cuanto a tamaño y también uno de los más misteriosos. Tiene el ecuador atravesado por una extraña cresta, y se encuentra tan alejado de Saturno que, si nos situáramos en su superficie, veríamos íntegro el sistema de anillos de Saturno dominando el cielo de las noches. Cuando Cassini descubrió esta luna en 1671 no logró comprender por qué solo conseguía observarla cuando se situaba al oeste de Saturno. Cuando debía hallarse en su lado oriental sencillamente desaparecía de la vista. Cassini llegó a la conclusión acertada de que aquella observación misteriosa se debía al gran contraste entre las dos mitades del satélite: una mitad está formada por hielo limpio y la otra está cubierta por negros depósitos pulverulentos. Esta extraña dualidad de la superficie de Jápeto le ha otorgado el sobrenombre de satélite *Yin y Yang*. La nave *Cassini* ha explorado Jápeto con gran detalle y ahora se cree que una mitad de esta luna está envuelta por una capa de compuestos de carbono. Se cree que esos depósitos oscuros proceden de un impacto meteorítico inicial, pero, desde aquel impacto, otra característica de Jápeto acentuó el contraste entre la claridad y la oscuridad que se aprecia en cada hemisferio. Jápeto sigue un ritmo de rotación muy lento; un día en este satélite dura setenta y nueve días terrestres. Esto significa que cada lado del satélite recibe durante mucho tiempo el calor de la débil luz del lejano Sol y esto, a su vez, crea las temperaturas diurnas más elevadas y las temperaturas nocturnas más bajas que se dan en todos los satélites de Saturno. Al igual que todas las superficies oscuras, el hielo recubierto de carbono del lado oscuro absorbe más calor que el hielo brillante y reflectante del lado claro. Este calor adicional evapora el hielo y deja tras de sí un residuo de carbono que oscurece aún más el lado oscuro (y, a medida que el agua evaporada migra al hemisferio más frío, también el lado claro incrementa su claridad). Cuanto más se oscurece la superficie, más calor absorbe, lo que eleva más la temperatura y produce un efecto galopante que a lo largo de millones de años ha dividido la superficie de Jápeto en dos mitades bien diferenciadas.

El satélite más grande de Saturno es Titán. Esta luna gigantesca es mayor que el planeta Mercurio, casi tan grande como Marte y es el segundo satélite de mayor tamaño de todo el Sistema Solar. La característica excepcional de Titán la constituye su atmósfera: es la única luna que conocemos con una atmósfera bien desarrollada. ¡Y menuda atmósfera! Con una densidad cuatro veces mayor que la de la atmósfera terrestre, es rica en moléculas orgánicas y podría tener una química muy similar a la de la Tierra primigenia antes de que aflorara la vida. Titán es sin duda alguna uno de los lugares más fascinantes del Sistema Solar, y volveremos a estudiarlo en detalle en el capítulo 4.

Hiperión es un satélite diferente a todos los demás. No es esférico y su acribillada superficie presenta la textura de una esponja. Cierta teoría sostiene que Hiperión es un cometa que llegó a este sistema desde los distantes dominios helados del Sistema Solar y que quedó capturado por la gravedad de Saturno.

Los satélites de Saturno son una colección verdaderamente estremecedora de objetos diversos y fascinantes, pero no son tan solo un espectáculo celeste inusitado, son la fuerza que propulsa la belleza y la estructura de los anillos ◉

DIONE

AÑO DE DESCUBRIMIENTO: 1684
ASPECTO: Parecido al de nuestra Luna. Está cubierto de cráteres y consiste en un tercio de roca y dos tercios de hielo
DIÁMETRO: 1 123 kilómetros

TITÁN

AÑO DE DESCUBRIMIENTO: 1655
ASPECTO: Formado por procesos similares a los terrestres, carente de cráteres, y con regiones probables de metano líquido
DIÁMETRO: 5 150 kilómetros

JÁPETO

AÑO DE DESCUBRIMIENTO: 1671
ASPECTO: Una mitad formada por hielo limpio y la otra envuelta en depósitos pulverulentos oscuros
DIÁMETRO: 1 471 kilómetros

HIPERIÓN

AÑO DE DESCUBRIMIENTO: 1848
CARACTERÍSTICA EXCLUSIVA: Con forma de patata
DIMENSIONES: 410 km × 260 km × 220 km

Tal vez el satélite más notable de Saturno sea el que se encuentra confinado en el interior del anillo E. Esta luna, Encélado, se está convirtiendo con rapidez en uno de los lugares más enigmáticos del Sistema Solar.

PÁGINA SIGUIENTE: Encélado, el sexto satélite de Saturno en cuanto a tamaño, representa un misterio astronómico porque ha desafiado la teoría geológica; de alguna manera este pequeño satélite helado ha sobrevivido a pesar de que tendría que haber fenecido hace tiempo.

ENCÉLADO: EL SATÉLITE MÁS BRILLANTE

El satélite helado Encélado lo descubrió sir Friedrich Wilhelm Herschel el 28 de agosto de 1789. Herschel había estudiado música y compuso veinticuatro sinfonías a lo largo de su vida, pero fue su inventiva como astrónomo lo que al final le aseguró un lugar en la historia. El mayor logro de Herschel fue el descubrimiento de Urano en 1781, al que llamó en un principio Georgium Sidus en honor al rey Jorge III, quien era un apasionado de la astronomía. Aunque estaba convencido de que todos los planetas están habitados, incluido el Sol, Herschel fue un brillante hacedor de telescopios, innovador y observador del firmamento nocturno. Fundó algo así como una dinastía de astrónomos. Su hermana Caroline también fue una observadora magnífica que descubrió varios cometas y nebulosas, y su hijo,

John, también se convirtió en un astrónomo famoso (*véase* pág. 30). Wilhelm Herschel vivió hasta la avanzada edad de ochenta y cuatro años, una cifra que lo une perfectamente a Urano, ya que este planeta tarda ochenta y cuatro años en completar una órbita alrededor del Sol.

En 1789 Herschel construyó en el jardín de su casa de Slough el telescopio más grande y famoso de todos los que hizo. Este telescopio, de doce metros, fue el más grande del mundo en su momento, y la primera vez que Herschel lo usó se convirtió en la primera persona en contemplar el sexto satélite más grande Saturno.

Encélado es minúsculo comparado con nuestra Luna, y tiene un diámetro inferior a la longitud de Gran Bretaña. Durante los 200 años posteriores a su descubrimiento supimos poco más acerca de Encélado que las observaciones iniciales de Herschel. Aparte de saber que está formado por hielo de agua, solo conocíamos su órbita y teníamos estimaciones de su masa y volumen. Pero Encélado tenía otra característica misteriosa que catalogaba esta luna minúscula como curiosidad astronómica: Encélado es el objeto más reflectante de todo el Sistema Solar; su superficie helada refleja casi toda la luz solar que incide sobre ella. Como dista más de mil millones de kilómetros de la Tierra y tan solo mide 500 kilómetros de ancho, los extraordinarios

IZQUIERDA: El impresionante paisaje de Islandia se debe en buena medida a la separación de dos grandes placas tectónicas. A medida que los continentes se apartan con sus lentos desplazamientos de deriva, también escinden la superficie de la Tierra.

DERECHA: La región meridional de Encélado contrasta por completo con la uniformidad de la superficie en el resto del satélite; aquí se ven cuatro surcos paralelos, las «rayas de tigre», cavados en el hielo.

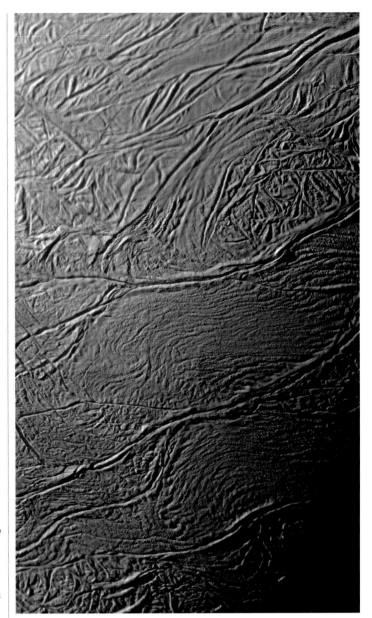

secretos de Encélado permanecieron ocultos durante más de dos siglos, puesto que no existía ningún telescopio lo bastante grande para desvelarlos. Para conseguirlo hubo que volar hasta allí.

La primera ojeada decente que tuvimos de Encélado nos llegó en 1981 cuando la sonda *Voyager* pasó a 87 000 kilómetros de esta luna. Como yace muy inmersa en el anillo E del intrincado sistema de Saturno, las imágenes que tomó de Encélado revelaron algo que nadie esperaba. Este viejo satélite no estaba cubierto de cráteres de impacto, como se había pensado, sino que grandes franjas de la superficie se mostraban lisas. Prácticamente todos los satélites del Sistema Solar están acribillados por impactos de asteroides, de modo que, si han desaparecido las huellas de esas colisiones destructivas, tendrá que haber una explicación. Es imposible que algún lugar del Sistema Solar se haya librado del intenso bombardeo con desechos procedentes del espacio a lo largo de miles de millones de años, de modo que la superficie de Encélado debe de ser reciente. El terreno debe de experimentar una regeneración constante que borre las señales de innumerables millares de colisiones, de modo que este satélite helado debe de tener actividad geológica.

Solo ahora, que tenemos imágenes enviadas por la sonda *Cassini*, hemos empezado a comprender la extraña y fabulosa realidad que se oculta tras la suave superficie de Encélado. Su hemisferio boreal, muy craterizado, se parece a cualquier otro satélite helado, pero el hemisferio austral nos cuenta una historia muy distinta. La superficie uniforme y carente de cráteres está atravesada por cañones y desgarrada por grietas, y presenta una semejanza notable con la geología de la Tierra, solo que tallada en hielo en lugar de en roca. Justo en el polo sur se hallan los accidentes más extraordinarios que hemos encontrado en Encélado. Una imagen tomada con una resolución increíble por *Cassini* en julio de 2005 (en esta página) muestra cuatro surcos paralelos de más de 130 kilómetros de longitud, separados por 40 kilómetros, y posiblemente con cientos de metros de profundidad. Estos accidentes, apodados «rayas de tigre», se parecen a las líneas que crean las fosas tectónicas en nuestro propio planeta, pero la geología terrestre se alimenta de la poderosa fuente de calor que reside en su núcleo fundido. Este calor se debe en parte al que quedó tras la formación de la Tierra hace 4 500 millones de años, y en parte al lento decaimiento de elementos radiactivos pesados en el núcleo. Sin embargo, un mundo minúsculo como Encélado debería haber perdido en el espacio sus escasas reservas de calor mucho tiempo atrás, y es indudable que debería estar geológicamente muerto.

Islandia ofrece algunos de los paisajes más impresionantes de la Tierra. Situada en la línea de separación entre dos continentes, esta gran división constituye uno de los mejores lugares del planeta para explorar el origen geológico de las misteriosas rayas de tigre de Encélado. En este paisaje espectacular se ven expuestas al aire las labores internas de nuestro planeta. La placa de América del Norte, la masa de tierra que conforma la mitad occidental del Atlántico Norte, los Estados Unidos, Canadá y algunas partes de Siberia, se está

desplazando lentamente hacia el oeste, mientras que la placa eurasiática, que comprende Europa y Asia del Norte, se desplaza hacia el este. Si nos colocamos en la linde entre ambas, vemos el resultado de la deriva inexorable de los continentes, que separa la superficie de la Tierra y crea una llanura de corteza nueva entre las cimas elevadas de dos escarpes formadas con la lava fundida que emerge impulsada desde las profundidades del subsuelo. Carolyn Porco, jefa del equipo de imágenes de la *Cassini*, cree que en Encélado puede estar sucediendo algo similar. Mientras nos encontrábamos en el borde de los escarpes continentales, ella me explicó que en el minúsculo Encélado podría estar formándose una fosa tectónica semejante, solo que esculpida en hielo y no en roca fundida.

El 14 de julio de 2005 la *Cassini* sobrevoló el polo sur de Encélado a una distancia de la superficie de tan solo 175 kilómetros. Usando el espectrómetro de infrarrojos instalado en la nave, Porco y su equipo descubrieron el primer signo directo de actividad geológica bajo la superficie de este satélite. Las lecturas térmicas tomadas revelaron puntos calientes bajo las rayas de tigre; la temperatura media en la superficie de Encélado ronda los 75 kelvin, pero en los alrededores de las rayas la temperatura alcanzaba un mínimo de 130 kelvin.

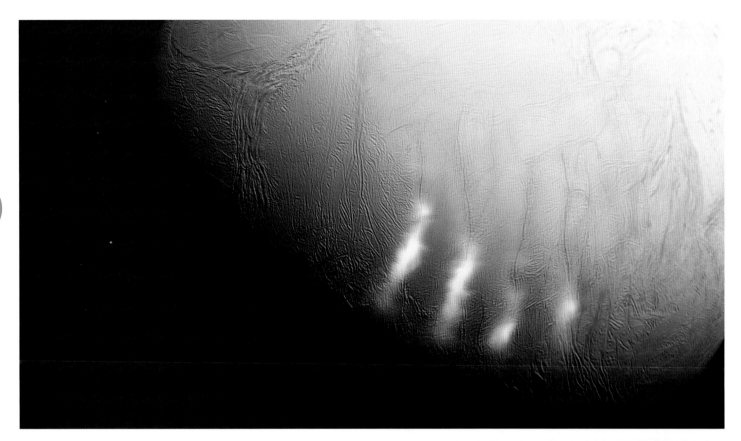

Aquel fue un hallazgo asombroso. Sale más calor del casquete polar sur de Encélado que de las regiones ecuatoriales. Tal como dijo Porco, sería como descubrir que emerge más calor de la Antártida que del ecuador de la Tierra.

Sin embargo, la gran revelación aún estaba por llegar. Durante el mes de noviembre de 2005, la *Cassini* fotografió Encélado justo cuando el Sol se ponía tras él (*véase* derecha). Lo que captó se convirtió en uno de los descubrimientos más sobresalientes logrados jamás en el Sistema Solar exterior. Las imágenes a contraluz revelaron gigantescas fuentes eruptivas procedentes de las rayas de tigre, volcanes que expulsaban hielo en lugar de roca. Para Carolyn Porco, aquellas imágenes representaban la culminación de un viaje que comenzó con su primer trabajo en la sonda *Voyager*, realizado un cuarto de siglo antes. «Aquellas imágenes nos impresionaron a todos. Me refiero a que fue como si se hubiera acabado el juego, ¿sabes? Aquí tienes una docena o más de esos chorros estrechos, y se ven sencillamente fantasmagóricos y fantásticos».

Hasta hace unos pocos años, Encélado se consideraba un mundo poco notable, un trozo de roca y hielo pequeño, congelado y estéril. Pero estos surtidores de hielo que erupcionan hasta miles de kilómetros de altura en dirección al espacio revelan que bajo la superficie está ocurriendo algo muy interesante. Para comprender con exactitud lo que está sucediendo, hay que viajar hasta otra de las maravillas geológicas de Islandia: el Gran Geysir del valle de Haukadalur. Este elevado surtidor regular de agua hirviendo y vapor, documentado por primera vez en la Edad Media, dio su nombre al fenómeno de los géiseres en cualquier lugar de la Tierra. El Gran Geysir está dormido en la actualidad (despertó por última vez en el año 2000 debido a un terremoto), pero a tan solo unos metros de él se encuentra el géiser Strokkur, que erupciona cada pocos minutos. Los géiseres son los fenómenos terrestres más parecidos a los surtidores de Encélado.

SUPERIOR: Delicadas partículas de hielo y vapor emergen de las «rayas de tigre», que se considera la región más caliente de Encélado. Esta actividad geológica asegura la supervivencia del satélite.

INFERIOR: Esta imagen sensacional captada por la sonda *Cassini* muestra surtidores de hielo que emergen de la región de las rayas de tigre de Encélado.

INFERIOR: Los géiseres, surtidores elevados de agua hirviendo y vapor que erupcionan desde el subsuelo terrestre, son los fenómenos de aquí que más se asemejan a los surtidores de hielo de Encélado.

«Aquellas imágenes nos impresionaron a todos. Me refiero a que fue como si se hubiera acabado el juego, ¿sabes? Aquí tienes una docena o más de esos chorros estrechos, y se ven sencillamente fantasmagóricos y fantásticos.»

Los géiseres de la Tierra necesitan tres cosas: una fuente de agua preparada para salir, una fuente intensa de calor situada justo bajo la superficie y las cañerías geológicas idóneas. Es un enigma si los géiseres de Encélado se basan en un mecanismo similar. Tiene que haber una fuente de agua líquida bajo la superficie del satélite; es decir, lagos pequeños o incluso un océano que alimente los volcanes explosivos de hielo. Pero Encélado se encuentra a mil millones de kilómetros del Sol, en las gélidas regiones exteriores del Sistema Solar, y es demasiado pequeño para haber conservado alguna fuente de calor significativa en su núcleo. Así que, ¿de dónde procede el calor? En la Tierra, los géiseres se propulsan con la misma fuente de calor primordial que alimenta la deriva de los continentes, pero Encélado es tan reducido que su núcleo debería ser un sólido helado.

De modo que Encélado debe de obtener su calor de algún otro lugar. Lo más probable es que la fuente provenga de la peculiar órbita que sigue alrededor de Saturno. Encélado gira alrededor de Saturno con una órbita elíptica; en otras palabras, su órbita no describe un círculo. Esto significa que, a lo largo de cada órbita, Encélado se acerca y se aleja de Saturno. La excentricidad de esta órbita ejerce unos efectos profundos en Encélado puesto que altera la fuerza gravitatoria que actúa sobre el satélite durante cada vuelta. A medida que varía la diferencia de fuerzas entre la cara cercana y la lejana del satélite, estas literalmente amasan el satélite mientras viaja alrededor de Saturno, lo deforman y crean grandes cantidades de fricción en sus profundidades. La fricción libera calor, y se cree que el interior de Encélado se calienta lo suficiente como para fundir

Erupcionan a través de la superficie a 1300 kilómetros por hora y se elevan miles de kilómetros hacia el espacio. Deben de ser uno de los espectáculos más impresionantes del Sistema Solar.

un pequeño océano subterráneo de agua. Cuando esta agua se topa con el vacío del espacio, se vaporiza de inmediato y sale de manera explosiva al exterior de la superficie, con lo que crea una de las auténticas maravillas del Sistema Solar.

Los géiseres de la Tierra son fenómenos naturales impresionantes, pero languidecen hasta lo insignificante cuando se los compara con los surtidores de hielo de Encélado. Mientras los géiseres de los planetas erupcionan cada pocos minutos como mucho y lanzan agua hirviendo que se eleva hasta veinte metros de altura por el aire, se cree que las erupcionas de penachos en Encélado son constantes y que su límite de altura es el cielo. Erupcionan a través de la superficie a 1 300 kilómetros por hora y se elevan miles de kilómetros hacia el espacio. Deben de ser uno de los espectáculos más impresionantes del Sistema Solar.

Entonces, el vapor de agua de los penachos se congela en diminutos cristales de hielo. Algunos de ellos vuelven a caer en la superficie de Encélado, y con ello confieren a este satélite su brillo de hielo reflectante, pero el resto se queda girando alrededor de Saturno. Los surtidores de hielo están formando uno de los anillos de Saturno mientras los observamos; todo el anillo E se compone de fragmentos de Encélado.

Pero Encélado no es el único satélite que forja los anillos; otros satélites de Saturno también desempeñan un papel crucial en la creación de estas preciosas estructuras, aunque lo hagan de manera indirecta ◉

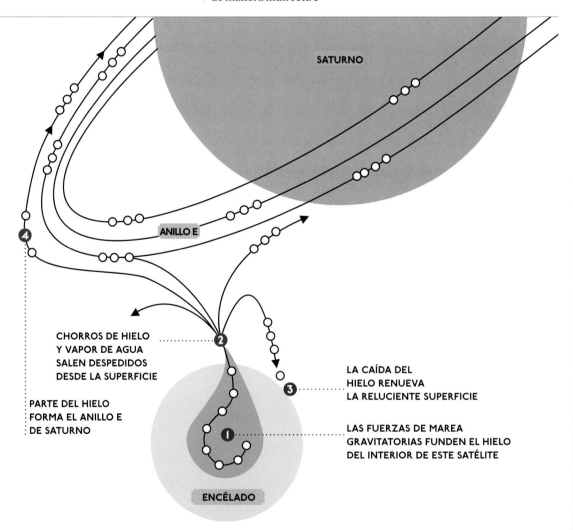

LOS ANILLOS DE HIELO DE SATURNO
La erupción constante de surtidores de hielo desde Encélado expulsa penachos de hielo que abastecen de manera sucesiva el anillo E de Saturno.

SATURNO

ANILLO E

CHORROS DE HIELO Y VAPOR DE AGUA SALEN DESPEDIDOS DESDE LA SUPERFICIE

PARTE DEL HIELO FORMA EL ANILLO E DE SATURNO

LA CAÍDA DEL HIELO RENUEVA LA RELUCIENTE SUPERFICIE

LAS FUERZAS DE MAREA GRAVITATORIAS FUNDEN EL HIELO DEL INTERIOR DE ESTE SATÉLITE

ENCÉLADO

LA GRAVITACIÓN: LA GRAN ESCULTORA

INFERIOR: El comportamiento de las cambiantes arenas del desierto del Sáhara brinda un modelo excelente para explicar cómo los satélites moldean los anillos de Saturno.

El desierto del Sáhara tal vez parezca un lugar inverosímil desde el que explicar los anillos de Saturno, pero el comportamiento de la arena en el desierto nos ayuda a comprender cómo modelan los satélites el perfil de los anillos de este planeta.

A primera vista, el desierto del Sáhara parece un lugar inmensamente caótico donde los vientos del desierto desplazan de manera aleatoria miles de millones de granos de arena. Pero, si lo observamos un poco más de cerca, empezamos a encontrar orden en el seno del caos. Las dunas de arena se extienden hasta donde alcanza la vista y llama la atención que el ángulo del frente de todas las dunas de arena sea exactamente el mismo, sin superar nunca los treinta y cinco grados. En el Sáhara, la aparición de ese orden se debe a que los vientos del desierto siempre soplan en la misma dirección, día tras día, año tras año, y arrastran la arena a su paso. El ángulo de las dunas guarda relación con la física del desplazamiento de los granos, y no es una propiedad exclusiva de la arena, sino de todas las partículas pequeñas (la sal se comportaría de un modo similar). Pruebe a derramar algo de sal y a apilarla sobre una mesa de casa. Verá que todos los montoncitos piramidales adoptan la misma inclinación lateral. En la naturaleza, procesos físicos simples pueden crear estructuras ordenadas que a todos nos parecen esculpidas por un gran artista. En el sistema de Saturno el orden, la belleza y la filigrana de los anillos no se debe a vientos del desierto que ululan sobre las arenas, sino a la fuerza de la gravitación.

RESONANCIA ORBITAL

La gravitación es una fuerza fácil de describir. Para comprender los anillos de Saturno, nos basta con recurrir a la descripción que Isaac Newton publicó por primera vez en 1687. Albert Einstein reescribió por completo nuestros conocimientos sobre la gravitación en su teoría general de la relatividad, publicada

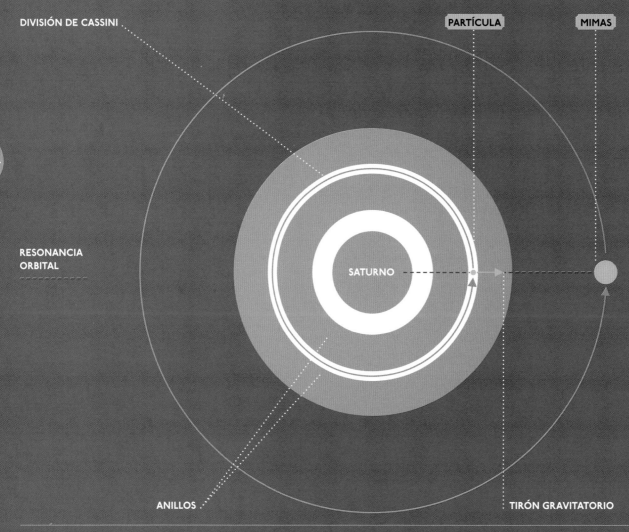

DIVISIÓN DE CASSINI

PARTÍCULA

MIMAS

SATURNO

RESONANCIA
ORBITAL

ANILLOS

TIRÓN GRAVITATORIO

en 1915, pero esta teoría superior y más rigurosa no es necesaria para comprender el mecanismo de relojería del Sistema Solar, salvo en el caso del planeta Mercurio, que se encuentra tan cerca del masivo Sol que los efectos relativistas se tornan importantes.

La gravitación actúa entre todos los objetos dotados de masa y les confiere una fuerza de atracción que es proporcional a sus masas y que disminuye con el cuadrado de la distancia que los separa. (Si usáramos la teoría de Einstein, deberíamos hablar también de energía, ¡pero no necesitamos esas sutilezas aquí!). De modo que los satélites de Saturno atraen hacia sí, merced a la gravitación, las diminutas partículas de hielo que conforman los anillos, y, si doblamos la distancia que media entre las partículas de hielo y el satélite, la fuerza de atracción desciende en un factor cuatro. Imagine la complejidad de los tirones gravitatorios que experimentan las partículas de hielo de los anillos a medida que orbitan alrededor del planeta gigante, constantemente empujadas por la vasta legión de satélites en órbita alrededor de Saturno en una danza intrincada. El complejo campo gravitatorio que conforman Saturno y sus satélites es lo que crea la estructura de los anillos.

Este enredo gravitatorio existe alrededor de cualquier planeta con satélites, pero Saturno es especial porque todo el sistema está salpicado por una capa de polvo y hielo, lo que nos permite ver la gravitación en plena acción. Quizá haya

desparramado usted alguna vez limaduras de hierro sobre una hoja de papel colocada sobre un imán de barra para observar cómo se alinean las partículas hasta formar un bonito patrón que desvela el campo magnético oculto. Eso es exactamente lo que ocurre alrededor de Saturno, solo que en este caso son miles de millones de salpicaduras minúsculas de hielo las que revelan el campo gravitatorio ante nuestros ojos.

La estructura de los anillos más fácil de explicar es la más grande, es decir, el enorme hueco vacío que se observa entre los anillos A y B, y que se conoce como división de Cassini. Esta inmensa franja de los anillos carece por completo de partículas de hielo debido al influjo del satélite Mimas, el satélite parecido a la estrella de la Muerte, cuya órbita se encuentra bien fuera de los anillos. Una característica general de las órbitas es que cuanto más alejadas se hallan del planeta, más tardan los satélites en completar una vuelta. Todos los anillos residen en el interior de la órbita de Mimas, así que todas las partículas de los anillos orbitan alrededor de Saturno más deprisa que el satélite y lo adelantan sin cesar. Durante sus máximos acercamientos a Mimas, la fuerza gravitatoria que ejerce este satélite sobre las partículas también es máxima y altera un tanto su órbita. La mayoría de las partículas de los anillos recibe este pequeño tirón adicional en puntos aleatorios de sus órbitas, y el efecto global se compensa.

Sin embargo, hay partículas en los anillos cuyas órbitas mantienen una relación interesante con Mimas. Giran alrededor de Saturno dos veces por cada giro que completa Mimas. Esto significa que se topan con Mimas con regularidad, es decir, se acercan a este satélite una vez cada dos órbitas, porque, cuando completan dos vueltas alrededor de Saturno, Mimas ha regresado a la misma posición. Esta relación especial tiene un nombre: decimos que las partículas y Mimas se encuentran en resonancia orbital. En otras palabras, las partículas en resonancia con Mimas son las que distan lo justo de Saturno como para toparse con él de manera periódica a medida que lo orbitan. Esto significa que reciben empujones gravitatorios periódicos y sistemáticos, y sus órbitas se ven alteradas.

Tal vez sospeche usted cuál será el efecto: si una partícula tiene una órbita alrededor de Saturno en resonancia con la de Mimas, entonces su órbita se verá alterada por un tirón gravitatorio regular, y se apartará de dicha órbita, lo que dejará un hueco vacío. Esto es lo que le ocurriría a cualquier partícula que deambulara por la división de Cassini. El hueco es el lugar del espacio en el que las órbitas de las partículas de los anillos entrarían en resonancia con la de Mimas.

Se cree que buena parte de la estructura de los anillos de Saturno se debe a resonancias, algunas más complejas que otras, entre las partículas de los anillos y uno o más satélites del planeta.

Pero existen otros efectos más sutiles, si bien preciosos. A medida que los satélites orbitan alrededor de Saturno podemos observar el paso de su gravitación por los anillos. Una serie de imágenes tomadas por la sonda *Cassini* revelan los satélites y su atracción gravitatoria en acción. Cuando los satélites pasan cerca de los anillos, su tirón atrae las partículas y altera su figura. El anillo F, uno de los exteriores, está retorcido en forma espiral por los efectos de dos lunas, Prometeo y Pandora. En la imagen superior se ve que Prometeo arrastra penachos de material a medida que pasa por las proximidades de los anillos de Saturno.

Esta estructura exquisita, delicadamente modelada por la gravitación, constituye una fracción inmensa de la maravilla de los anillos de Saturno porque ilustra de un modo muy evidente cómo es posible que una fuerza simple de la naturaleza esculpa orden a partir del caos.

Pero quizá haya más. La explicación de cómo tallan los satélites de Saturno los anillos puede arrojar luz sobre los acontecimientos que modelaron el Sistema Solar temprano, acontecimientos que contribuyeron a crear el mundo en el que vivimos, acontecimientos que hemos ignorado hasta que la serie más grandiosa de expediciones humanas de la historia nos abrió los ojos sobre los caóticos orígenes del Sistema Solar ◉

INICIOS VIOLENTOS

Al parecer, entre 4 100 y 3 800 millones de años atrás la Luna recibió un ataque extraordinario, bombardeada por una tormenta de meteoritos que transformó y modeló la superficie que contemplamos hoy. Esta lluvia de escombros también debió de caer en la Tierra y otros planetas interiores. Muchos científicos creen ahora que aquellos sucesos evidencian un período increíblemente agitado en la historia del Sistema Solar que se conoce como *intenso bombardeo tardío*. Pero ¿qué provocó este bombardeo colosal y convirtió el Sistema Solar en una galería de tiro?

PÁGINA SIGUIENTE: El cráter Barringer de Arizona, Estados Unidos, debe su nombre a David Barringer, que fue la primera persona que señaló que esta estructura se debió a un impacto meteorítico.

EL INTENSO
BOMBARDEO TARDÍO

El 26 de julio de 1971 la misión *Apollo 15* despegó del Centro Espacial Kennedy de Florida con los astronautas Scott, Worden e Irwin a bordo. Aquel fue el cuarto equipo Apollo que aterrizó en la Luna y la primera «misión J», diseñada para que la investigación científica fuera el objetivo principal. El módulo lunar portaba en su interior un equipamiento que transformó la capacidad de los astronautas para recopilar datos. El vehículo todoterreno lunar o «*buggy* lunar», como acabó conociéndose, era un vehículo alimentado por baterías y diseñado para que los astronautas pudieran desplazarse por la superficie lunar y tomar más muestras de rocas, lo que permitiría estudiar la geología de la Luna en un detalle mucho mayor que nunca antes.

Tras aterrizar en una región llamada Mare Imbrium (Mar de las Lluvias), la tripulación utilizó el todoterreno para reunir más de 77 kilogramos de muestras de roca lunar. Mare Imbrium es una cuenca inmensa situada en el noroeste de la Luna y formada en los albores de su historia por un impacto colosal. Su superficie uniforme se debe a que la actividad volcánica que tenía nuestro satélite por entonces inundó de lava aquel cráter de impacto, con lo que formó la superficie llana que vemos hoy. El todoterreno lunar no regresó a la Tierra, se quedó en Mare Imbrium, pero las muestras que contribuyó a reunir sí llegaron hasta aquí y su análisis ha brindado una visión única y valiosa sobre la atribulada historia primigenia de nuestro Sistema Solar.

Muchas de las muestras de roca tomadas por las misiones *Apollo 15, 16* y *17* son rocas fundidas por impactos, formadas en las condiciones extremas de los impactos meteoríticos directos.

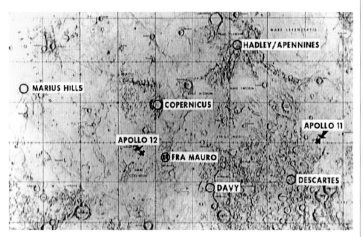

SUPERIOR: Gracias a tecnologías como la del vehículo todoterreno lunar, los astronautas y científicos pueden surcar ahora la Luna y seleccionar zonas de aterrizaje en regiones aún inexploradas.

Estas muestras extraídas de toda la Luna se han datado mediante técnicas radiactivas, y los resultados revelan una regularidad sorprendente. Una cantidad significativa de las rocas parece haberse formado por impactos acaecidos durante un intervalo temporal bastante pequeño del intenso bombardeo tardío.

El intenso bombardeo tardío no solo afectó a la superficie lunar. Si la Luna recibió una lluvia de desechos cósmicos, la Tierra y el resto de los planetas interiores tuvieron que seguir la misma suerte. Las estimaciones actuales indican que durante este período la Tierra habría estado acribillada por miles de choques, muchos de los cuales habrían formado cráteres de impacto de más de 1 000 kilómetros de ancho y algunos de hasta 5 000 kilómetros de diámetro. La causa de este bombardeo podría radicar en el mismísimo fenómeno que talló la estructura y la complejidad de los anillos de Saturno: la resonancia orbital.

La resonancia puede ser mucho más que un esmerado escultor porque no solo los satélites pequeños y las partículas de hielo pueden entrar en resonancia orbital entre sí. Ahora se cree que hace miles de millones de años los dos gigantes del Sistema Solar, Júpiter y Saturno, entraron en resonancia. En el caso de los anillos de Saturno, las resonancias entre partículas de hielo en la división de Cassini y el satélite Mimas alteran la órbita de las partículas y las apartan del hueco vacío. Del mismo modo, si entran en resonancia dos planetas, sus órbitas cambian y, cuando los planetas empiezan a revolotear, el Sistema Solar se convierte en un lugar increíblemente turbulento y peligroso.

Simulaciones detalladas del Sistema Solar incipiente han llevado a pensar ahora que Saturno, Urano y Júpiter se formaron mucho más cerca del Sol de lo que se encuentran en la actualidad. Sus órbitas se fueron desplazando poco a poco, durante cientos de millones de años, hasta que Júpiter y Saturno entraron en resonancia. Una vez durante cada vuelta, ambos planetas se alineaban justo en el mismo punto y desencadenaban una oleada gravitatoria que hacía estragos en las órbitas de todos los demás planetas. Saturno, Urano y Neptuno migraron hacia fuera y sumieron el Sistema Solar en una era peligrosamente inestable al desencadenar el intenso bombardeo tardío. En particular, Neptuno salió catapultado hacia fuera, se estrelló contra el anillo de materia helada del Sistema Solar exterior, y lo dispersó aleatoriamente en órbitas que se entrecruzaban.

Durante cien millones de años el Sistema Solar se convirtió en una galería de tiro atravesada por una lluvia de cometas que acribilló los planetas y creó muchos de los cráteres que observamos en planetas y satélites en la actualidad. Es extraordinario pensar que este intenso bombardeo tardío, ocurrido hace 3 600 millones de años, lo desencadenó el mismo fenómeno sutil, la resonancia orbital, que hoy esculpe con esmero los anillos de Saturno ◉

INFERIOR: El vehículo todoterreno lunar de las misiones *Apollo* (conocido más afectuosamente como *buggy* lunar), revolucionó las exploraciones de la Luna. Este vehículo eléctrico permitió a los astronautas aventurarse en zonas más alejadas de la superficie lunar para tomar una variedad más amplia de muestras.

UN REGALO
PARA LA TIERRA

Hoy resulta casi imposible encontrar algún signo directo en nuestro planeta del intenso bombardeo tardío, porque los cráteres de impacto quedaron ocultos hace mucho tiempo por la superficie siempre cambiante de la Tierra. Sin embargo, una característica definitoria y observable de nuestro planeta pudo deberse a los miles de impactos cometarios que acribillaron la Tierra hace unos 3 600 millones de años.

Los cometas tienen una composición distinta a la de los asteroides. Esto se aprecia cuando se aventuran en el Sistema Solar interior, cuando se acercan lo bastante como para que el Sol los caliente. A medida que absorben el calor del Sol, desarrollan una cola y una atmósfera debido a la evaporación en el espacio del ingrediente que más abunda en ellos: el agua.

Se cree que el intenso ataque de cometas durante aquella época turbulenta cambió el ambiente de la Tierra de manera radical y drástica, pero aquellos cambios no tuvieron por qué resultar catastróficos. A medida que el Sistema Solar se sumía en el caos, parece que una cantidad considerable del agua que albergan los océanos terrestres en la actualidad arribó a este planeta durante el intenso bombardeo tardío, con los choques de cometas y otros objetos ricos en agua, lo que significa que los impactos pudieron desempeñar un papel crucial en el desarrollo de la vida en la Tierra.

Antes del intenso bombardeo tardío la Tierra quizá fuera una roca estéril carente de agua; después conservó los océanos que se convertirían en el crisol para la vida. Sin el agua dejada por el intenso bombardeo tardío, la vida en la Tierra tal vez no habría evolucionado jamás. Vale la pena reflexionar sobre la posibilidad de que este mundo con abundancia de agua que contemplamos hoy fuera modelado en el pasado por las violentas resonancias generadas entre las órbitas de los gigantes gaseosos Júpiter y Saturno.

Uno de los regalos mejores para los astrónomos es el hecho de que el ejemplo más delicado de la extraordinaria transición desde la nube caótica de polvo en contracción hasta una belleza delicadamente esculpida, también sea el laboratorio más asombroso para estudiar cómo funciona el Sistema Solar: los anillos de Saturno.

En ciencia sucede a menudo que las respuestas a los interrogantes más profundos llegan desde los lugares más insospechados. Los anillos de Saturno se estudiaron en un principio por su belleza, pero la comprensión de su formación y evolución ha conducido a un conocimiento profundo sobre cómo pueden emerger la forma, la belleza y el orden a partir de la violencia y el caos.

Asimismo vale la pena recordar que la vida de la Tierra forma parte del Sistema Solar. Somos estructuras ordenadas, formadas a partir del caos de la nube de polvo primordial que había 4 500 millones de años atrás. Nosotros somos el resultado de aquel colapso gravitatorio en la misma medida que los planetas rocosos interiores, los majestuosos gigantes de gas y la filigrana increíblemente delicada de los anillos de Saturno. Surgimos a través de las mismas leyes de la naturaleza. Somos parte del cielo y estamos íntimamente vinculados a él. Y esto sí que es una de las maravillas del Sistema Solar ◉

MARAVILLAS DEL SISTEMA SOLAR

CAPÍTULO 4

LA DELGADA LÍNEA AZUL

LA EXPLORACIÓN DE LA ATMÓSFERA TERRESTRE

El Sistema Solar es un lugar violento e inhóspito. En todos los planetas y satélites que hemos explorado, desde nuestro vecindario cercano hasta los rincones más distantes del reino del Sol, hemos encontrado extremos. Hemos descubierto mundos caracterizados por el calor más sofocante y por el frío más glacial, hemos visto paisajes esculpidos por una presión abrumadora y hemos presenciado tormentas de dimensiones planetarias. Entre todas estas maravillas hostiles reside nuestra Tierra, un oasis de calma en medio de la violencia del Sistema Solar. Sin embargo, todo lo que nos separa de lo que ocurre ahí fuera, de los extremos que se dan sobre nuestras cabezas, es una envoltura delgada y delicada de gas. Nuestra atmósfera tal vez sea una presencia invisible en la vida cotidiana, pero solo gracias a esta delgada línea azul tenemos el aire que respiramos, el agua que bebemos y el paisaje que nos rodea.

VIAJE AL BORDE
DE LA TIERRA

INFERIOR Y PAGINA SIGUIENTE:
En Ciudad del Cabo cumplí
uno de los sueños de mi vida:
ver en persona la delgada línea azul
de la atmósfera terrestre. Gracias
a la increíble ingeniería de la aeronave
English Electric Lightning, subí
hasta 18 kilómetros de altitud tras
un ascenso vertical, de modo que
las únicas personas que había por
encima de mí eran las de la tripulación
de la estación espacial.

En las proximidades del aeropuerto internacional de Ciudad del Cabo se esconde un tesoro de juguetes aeronáuticos sin igual. Ese lugar aloja la colección más exquisita y mayor del mundo de aeronaves militares clásicas, desde el Blackburn Buccaneer hasta cazas Hawker Hunter, y todas ellas vuelan aún en la actualidad. Sin embargo, una de las piezas de la colección destaca por ser una auténtica joya de la ingeniería. El English Electric Lightning es un reactor de caza supersónico que se diseñó y construyó en la década de 1950. Esta preciosa máquina, capaz de doblar la velocidad del sonido (Mach 2.27; 2 400 kilómetros por hora), se usó en la Royal Air Force británica (RAF) durante casi treinta años como aeronave interceptora, diseñada para dar caza y destruir a gran velocidad bombarderos enemigos.

Además de ser conocido por su rapidez, el Lightning («Rayo») también es famoso por otra característica: vuela hasta alturas increíbles. Aunque oficialmente era un secreto militar, ahora está bien documentado que el Lightning puede superar la altitud operativa para la que fue diseñado, de más de 18 000 metros. En 1984, durante unas prácticas de la OTAN, un piloto de la RAF subió el aparato hasta 27 000 metros de altitud para probar su capacidad para interceptar el avión espía U2, supuestamente intocable. La aeronave no solo consiguió llevar a cabo esta misión, sino que además situó al piloto a una altura por encima del 99 % de nuestra preciada atmósfera terrestre.

Yo crecí con los Lightning. En la década de 1970 era el avión preferido de los niños que sentían auténtica pasión por las aeronaves, una pieza de ciencia ficción que no habría desentonado nada en *La guerra de las galaxias*. Era el interceptor más rápido, vistoso y potente del planeta. De cerca no era un avión refinado ni grácil. Todo lo que vuela al doble de la velocidad del sonido ha de ser robusto, sin traqueteos ni crujidos. La cabina es pequeña y muy elevada sobre el suelo. Te sientes peligrosamente encaramado, bien sujeto, aunque en precario, a dos motores Rolls-Royce Avon y a tanques de gases

En la década de 1970 el Lightning era el avión preferido de los niños entusiasmados con las aeronaves, una pieza de ciencia ficción que no habría desentonado nada en La guerra de las galaxias.

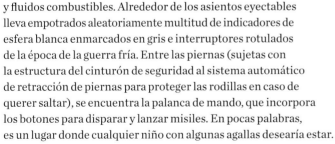

y fluidos combustibles. Alrededor de los asientos eyectables lleva empotrados aleatoriamente multitud de indicadores de esfera blanca enmarcados en gris e interruptores rotulados de la época de la guerra fría. Entre las piernas (sujetas con la estructura del cinturón de seguridad al sistema automático de retracción de piernas para proteger las rodillas en caso de querer saltar), se encuentra la palanca de mando, que incorpora los botones para disparar y lanzar misiles. En pocas palabras, es un lugar donde cualquier niño con algunas agallas desearía estar.

La puesta en marcha de los motores de un caza siempre es un asunto delicado. El piloto mira los indicadores en busca de alguna anomalía en la temperatura. Estos son analógicos, y la información sobre el estado de los Avon aparece en los matices de las agujas. También es increíblemente silencioso y carente de vibraciones desde el interior, más parecido a un avión comercial que a una máquina de guerra. Cuando el piloto se da por satisfecho, el Lightning XS 451 que perteneció a la RAF rueda lentamente hasta la cabecera de la pista del aeropuerto internacional de Ciudad del Cabo tras un Airbus A340 de las aerolíneas de Sudáfrica.

Yo contaba con un comienzo brutal de la carrera de despegue, pero el piloto fue acelerando el Lightning con suavidad a lo largo de la pista. No parece más rápido que un reactor de pasajeros, hasta que estamos en el aire. Entonces, sin esperarlo, me deleita con la habilidad especial del Lightning: «[...] con la habilidad especial del Lightning: un despegue hacia la vertical. Los posquemadores se accionan en cuanto se repliega el tren de aterrizaje, y la aeronave inicia un ascenso casi en vertical mientras se balancea hacia un lado a medida que sube para reducir la carga sobre la estructura del aparato. Es el lanzamiento de un cohete».

Quince minutos después del despegue recuerdo por qué vinimos hasta aquí para grabar con la máquina plateada. Alcanzamos los 17 700 metros volando aún en vertical para reducir la tensión sobre fuselaje durante el ascenso; después nivelamos hasta quedar horizontales unos 6 000 metros por encima de la altitud que alcanza un reactor comercial. En un instante aparecen unas vistas inconmensurables y conmovedoras. Veo la Tierra, pero no esa extensión plana de terreno que suelo divisar desde las ventanillas de los aviones. La veo curva. Muy curva. De una pequeñez abrumadora

Contemplo la tierra, el aire y el comienzo del vacío del espacio infinito dentro del mismo campo de visión, y la única palabra que existe para describirlo es frágil.

porque aprecio una curvatura suficiente como para que la mente reconstruya el resto y complete un planeta minúsculo. Es majestuosa y diminuta a la vez.

Por la parte superior del horizonte los colores se degradan hasta desaparecer: se ve un cielo azul claro allí donde la tierra se junta con el aire, pero se ensombrece con rapidez hacia un azul más oscuro y crepuscular. Contemplo la tierra, el aire y el comienzo del vacío del espacio infinito dentro del mismo campo de visión, y la única palabra que existe para describirlo es *frágil*. Un toldo más que excelente, en verdad, pero también una majestuosa cubierta increíblemente delicada. Esta es la delgada línea azul que nos protege del infinito y, por extraño que parezca, hay que ascender por encima del 90 % de ella para verla y entenderla.

Aterrizamos cuarenta minutos después del despegue, tras viajar hasta los confines del planeta Tierra y regresar. Para mí el Lightning ha cambiado de naturaleza. El interceptor de *La guerra de las galaxias* se ha convertido en un «facultador», en una herramienta necesaria para lograr una experiencia vital. No podríamos contemplar nuestro planeta y su atmósfera moviéndose delicados y preciosos por el vacío sin la potencia brutal de este interceptor de la guerra fría. La ingeniería es la vía para iluminarnos, porque nos transporta hasta los impactantes lugares que conmocionan hasta el extremo nuestras percepciones terrestres y nos obligan a cambiarlas. Somos una pandilla de provincianos displicentes que deambulan sobre esta roca bajo nuestra asquerosa y pestilente acumulación de humos y, si necesitamos un par de motores Rolls-Royce Avon para liberar la mente, bienvenidos sean.

LA DELGADA LÍNEA AZUL

La Tierra no albergaría la fantástica diversidad que contiene sin la delgada línea azul. Ella actúa como un manto protector que atrapa el calor del Sol, pero nos resguarda de los rigores de su radiación. Sus movimientos se aprecian en la brisa más ligera y en los huracanes más devastadores. El oxígeno, el agua y el dióxido de carbono de la atmósfera son cruciales para la supervivencia actual de millones de especies diferentes que habitan en el planeta. En este capítulo descubriremos que las leyes físicas que crearon esta atmósfera única son las mismas que generaron muchas otras atmósferas diversas y distintas por todo el Sistema Solar.

Cuando un mundo tan familiar y bello para nosotros como la Tierra permanece en un equilibrio perfecto, la evolución se desarrolla bajo sus nubes, pero los cambios más ligeros pueden producir mundos extraños y turbulentos. Nuestro Sistema Solar alberga planetas que se han convertido en un infierno tan solo por los gases de la atmósfera. De igual modo que las atmósferas pueden asfixiar un planeta hasta la muerte, también tienen suficiente poder como para modelar su superficie. Ahí fuera incluso hay mundos que solo están formados por atmósfera, bolas gigantes de gas en agitación constante donde tormentas tres veces más grandes que la Tierra han permanecido activas durante cientos de años. Todas las atmósferas del Sistema Solar son únicas, pero los ingredientes y las fuerzas que las esculpen son universales. En el seno de cada una de ellas radica una fuerza fundamental de la naturaleza que mantiene unido todo el Sistema Solar: la gravitación ◉

IZQUIERDA: La NASA lanzó el telescopio espacial *Hubble* en 1990. Como la atmósfera terrestre bloquea parte de la luz procedente del espacio, la ubicación de este telescopio por encima de ella permite obtener imágenes más nítidas del espacio.

LAS ATADURAS DE LA FUERZA DE LA GRAVITACIÓN

La gravitación es, con mucha diferencia, la fuerza más débil del universo. Esto se nota en que realmente resulta muy fácil levantar una piedra del suelo, aunque todo un planeta (la Tierra) tire de la piedra hacia abajo. Puedo alzarla sin más. Es increíblemente débil pero relevante,m porque es la única fuerza de que se dispone para retener una atmósfera pegada a la superficie de un planeta.

La gravitación es una de las cuatro fuerzas fundamentales de la naturaleza. Isaac Newton la explicó por primera vez en 1687 al describirla como la fuerza por la que los objetos con masa se atraen unos a otros. Ahora sabemos que esto es una aproximación: Albert Einstein nos brindó una idea más sofisticada de la gravitación en su teoría general de la relatividad de 1915. La gravitación existe porque la masa y la energía curvan el espacio y el tiempo, y nosotros percibimos los efectos de esta curvatura como una fuerza de atracción entre todos los objetos. En el caso que nos ocupa, y, de hecho, en la mayoría de los casos, nos basta con la concepción de Newton, más simple.

Comparada con las otras tres fuerzas fundamentales de la naturaleza (la fuerza nuclear fuerte, la fuerza nuclear débil y el electromagnetismo), la gravitación es la más endeble y, sin embargo, al combinarse con el resto de fuerzas, crea las condiciones necesarias para prender estrellas, mantiene en sus órbitas planetas y satélites, y une unas galaxias a otras.

De acuerdo con Newton, la fuerza de la gravitación que se da entre dos objetos se puede describir con la más simple de las ecuaciones (*véase* diagrama contiguo). Con la ayuda de la *G* (la constante de la gravitación universal), la fuerza entre dos objetos se calcula multiplicando la masa de cada objeto y dividiendo esa cifra entre el cuadrado de la distancia que los separa. Esta ecuación fabulosamente simple nos permite explicar y predecir multitud de aspectos del universo y del Sistema Solar. Posiblemente no haya un ejemplo más excelso del poder de las matemáticas simples que la historia que subyace al descubrimiento del planeta del Sistema Solar más distante al Sol, un planeta cuya existencia predijo la ley de la gravitación de Newton mucho antes de que el ojo humano lo constatara mediante la observación directa.

El hermoso planeta azul Neptuno, situado a más de cuatro mil millones de kilómetros de la Tierra, es uno de los lugares más gélidos del Sistema Solar y el único planeta que no se percibe a simple vista. Neptuno, imposible de detectar antes de la invención del telescopio, probablemente fue avistado ya por Galileo en 1612 aunque lo confundiera con una estrella fija azulada del firmamento nocturno. Esto fue así porque, cuando lo avistó, Galileo no sabía que Neptuno parecía inmóvil porque aquel anochecer este planeta gigante de hielo estaba iniciando un bucle retrógrado (*véase* pág. 76) y, por tanto, estaba

LEY DE LA GRAVITACIÓN UNIVERSAL DE NEWTON

La fuerza gravitatoria que ejerce una masa sobre otra es proporcional al producto de las masas e inversamente proporcional al cuadrado de la distancia, *r*, que las separa. La magnitud de la fuerza ejercida por cada objeto sobre el otro, F_1 y F_2, siempre será igual en cuanto a magnitud y opuesta en cuanto a dirección. *G* es la constante gravitatoria.

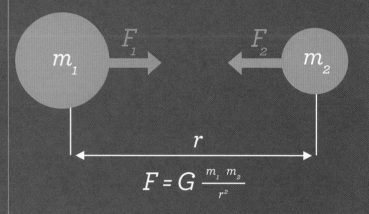

$$F = G\ \frac{m_1\ m_2}{r^2}$$

empezando a desplazarse en dirección contraria en el firmamento. Pero la verdadera clave sobre la existencia de Neptuno no provino de la observación de este planeta, sino de la observación de su vecino más cercano: Urano.

Urano, descubierto en 1781 por Wilhelm Herschel, fue el primer planeta nuevo que se descubrió desde la Antigüedad, de modo que su movimiento por el cielo nocturno fue trazado por cientos de astrónomos deseosos de seguir esta última incorporación al Sistema Solar. El astrónomo francés Alexis Bouvarde publicó en 1821 las primeras tablas astronómicas de la órbita de Urano. Al aplicar la ley de la gravitación de Newton, las tablas arrojaban predicciones precisas sobre las posiciones futuras del planeta durante su desplazamiento alrededor del Sol. Sin embargo, enseguida se vio con claridad que Urano no se comportaba exactamente de acuerdo con las predicciones. La trayectoria orbital que seguía no concordaba con la trayectoria que predecía la ley de Newton. En algunos tramos de su órbita Urano se hallaba bien algo adelantado, bien algo retrasado con respecto a la posición predicha. Algo parecía fallar. Los astrónomos de la época se desconcertaron con estas discrepancias y se esforzaron por conseguir una explicación. ¿Estaría mal formulada la ley de Newton? ¿O era defectuosa la calidad de los datos observados? La única alternativa parecía consistir en que algo alterara el devenir de este planeta gigante alrededor del Sol. Muchos de aquellos científicos consideraron más probable la última de estas opciones, y que la alteración

EXTREMO INFERIOR: El planeta más alejado del Sol en el Sistema Solar, Neptuno, también es uno de los más fríos. Probablemente se descubrió en 1612, pero fue en 1989 cuando la *Voyager 2* se convirtió en la primera nave espacial que observó el planeta. Neptuno debe su particular color azul al metano que alberga en la alta atmósfera.

PERTURBACIÓN GRAVITATORIA

He aquí dos planetas en órbita alrededor de una misma estrella. Cuando los planetas se sitúan en *A*, la fuerza gravitatoria ejercida por el planeta exterior sobre el planeta interior acelera el planeta interior, lo que lo adelanta con respecto a la posición calculada teniendo en cuenta tan solo la gravedad de la estrella. Cuando los planetas se sitúan en *B*, se da lo contrario y el planeta interior se frena. Esta ligera desviación del movimiento seguido por el planeta interior se denomina perturbación gravitatoria. Esto fue lo que condujo a la predicción y descubrimiento del planeta Neptuno.

B

A

de la órbita se debiera a una perturbación gravitatoria causada por un planeta aún desconocido. Si había un planeta desconocido orbitando más allá de Urano, entonces, de acuerdo con Newton, existiría una fuerza gravitatoria adicional entre aquel planeta misterioso y Urano. Esto alteraría la órbita de Urano y explicaría la discrepancia entre las predicciones teóricas y las observaciones experimentales.

Entre 1845 y 1846, el astrónomo francés Urbain le Verrier y el astrónomo inglés John Adams calcularon de manera independiente la masa y la posición de ese planeta nuevo. Usando los datos de las observaciones de Urano, aplicaron la ecuación de Newton para calcular la masa y la distancia de ese planeta con respecto al Sol y con respecto a Urano, de acuerdo con la fuerza gravitatoria que parecía ejercer. Aunque se desconoce cuál de los dos concluyó antes los cálculos, su labor conjunta condujo a la predicción precisa de la existencia del planeta gigante que orbita más allá de Urano. El astrónomo alemán Johann Galle confirmó rápidamente aquella predicción al realizar la primera observación telescópica de Neptuno en septiembre de 1846.

La historia del descubrimiento de Neptuno es un ejemplo precioso del poder predictivo de las leyes de la física, y del influjo universal de la gravitación. En aquel caso describió la fuerza masiva que impera entre dos planetas gigantes que orbitan alrededor del Sol, pero también puede predecir interacciones mucho más sutiles y explicar las ligeras conexiones que atan un planeta a su rasgo más nebuloso: la atmósfera ◉

LANGOSTAS EN EL FONDO DEL MAR

La atmósfera (la delgada y frágil envoltura de gas que rodea la Tierra) permanece unida a nuestro planeta únicamente por la gravedad. Del mismo modo que dos planetas ejercen una fuerza el uno sobre el otro, existe una fuerza que actúa entre cada átomo de nuestra atmósfera y la Tierra. Esta fuerza increíblemente débil amarra esos átomos dadores de vida a nuestro planeta. Se trate de oxígeno, nitrógeno, argón, dióxido de carbono o de cualquier otro gas del cielo, cada átomo mantiene una ligera unión con la Tierra a través de la fuerza gravitatoria que actúa entre su masa minúscula y el inmenso volumen de nuestro planeta. Todo ello está ahí para evitar que la atmósfera de la Tierra se desvanezca en el espacio. Cuanto más masivo es el planeta, más grande es la fuerza gravitatoria que ata los átomos de la atmósfera a la superficie. Por suerte para nosotros, la Tierra posee una masa suficiente para atraer con fuerza las moléculas más pesadas de gas que conforman la atmósfera. Las retiene contra la superficie y con ello permite la supervivencia de casi todo lo que está vivo.

En el caso de nuestro planeta, la gravedad ha pegado un combinado de gases con la Tierra, cuyo constituyente principal es el nitrógeno. Casi el 68 % del aire que nos rodea contiene este gas invisible, inodoro e insípido. Una de las razones principales de que sea así es que el gas nitrógeno es extremadamente estable y, por tanto, reacciona muy poco, lo que lo convierte en un gas increíblemente longevo en la atmósfera. Casi todo el resto de nuestra atmósfera se compone de oxígeno. El oxígeno, que conforma el 21 % del volumen total de la atmósfera, es con gran diferencia el componente que más abunda en ella después del nitrógeno. El gas inerte argón es el tercer gas que más abunda, con menos del 1 %. El resto de la atmósfera consiste en gases traza, como dióxido de carbono, neón, óxido nitroso y metano. Estos gases traza son tan escasos que todos juntos conforman tan solo el 0.039 % de la atmósfera terrestre.

Por lo común no notamos la presencia de esta vasta masa de gas que nos circunda, pero lo cierto es que hemos evolucionado para vivir soportando un peso masivo de aire. La Tierra está rodeada por mil millones de toneladas de aire, y en cada instante toda esa masa inmensa de aire presiona contra todos y cada uno de nosotros. Sin siquiera darnos cuenta, todos vivimos presionados. En cada centímetro cuadrado del cuerpo actúa una fuerza equivalente al peso de un objeto de un kilogramo que nos presiona hacia abajo. Dicho de otro modo, si las personas tenemos en promedio un área de un metro cuadrado, la presión atmosférica se corresponde con el equivalente a un objeto de diez toneladas presionando contra nosotros.

La vida que habita en la superficie de este planeta sobrevive rodeada por esta masa ingente de gas y, al igual que las langostas que deambulan por el fondo del mar, hemos evolucionado para manejarnos

Gracias a esta delgada línea azul, la Tierra alberga la fantástica diversidad que contiene. Ella actúa como un manto protector que atrapa el calor del Sol, pero nos protege de los rigores de su radiación.

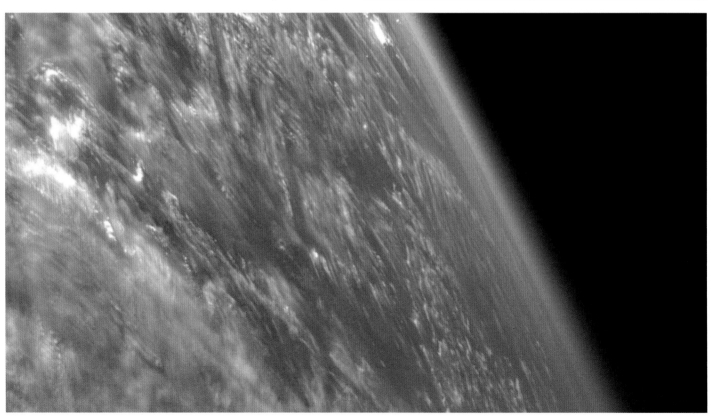

PÁGINA ANTERIOR: En esta imagen tomada sobre el noroeste de África se aprecia con claridad la delgada línea azul que representa la atmósfera terrestre. Esta capa fina y frágil de gas sigue la curvatura de la superficie terrestre y asegura nuestra supervivencia en este planeta.

La atmósfera de la Tierra, compuesta en un 78 % de nitrógeno, un 21 % de oxígeno y un 1 % de otros ingredientes, actúa como un escudo contra casi toda la radiación perjudicial procedente del Sol y otras estrellas, a la vez que retiene unos niveles de calor beneficiosos.

INFERIOR: Esta imagen espectacular la tomó la tripulación STS-125 del *Atlantis* durante el regreso a la superficie terrestre desde el *Hubble* en mayo de 2009. Delante de la bodega de carga del transbordador se perfila la delgada línea azul de la atmósfera terrestre contra la negrura del espacio.

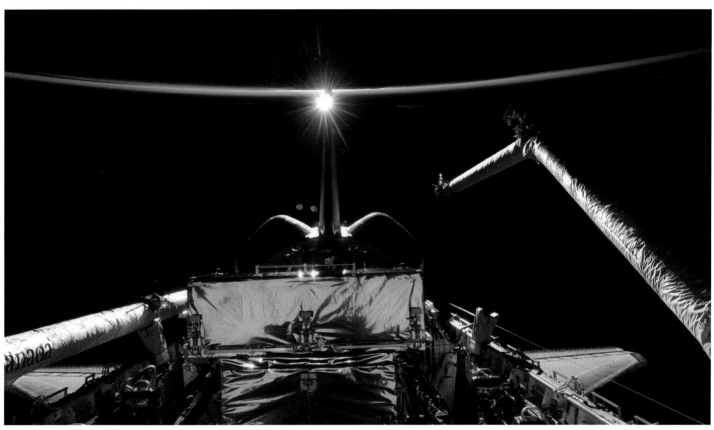

123

con la presión de una manera tan eficaz que ni siquiera la notamos. Nos limitamos a respirarla y a utilizar el oxígeno para que el cuerpo funcione. Pero no acaba ahí la íntima relación que mantenemos con el aire que nos rodea. La atmósfera hace mucho más que permitirnos respirar; nos protege de la fuerza más poderosa del Sistema Solar: el Sol.

LA PRESIÓN ATMOSFÉRICA

La presión atmosférica es un concepto un tanto contrario a la intuición. Un error lingüístico bastante fácil de cometer consiste en decir que toda la masa de aire que tenemos sobre la cabeza nos presiona hacia abajo y nos aplasta contra la superficie de la Tierra. Pero no es así como funciona la presión atmosférica. Nos comprime en todas las direcciones a la vez; de no ser así, ¿cómo podríamos tener la fuerza suficiente como para soportar el equivalente a un objeto de diez toneladas que nos aplastara el cuerpo hacia «abajo»?

La presión atmosférica se debe a los miles de millones de moléculas de la atmósfera que rebotan contra nosotros mientras deambulan por ahí. Imagine que alguien le lanza una pelota de tenis a la cara. Cuando la pelota choca con la cara produce dolor porque el cambio de dirección de la bola necesita la intervención de una fuerza. Su nariz es la que aporta esa fuerza y, como con cada acción se da una reacción igual y opuesta, ¡usted sentirá esa fuerza en la nariz! Las moléculas de la atmósfera son exactamente iguales que las pequeñas pelotas de tenis, solo que mucho menores, de tal modo que, mientras nos rebotan sin cesar en el cuerpo, ejercen una fuerza en nosotros. La presión se define como la fuerza por unidad de área; en otras palabras, es el efecto neto de todas las moléculas del aire rebotando en cada centímetro cuadrado de nuestro cuerpo. Considerándola en estos términos resulta más fácil entender que da igual hacia dónde apunte cada centímetro cuadrado del cuerpo, si hacia abajo o hacia los lados, la cantidad de moléculas del aire que reboten en él será la misma y, por tanto, la presión atmosférica actuará por igual en todas direcciones.

Quien aún no crea esta explicación, puede realizar el siguiente experimento sencillo. Se llena un vaso con agua hasta la mitad y se coloca un trozo de papel con cuidado en la parte superior del vaso. Manteniendo el papel en su lugar, se le da la vuelta al vaso y después se suelta el papel: la presión atmosférica, que empuja el papel hacia arriba, mantendrá el agua dentro del vaso.

En realidad, nuestro cuerpo está completamente abierto al aire, no hay bolsas de aire selladas en nuestro interior. Esto significa que podemos vivir bastante felices a presiones mucho más altas y más bajas que la atmosférica. Una submarinista puede descender hasta veinte, treinta e incluso cuarenta metros bajo la superficie del mar sin un equipamiento especial. A una profundidad de cuarenta metros impera una presión cinco veces mayor que la atmosférica, ¡lo que equivale a un objeto de cincuenta toneladas presionando contra cada metro cuadrado del cuerpo de la buceadora! Mientras la buceadora siga respirando y mantenga los oídos tapados, la presión dentro y fuera de su cuerpo permanecerá en perfecto equilibrio y, por tanto, no sentirá efectos negativos ◉

LA TEMPERATURA AMBIENTE EN LA TIERRA

La temperatura media de la Tierra se sitúa en unos agradables treinta grados centígrados, pero, por supuesto, se dan variaciones enormes en todo el orbe. La temperatura más alta registrada en nuestro planeta ascendió a 56.7 °C en los desiertos libios, mientras que la más fría llegó a -89 °C en el interior de la Antártida pero, comparadas con otros lugares del Sistema Solar, nuestras temperaturas presentan oscilaciones bastante moderadas. La razón de esta estabilidad y de nuestra temperatura media tal vez parezca sencilla. Nos encontramos a 150 millones de kilómetros del Sol, y la distancia que nos separa de esa fuente de calor condiciona la cantidad de energía que se recibe, lo que determina la temperatura. Igual que contamos con sentir más calor cerca de un fuego, también sería razonable que los planetas albergaran temperaturas más altas cuanto más cerca estuvieran del Sol. Pero las cosas no son tan simples.

PÁGINA SIGUIENTE:
Desierto del Namib en Namibia.

HISTORIA DE DOS
ATMÓSFERAS

A medida que el Sol se hunde bajo el horizonte en el desierto del Namib de Namibia, en el sudoeste de África, el cambio de temperatura entre el día y la noche puede llegar a los treinta grados centígrados. Se trata de una diferencia enorme en poquísimas horas, una de las oscilaciones más grandes entre el día y la noche que se dan en este planeta. La razón de esta diferencia espectacular estriba en que el desierto del Namib también es uno de los lugares más secos de la Tierra.

Los niveles de vapor de agua en la atmósfera terrestre varían a lo largo y ancho del planeta, pero allí donde hay poca cantidad de vapor de agua en la atmósfera, se dan grandes diferencias de temperatura entre el día y la noche. Esto es así porque la capacidad de la atmósfera para retener el calor guarda una relación directa con el efecto aislante del vapor de agua. En el ambiente árido del desierto el grado de aislamiento es bajo, de modo que cuando el Sol desaparece, el calor se desvanece con rapidez en el espacio. En la atmósfera residen muchos otros gases, aparte del agua, que actúan como aislantes y que convierten la atmósfera en un manto calentador. Estos gases de efecto invernadero, como el dióxido de carbono, el metano y el óxido nitroso, atrapan el calor del Sol y suavizan las diferencias térmicas entre el día y la noche con tanta eficacia que ¡las variaciones de treinta grados nos parecen significativas!

Mercurio, difícil de ver desde la Tierra por su proximidad al Sol, padece las mayores oscilaciones térmicas de todos los planetas. Esto se debe a que quedó despojado de la única cosa que podría protegerlo: su atmósfera.

PÁGINA ANTERIOR: Aquí, en el desierto del Namib, la diferencia de temperatura entre el día y la noche llega a alcanzar los treinta grados centígrados. Parece una variación inmensa pero no es nada comparada con los extremos cambios térmicos que se producen en planetas como Mercurio.

INFERIOR: Mercurio, el planeta más pequeño del Sistema Solar, perdió la atmósfera desde sus inicios. Al quedar desprotegido y sin aislamiento, Mercurio experimenta las oscilaciones de temperatura más grandes de todos los planetas.

CÓMO PERDIÓ MERCURIO SU ATMÓSFERA

- ○ HIDRÓGENO Y HELIO
- ○ OXÍGENO Y NITRÓGENO
- ➡ GRAVEDAD FUERTE
- → GRAVEDAD DÉBIL

MERCURIO

TIERRA

EL EFECTO INVERNADERO

Casi 100 millones de kilómetros más cerca del Sol que la Tierra reside un planeta donde la diferencia de temperatura entre el día y la noche es inmensa. A Mercurio, el planeta más pequeño de todos, apenas lo separan cincuenta y ocho millones de kilómetros del candente centro del Sistema Solar. Este vapuleado trozo de roca, difícil de ver desde la Tierra por su proximidad al Sol, padece las mayores oscilaciones térmicas de todos los planetas: desde 427 °C durante el día hasta -173 °C de noche. Todo esto se debe a que Mercurio quedó despojado de la única cosa que podría protegerlo: su atmósfera.

Al igual que todos los planetas interiores y rocosos del sistema solar, Mercurio tuvo una atmósfera durante su formación. De hecho, se cree que los ocho planetas del Sol tuvieron atmósferas semejantes cuando se formaron más de cuatro mil millones de años atrás, compuestas por gases ligeros como el hidrógeno y el helio, y con cantidades menores de gases más pesados, como oxígeno y nitrógeno.

Los planetas conservan sus atmósferas por la fuerza de la gravedad (es el único modo que tienen para evitar que esa endeble franja gaseosa se desvanezca en el espacio) así que, cuanto más masivo es un planeta, más intenso es el tirón gravitatorio que ejerce y más fácil le resulta conservar la atmósfera. La temperatura de la atmósfera también repercute en este equilibrio porque, cuanto más calor alberga una atmósfera, más deprisa se mueven las moléculas y más le cuesta a la fuerza de la gravedad retenerlas.

Los planetas gigantes del Sistema Solar exterior, Júpiter, Saturno, Urano y Neptuno, eran lo bastante grandes y fríos como para ejercer la masiva fuerza gravitatoria necesaria para retener los gases más ligeros, como el hidrógeno y el helio, pero en los mundos interiores y rocosos, más calientes y reducidos, la historia transcurrió de un modo muy diferente. Los gases más ligeros habrían escapado gradualmente al espacio en Mercurio, Venus, la Tierra y Marte, lo que dejó tras de sí atmósferas ricas en gases más pesados, tales como oxígeno y nitrógeno. Por fortuna para nosotros, la Tierra es suficientemente grande y dista lo bastante del Sol como para ejercer una fuerza gravitatoria capaz de retener con firmeza esos gases, y nuestra atmósfera ha logrado retenerlos en su evolución a lo largo de miles de millones de años. En Mercurio, en cambio, se produjo una historia muy diferente. Mercurio es minúsculo comparado con la Tierra; con un diámetro en el ecuador de 15 329 kilómetros, el área de su superficie equivale a una séptima parte de la superficie de la Tierra, y su masa solo asciende al 5 % de la de nuestro planeta. Si a eso le sumamos la elevada temperatura que impera en superficie, nos encontramos con que su fuerza gravitatoria no es lo bastante intensa como para retener los gases más pesados, de modo que Mercurio perdió con rapidez casi toda su atmósfera.

El impacto de todo ello en el presente de ambos planetas es impresionante. Aquí en la Tierra, al nivel del mar y en un volumen del tamaño de un terrón de azúcar, hay veinticinco cuatrillones de moléculas de gas. En Mercurio, en ese mismo volumen habría alrededor de cien mil (una cantidad más de 100 billones de veces inferior). De modo que Mercurio era demasiado pequeño y caliente para retener la atmósfera, y las consecuencias para el planeta fueron devastadoras. Puede que las atmósferas sean una franja delgada de moléculas, pero constituyen la primera línea de defensa de un planeta. Sin ellas, un planeta como Mercurio queda a merced del violento Sistema Solar ◉

TEMPERATURA EN SUPERFICIE

Aunque cabría esperar que la temperatura en superficie
de los planetas disminuyera a medida que se alejan del Sol,
la interacción entre el Sol y la atmósfera implica que algunos
planetas sean más calientes de lo que deberían, como Venus,
y que otros sean más fríos, como la Tierra.

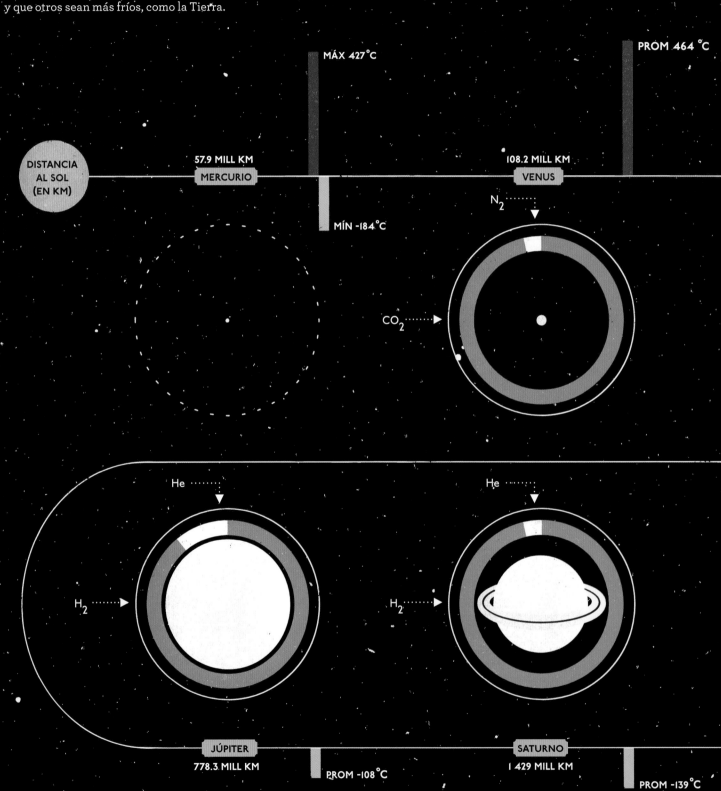

DISTANCIA
AL SOL
(EN KM)

57.9 MILL KM
MERCURIO

108.2 MILL KM
VENUS

MÁX 427°C

MÍN -184°C

PROM 464 °C

N_2

CO_2

He

H_2

JÚPITER
778.3 MILL KM

PROM -108°C

He

H_2

SATURNO
1 429 MILL KM

PROM -139°C

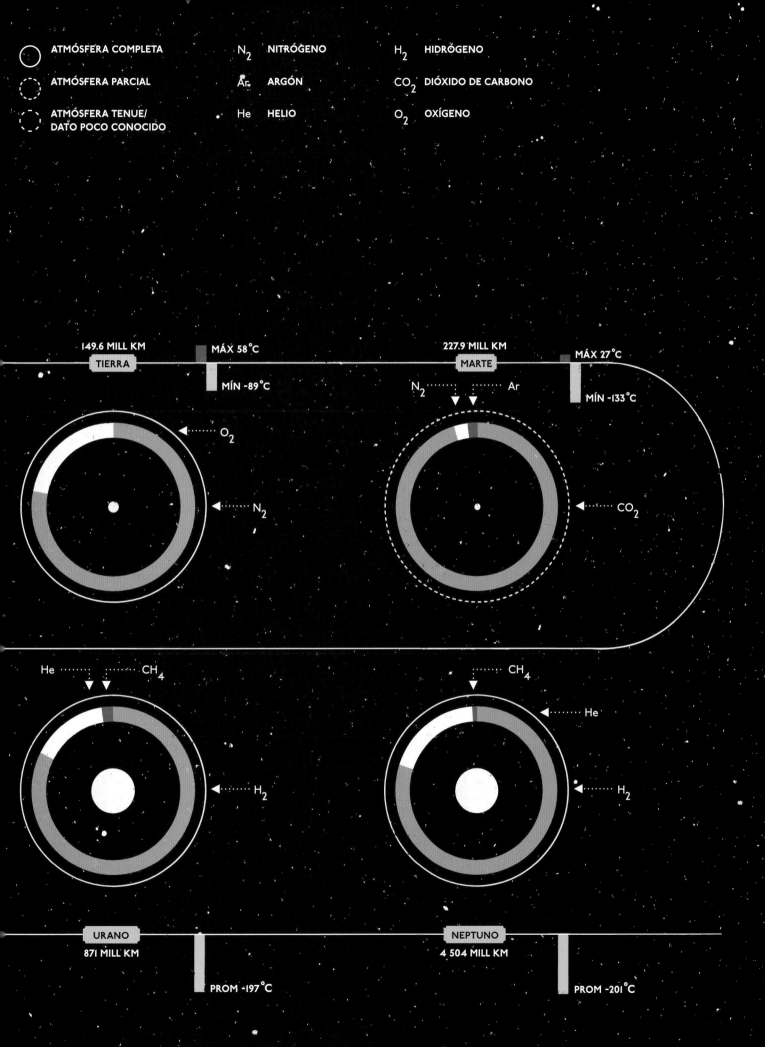

LA PRIMERA LÍNEA
DE DEFENSA

La provincia de Saskatchewan, en el oeste de Canadá, es un lugar gélido y oscuro en invierno, pero el 20 de noviembre de 2008 el cielo nocturno se iluminó con una bola de fuego cinco veces más brillante que la Luna llena. El espectáculo de luz que se presenció aquella noche lo deparó un asteroide (una roca del espacio de unas diez toneladas de peso) que se adentró en la atmósfera terrestre y aterrizó en un lugar llamado Buzzard Coulee. Lo cierto es que no es nada infrecuente que piedras de este tamaño choquen contra la Tierra (en promedio sucede alrededor de una vez al mes), pero lo inusual del meteorito de Buzzard Coulee es que su trayectoria lo llevó a zonas bastante pobladas, de modo que decenas de miles de personas, cuando no cientos de miles, lo vieron y lo oyeron. Lo más espectacular es que quedó registrado en numerosas cámaras de circuitos cerrados de televisión y eso permitió trazar su recorrido a lo largo de cientos de kilómetros de cielo. Aquellas imágenes atribuyeron al meteorito un récord notable porque atravesó el firmamento nocturno a veinte kilómetros por segundo y lo tiñó de azul a su paso.

Estas imágenes excepcionales permitieron que un grupo de científicos triangulara el lugar donde impactó el meteorito con una precisión muy superior a la habitual. Así que un equipo de cazameteoritos buscó los restos de la explosión en una ubicación concreta, un campo a las afueras de la ciudad de Lloydminster.

El equipo estaba dirigido por el doctor Alan Hilderbrand, profesor de la Universidad de Calgary, uno de los expertos en meteoritos

que encontraba ante sí. Cuando el aire se comprime se calienta, y eso, a su vez, calienta el meteorito hasta ponerlo al rojo vivo. Durante unos instantes aquella bombilla de mil millones de vatios fulguró a gran altura en el cielo; después, tan solo cinco segundos más tarde, su viaje de mil millones de años toca a su fin de manera repentina y espectacular: se desintegra en una serie de explosiones que dejan los campos subyacentes salpicados de trozos de roca del tamaño de pelotas de golf.

En cuestión de pocos segundos este superviviente del pasado lejano se convierte en una parte más del planeta Tierra. Habría sido fabuloso estar en Saskatchewan aquella noche, cuando el cielo se volvió azul, para observar la lluvia de esas rocas pesadas.

más destacados del mundo y miembro del equipo que descubrió el antiguo cráter de Chicxulub en la península de Yucatán de México. Se cree que este inmenso cráter, de 180 kilómetros de diámetro, data del final del período Cretácico, hace 65 millones de años, y sigue siendo el principal candidato al que atribuirle el catastrófico suceso que extinguió los dinosaurios.

Por suerte para la población de Canadá, la última búsqueda del doctor Hildebrand era a una escala mucho menor; sin embargo, aún queda gran cantidad de información por recabar acerca de este impacto de peso ligero. Una roca de diez toneladas que se desplaza a cincuenta veces la velocidad del sonido contiene gran cantidad de energía. «Sería como hacer explotar cuatrocientas toneladas de TNT», explica Hildebrand. «Es realmente impactante».

Solo existe una cosa capaz de proteger la superficie de la Tierra ante un proyectil con esa cantidad de energía y en una trayectoria de colisión directa con nuestro planeta; solo una cosa capaz de frenarlo y fragmentarlo, con lo que se evita que toda esa energía se libere en un solo lugar de la superficie terrestre. Noche tras noche, la atmósfera frena y convierte en añicos meteoritos idénticos a este. Cuando entró en la atmósfera a veinte kilómetros por segundo directamente enfilado hacia Buzzard Coulee desde las profundidades del espacio, este trozo de roca y hierro, que en su origen tenía el tamaño de una mesa, empezó a comprimir la creciente cantidad de gases atmosféricos

La caza de fragmentos de meteoritos requiere cierto talento. Estas rocas han atravesado la atmósfera con tanta intensidad que su superficie se funde cuando alcanza temperaturas de 6 000 °C, la misma temperatura que impera en la superficie del Sol. Este calor abrasador forma una corteza oscura sobre el meteorito muy delatora, de modo que me dijeron que buscábamos una roca oscura y extrañamente tallada en el suelo. (Una roca que, tal como señala amablemente Hildebrand, se parece mucho a las boñigas que llenan este paraje). Pero la lenta y turbadora búsqueda valió la pena cuando encontré una de esas rocas increíbles.

Cada una de esas pequeñas piedras esparcidas por los helados campos había tenido una historia asombrosa. Se habían adentrado en la Tierra formando parte de una clase de meteoritos conocida como condritas. Las condritas son muy antiguas porque se gestaron en los inicios del Sistema Solar, hace más de 4 500 millones de años. Nunca han formado parte de un planeta o satélite mayor; son puros fósiles ambulantes de una era anterior.

Si el meteorito hubiera chocado intacto contra el suelo, la explosión habría dejado un cráter de veinte metros de ancho. Nuestro planeta solo se libró de este impacto colosal gracias a la tenue franja de gases que lo envuelve. En ningún otro lugar se aprecia con más claridad el papel crucial de este manto protector que en la acribillada superficie de nuestro vecino más pequeño: Mercurio ◉

131

LOS CRÁTERES DE MERCURIO

El 30 de enero de 2008, la sonda *Messenger* de la NASA tomó imágenes de la superficie de Mercurio. Era la primera vez que el ser humano contemplaba esas zonas de la chamuscada superficie de Mercurio, y se confirmó lo que se sabía hacía tiempo sobre este vapuleado planeta: es un trozo de roca acribillada y estéril.

Hasta que la *Messenger* deambuló ante Mercurio, poco sabíamos sobre detalles precisos de la superficie del planeta. La única nave que lo había visitado con anterioridad era la *Mariner 10*, la cual completó su misión en 1975 tras cartografiar tan solo el 45 % de la superficie planetaria con lo que era, de acuerdo con los estándares actuales, un equipo de baja resolución. La *Messenger* pretende completar la superficie restante.

Esta nave, lanzada el 3 de agosto de 2004, está diseñada para enfrentarse a los problemas específicos que entraña un viaje al Sistema Solar interior. Las sondas que se dirigen hacia los planetas exteriores tienen que alcanzar altas velocidades para recorrer esas vastas distancias en un tiempo razonable. Lo consiguen mediante una serie compleja de asistencias gravitatorias alrededor de los planetas interiores del Sistema solar que les imprime esa aceleración. Asimismo deben portar suficiente combustible para frenar cuando llegan a destino o, como en el caso de las *Voyager*, para realizar pasadas breves antes de perderse en el espacio interestelar. *Messenger* tiene el problema contrario: como Mercurio se encuentra muy próximo al Sol, la fuerza gravitatoria acelera la nave cada vez más a medida que se acerca a Mercurio. Es como dejar caer una pelota en un pozo profundo. Pero, a diferencia de la *Mariner 10*, la *Messenger* está diseñada para situarse en órbita alrededor del abrasado planeta. Esto exige que la *Messenger* se frene lo bastante como para quedar atrapada en el campo gravitatorio de Mercurio, algo dificilísimo. Es como detener la caída de la bola cuando va por la mitad de su descenso por el pozo.

Para conseguir esta proeza de la navegación espacial, la *Messenger* ha seguido un viaje largo y complejo que consistió en tres pasos ante Mercurio a lo largo de los cinco primeros años de su misión, durante los cuales se sirvió de la gravitación y la velocidad orbital de Mercurio para frenarse lo suficiente como para situarse en órbita alrededor de este planeta en marzo de 2011. Cuando ya se halló en la posición correcta, la sonda se dedicó a responder muchos misterios de Mercurio, desde la sospecha de que hay hielo en los polos de este mundo derretido por el Sol, hasta la teoría de que Mercurio está menguando de tamaño. Pero quizá lo más importante de todo será la conclusión del trabajo iniciado por la sonda *Mariner* para cartografiar toda la superficie y rellenar las lagunas que quedan en nuestros conocimientos sobre la historia geológica de Mercurio. A medida que tomamos un mayor número de imágenes de la superficie del planeta, cada vez está más claro que en ella predomina un tipo específico de accidente geológico.

Durante los últimos 4 600 millones de años, Mercurio ha estado bombardeado por innumerables asteroides y cometas.

A diferencia de nuestro planeta, provisto de un manto protector, Mercurio no tiene nada que lo defienda de los ataques. Cuando un meteorito impacta contra el desnudo Mercurio, no se topa con ninguna atmósfera que lo fragmente o lo frene, sino que choca contra el suelo a toda velocidad e intacto. Tal como están revelando las imágenes de la *Messenger*, con una preciosidad de vívidos detalles, toda la historia del violento pasado del planeta aparece expuesta en su superficie: es un mundo agujereado con miles de cráteres inmersos en otros cráteres dentro de más cráteres.

Mercurio estaba condenado desde el principio. Es demasiado pequeño y demasiado tórrido para retener trazas significativas de atmósfera. La Tierra, en cambio, es lo bastante grande y fría como para conservar esta envoltura de gases que permite a las criaturas vivas evolucionar y utilizar la atmósfera para respirar y vivir.

Pero nuestra suerte no acaba aquí. Ahí fuera, en el Sistema Solar, hay un lugar cuya atmósfera comenzó con los mismos ingredientes que la nuestra. Un planeta de un tamaño muy similar al de la Tierra, y no mucho más cerca del Sol que nosotros. Las características de la atmósfera de este planeta y su emplazamiento dentro del Sistema Solar solo introducen pequeñas variantes, y, sin embargo, se trata de un mundo que no podría ser más distinto del nuestro ◉

UN PLANETA INDEFENSO
Mercurio recibe impactos constantes de cometas y asteroides. Sufre estos ataques porque carece de una atmósfera que caliente los asteroides y los rompa en fragmentos menores.

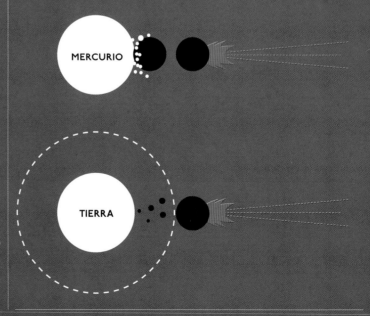

IZQUIERDA: El primer visitante de Mercurio fue la sonda *Mariner Venus/Mercury*, también conocida como *Mariner 10*. Se lanzó el 3 de noviembre de 1973 desde el Centro Espacial Kennedy de la NASA, y tres meses después realizó un paso ante Venus que la redirigió hacia Mercurio, donde cartografío tan solo el 45% de la superficie del planeta con un equipo que la tecnología moderna considera ahora como de baja resolución.

DERECHA E INFERIOR: La sonda espacial *Messenger* ha transmitido imágenes espectaculares y muy reveladoras de Mercurio durante los tres pasos previos que realizó ante el planeta y desde su órbita posterior a su alrededor. La imagen inferior muestra el cráter Brahms, con un diámetro de noventa y ocho kilómetros.

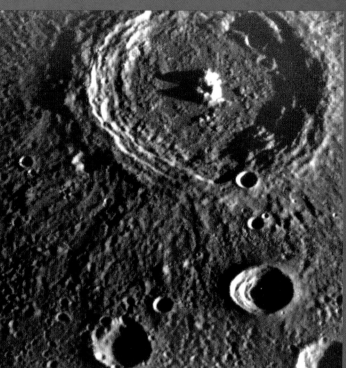

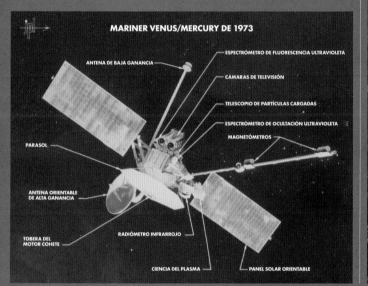

MARINER VENUS/MERCURY DE 1973

ANTENA DE BAJA GANANCIA

ESPECTRÓMETRO DE FLUORESCENCIA ULTRAVIOLETA

CÁMARAS DE TELEVISIÓN

TELESCOPIO DE PARTÍCULAS CARGADAS

ESPECTRÓMETRO DE OCULTACIÓN ULTRAVIOLETA

PARASOL

MAGNETÓMETROS

ANTENA ORIENTABLE DE ALTA GANANCIA

TOBERA DEL MOTOR COHETE

RADIÓMETRO INFRARROJO

CIENCIA DEL PLASMA

PANEL SOLAR ORIENTABLE

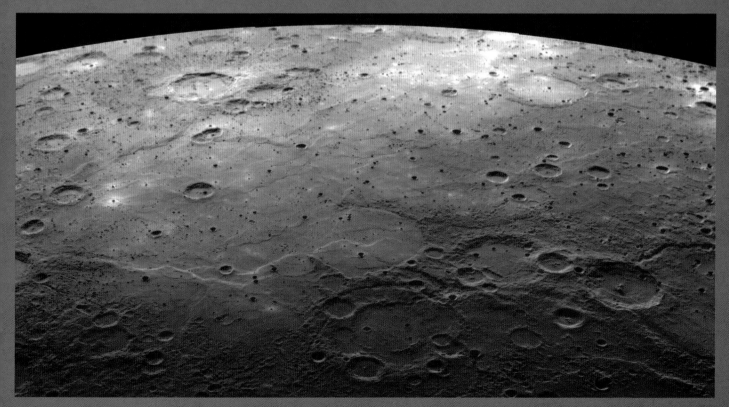

MARAVILLAS DEL SISTEMA SOLAR

ATMÓSFERAS PERFECTAS

Casi 108 millones de kilómetros separan el Sol de Venus, el planeta más brillante de nuestros cielos. Venus, que completa una órbita cada 225 días, es lo bastante luminoso como para arrojar sombras en la Tierra cuando alcanza su brillo máximo justo antes de la salida del Sol o justo después de su puesta. Venus y la Tierra comparten muchas semejanzas. Ambos yacen uno al lado del otro en el espacio, se formaron a partir del mismo material, tienen casi idéntico tamaño y también comparten una masa similar y, por tanto, un campo gravitatorio parecido. Pero aquí es donde acaban todas sus semejanzas.

Venus es un mundo martirizado donde vientos huracanados arrastran nubes de ácido sulfúrico y con unas temperaturas en superficie suficientes para fundir el plomo. No es raro que Venus se considere a menudo el gemelo maléfico de la Tierra. La razón de la diferencia infernal entre estos dos mundos semejantes en lo superficial se debe sobre todo a la atmósfera venusiana, la cual siguió una evolución muy diferente de la nuestra.

El 10 de agosto de 1990 la sonda espacial *Magellan* emprendió una misión de cuatro años en órbita alrededor de Venus. Su objetivo consistió en suministrarnos algunas de las primeras imágenes de lo que hay bajo el sudario de nubes que nos ha impedido contemplar Venus durante siglos. Las imágenes que envió la *Magellan* revelaron un paisaje martirizado por volcanes y cráteres de impacto. Bajo las

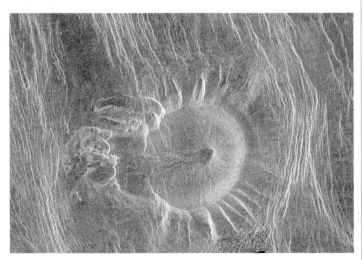

SUPERIOR: Esta imagen tomada por la sonda espacial *Magellan* durante su misión de comienzos de la década de 1990 reproduce nuestro planeta vecino, Venus. Durante aquel viaje de cuatro años, la *Magellan* captó imágenes de la faz de Venus que muestran volcanes con claridad. Este es un ejemplo de un tipo de accidente volcánico venusiano bastante común que se conoce como «garrapata». Es un volcán de unos treinta kilómetros de ancho en la cima, rodeado por crestas y valles que discurren por sus laderas y le confieren el aspecto del ácaro que le da nombre.

nubes de ácido sulfúrico el paisaje guardaba muy poca semejanza con cualquier cosa que se pueda ver aquí en la Tierra.

A pesar de casi cincuenta años de viajes interplanetarios, el envío de imágenes como estas a través de cincuenta y dos millones de kilómetros de espacio aún representa una hazaña extraordinaria de la ingeniería. Venus fue el destino de la primera misión interplanetaria, cuando la *Mariner 2* arribó al planeta en diciembre de 1962. Puede que los equipos informáticos de la *Magellan* fueran años-luz más adelantados que los de las *Mariner* (que representaban lo mejor de finales del siglo XX), pero las matemáticas necesarias para traer esas imágenes hasta la Tierra eran las mismas y mucho más antiguas.

Casi cada una de las imágenes enviadas por la NASA a través del espacio se ha basado en el trabajo del matemático y físico francés Joseph Fourier, de comienzos del siglo XIX. La transformada de Fourier

Bajo las nubes de ácido sulfúrico el paisaje guardaba muy poca semejanza con cualquier cosa que se pueda ver aquí en la Tierra.

es una joya de las matemáticas que en su origen se desarrolló sin tener en mente ninguna aplicación práctica para ella y, sin embargo, la obra de Fourier se encuentra hoy en día prácticamente en cada una de las imágenes electrónicas que vemos: desde nuestras fotos de familia guardadas en formato JPEG, hasta las imágenes que recibimos desde los recónditos dominios del Sistema Solar. Son las matemáticas que nos permiten comprimir cantidades inmensas de información en ficheros lo bastante reducidos para enviarlos por todo el mundo, e incluso por todo el Sistema Solar.

No obstante, cuando la sonda espacial *Magellan* empezó a trabajar, la aportación de Fourier a nuestro conocimiento de Venus no se limitó únicamente a la tecnología necesaria para enviar un torrente de imágenes a la Tierra. En 1824 Fourier se convirtió en el primer científico que describió un efecto crucial para nuestro conocimiento de Venus y, a la vez, vital para la salud futura de nuestro propio planeta.

El efecto invernadero se ha convertido en un concepto bien conocido en nuestros días que ahora es sinónimo de calentamiento global; pero, en realidad, esa noción provino de los cuadernos que anotó Fourier en el siglo XIX. Él fue el primer científico que señaló que los gases de la atmósfera terrestre podrían provocar un calentamiento planetario. Con ello, Fourier allanó el camino hacia la comprensión no ya de nuestro clima, sino también de las consecuencias extremas del efecto invernadero en nuestro hermano planetario, Venus ◉

INFERIOR: Esta imagen creada con una simulación por ordenador revela el hemisferio norte de Venus. El planeta se conoce como el gemelo maléfico de la Tierra: ambos tienen un tamaño similar, pero Venus está más cerca del Sol, lo que implica que las temperaturas en este planeta se disparen hasta superar los 370 grados centígrados. La Tierra se conoce como el planeta de Ricitos de Oro porque, a diferencia de sus vecinos Venus y Marte, que soportan temperaturas extremas, la temperatura en nuestro planeta es «perfecta» para la vida.

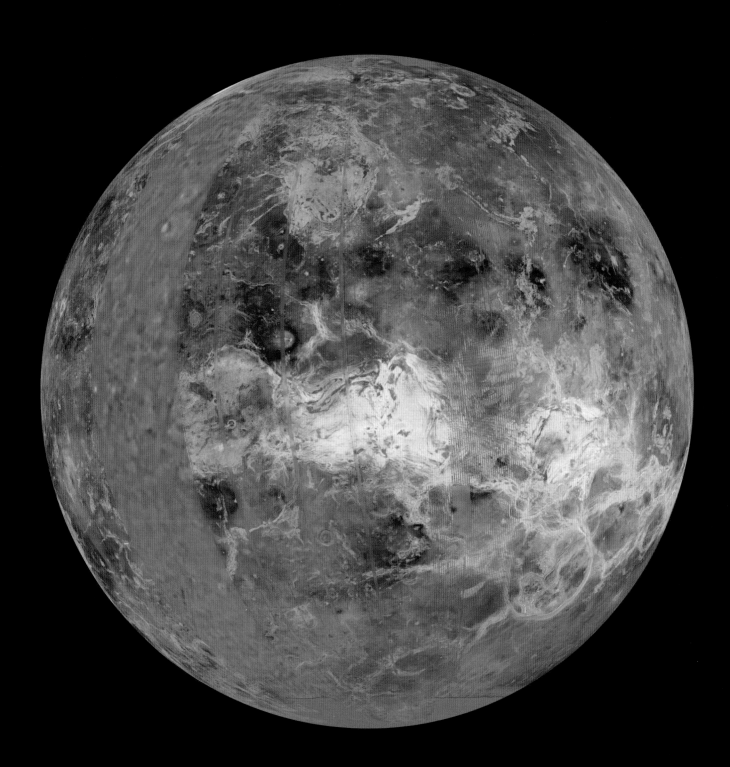

EL EFECTO INVERNADERO

El efecto invernadero es básicamente un tema de física muy simple. Los gases de las atmósferas planetarias absorben la luz de algunas longitudes de onda y permiten que otras lleguen al suelo sin impedimentos. La atmósfera de la Tierra es transparente en su mayoría a la luz visible. Por suerte para la vida de la Tierra, buena parte de la dañina luz ultravioleta queda absorbida en la alta atmósfera por el ozono. La luz del Sol que consigue atravesar la atmósfera calienta la superficie de la Tierra, que entonces vuelve a irradiar esta energía convertida en radiación infrarroja. La luz infrarroja tiene una longitud de onda más larga que la luz visible y la luz ultravioleta, y los gases atmosféricos como el dióxido de carbono y el vapor de agua la absorben con eficacia. En otras palabras, los llamados gases de efecto invernadero evitan que parte de la radiación calorífica procedente del suelo vuelva a escapar al espacio. Esto significa que la atmósfera experimenta un calentamiento gradual, lo que eleva la temperatura del planeta.

El efecto invernadero de la Tierra es esencial para nuestra supervivencia. Sin las concentraciones de gases de efecto invernadero que existen en la atmósfera actual, nuestro planeta sería treinta grados centígrados más frío en promedio, es decir, demasiado frío para la vida conocida. Un efecto invernadero moderado es muy beneficioso, pero, si aumentan en exceso las concentraciones de gases como el dióxido de carbono, basta con echar una ojeada a nuestro vecino planetario más próximo para contemplar las devastadoras consecuencias.

La atmósfera de Venus está repleta de gases de efecto invernadero. Los posibles océanos que albergara habrían hervido mucho tiempo atrás con el incremento de la temperatura, y habrían inyectado vapor de agua a la atmósfera. El dióxido de carbono procedente de miles de volcanes en erupción se agregó a aquella mezcla sofocante. Venus se volvió cada vez más tórrido y el planeta se fue asfixiando poco a poco hasta fenecer ◉

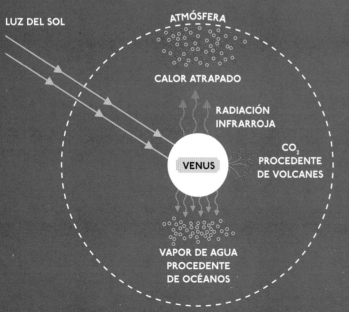

LUZ DEL SOL

ATMÓSFERA

CALOR ATRAPADO

RADIACIÓN INFRARROJA

VENUS

CO_2 PROCEDENTE DE VOLCANES

VAPOR DE AGUA PROCEDENTE DE OCÉANOS

136

INFERIOR: En la Tierra los gases de efecto invernadero son esenciales; sin ellos nuestro planeta sería treinta grados centígrados más frío, lo que tornaría imposible la conservación de la vida. Venus, en cambio, sufrió un exceso de gases de invernadero que acabó asfixiando el planeta.

EL PLANETA ROJO

PÁGINA ANTERIOR: Imagen del brazo robótico del todoterreno de exploración de Marte *Spirit* de la NASA tomada durante el día marciano 2052 que pasó el vehículo en la superficie de este planeta.

El desierto del Namib en Namibia no es el desierto más tórrido del mundo, ni tampoco el más seco, pero sus viejas dunas de arena forman parte del páramo más antiguo de toda la faz de la Tierra. Esta vasta extensión que abarca más de 1 900 kilómetros a lo largo de la costa atlántica sudoccidental de África, ha padecido sed de lluvia durante más de cincuenta y cinco millones de años. El paisaje es espectacular, más fascinante si cabe para los astrónomos planetarios porque presenta un parecido extraordinario con la superficie de Marte. Quien quiera experimentar la sensación de estar en Marte sin salir de la Tierra, al menos visualmente, no encontrará mejor lugar donde poner los pies que las dunas barján, en forma de media luna, del Namib. Allí la vista se siente transportada a través de cincuenta y cinco millones de kilómetros de espacio, hasta la superficie de otro mundo.

SUPERIOR: En enero de 2005 el vehículo todoterreno de la NASA para la exploración de Marte *Opportunity* encontró un meteorito de hierro en Marte, el primer meteorito hallado jamás en otro planeta.

El vehículo se acercó lo bastante al agujereado meteorito (del tamaño de una pelota de tenis y ahora apodado «roca Escudo Térmico») como para determinar que se compone en su mayoría de hierro y níquel.

La razón de que conozcamos el paisaje de Marte con tanto grado de detalle estriba en que contamos con datos de primera mano. El primer aterrizaje fructuoso en Marte lo realizó la sonda espacial soviética *Mars 3* en 1971, aunque fue muy breve y solo consiguió transmitir datos a la Tierra durante quince segundos. Los primeros aterrizajes realmente importantes y reveladores los efectuaron las sondas *Viking* de la NASA en 1976. Las *Viking* buscaron sin éxito signos de vida en el planeta rojo, aunque algunos de sus resultados continúan siendo controvertidos en la actualidad y hay quien cree que las *Viking* tal vez sí detectaron esos signos de vida. Probablemente no llegaremos a saberlo nunca hasta que posemos en la superficie de Marte próximas misiones centradas en objetivos biológicos.

En enero de 2004 se situaron en la superficie del planeta rojo los dos vehículos todoterreno llamados *Opportunity* y *Spirit*, que emprendieron la exploración más intensiva y directa de un paisaje no perteneciente a la Tierra. Aquellos pequeños todoterrenos, diseñados para deambular por Marte durante noventa días, son sin duda dos de los artilugios espaciales más fructíferos que se hayan lanzado jamás. En el momento de preparar la presente edición de este libro, finales de 2011, uno de los vehículos mantiene aún el contacto con la Tierra, aunque *Spirit* encalló en las arenas de Marte y dejó de funcionar en marzo de 2010. Esta longevidad es no poco sorprendente y supone una de las grandes proezas de la exploración humana, si se tiene en cuenta que no estaba previsto que estos artilugios llegaran al final de 2004. Día tras día, año tras año, *Spirit* y *Opportunity* han deambulado por la superficie de Marte y han enviado imágenes con un grado de detalle exquisito. Una y otra vez las imágenes revelan paisajes de una familiaridad inquietante. Marte alberga inmensas dunas de arena, volcanes enormes, extensiones gigantescas de hielo, cañones y valles fluviales. Es una versión seca y helada de nuestro hogar, cubierta de polvo y arena rojizos, absolutamente familiar y, sin embargo, absolutamente inhóspita para la vida humana. El paisaje estéril se debe a que el Marte actual carece casi por completo de atmósfera. En cambio, durante el recorrido de los vehículos por el planeta se han encontrado indicios que apuntan con fuerza a que Marte no ha sido siempre así.

En enero de 2005 uno de los todoterrenos se topó con una roca que resultó ser un meteorito de hierro y níquel; cuatro años después, en agosto de 2009, encontró otro cuyo tamaño se estimó diez veces mayor que el primero. Esto lo convierte en el meteorito más grande descubierto nunca en un planeta distinto del nuestro, y su mera existencia carece de toda lógica teniendo en cuenta lo que sabemos hoy acerca de la atmósfera marciana.

La atmósfera de Marte es increíblemente tenue. Consiste en un 95 % de dióxido de carbono, un 3 % de nitrógeno y un 1.6 % de argón, con tan solo trazas de agua y oxígeno. Comparada con la Tierra, la masa

INFERIOR: Esta imagen es una de las primeras que se tomaron con la cámara instalada en el módulo de aterrizaje *Pathfinder* no mucho después de tocar tierra en Marte el 4 de julio de 1997. En primer plano se ven varias imágenes del pequeño todoterreno espacial, llamado *Sojourner*. En el horizonte se ven dos colinas más allá del paisaje repleto de rocas y polvo que conforma la superficie de este planeta.

Quien quiera experimentar la sensación de estar en Marte sin salir de la Tierra... no encontrará mejor lugar donde poner los pies que las dunas barján, en forma de media luna, del Namib.

de la atmósfera es minúscula, de 25 billones de toneladas, a diferencia de los 5 000 billones de toneladas de la atmósfera terrestre.

Si estuviéramos en Marte soportaríamos menos del 1 % de la presión atmosférica que impera en la superficie de la Tierra, una presión equivalente a la que experimentaríamos a treinta y cinco kilómetros de altitud. Si el meteorito hallado por *Opportunity* hubiera chocado con el planeta hoy, nada lo habría frenado durante el descenso, pues la atmósfera marciana es demasiado tenue y habría llegado con tanta velocidad a la superficie que se habría desintegrado con el impacto. Sencillamente ¡no estaría ahí!

La explicación más probable de esta paradoja aparente es que en algún momento del pasado, cuando este meteorito cayó en Marte, la atmósfera era bastante más densa, lo suficiente como para frenarlo hasta el punto de que llegara intacto a la superficie.

Si esto fuera cierto, ¿por qué motivo perdió Marte su atmósfera densa y se convirtió en el planeta estéril que vemos en la actualidad? Las atmósferas son espectros delicados que envuelven los planetas, y hay muchas maneras de alterarlas y perderlas en el espacio. Cuando reparamos en lo frágiles que son, empieza a parecer un milagro que aún conservemos la nuestra. Se cree que la razón de que Marte perdiera su atmósfera radicó en la interacción del planeta rojo con el influjo del Sol, poderoso y de largo alcance.

El viento solar es una corriente de partículas supercalientes y con carga eléctrica que fluye sin cesar en dirección opuesta al Sol a más de un millón de kilómetros por hora. Esta oleada de átomos destrozados tal vez sea invisible y nos parezca inocua a quienes moramos en la Tierra, pero tiene la capacidad de despojar un planeta de su atmósfera. Nosotros estamos protegidos por un escudo invisible que rodea por completo el planeta, el campo magnético de la Tierra. El origen de este se encuentra en su núcleo de hierro fundido. Este escudo magnético es lo bastante fuerte como para desviar la mayor parte del viento solar que se interpone en nuestro camino (*véase* pág. 52), a diferencia de lo que sucede en Marte ◉

CÓMO SE PERDIÓ
LA ATMÓSFERA DE MARTE

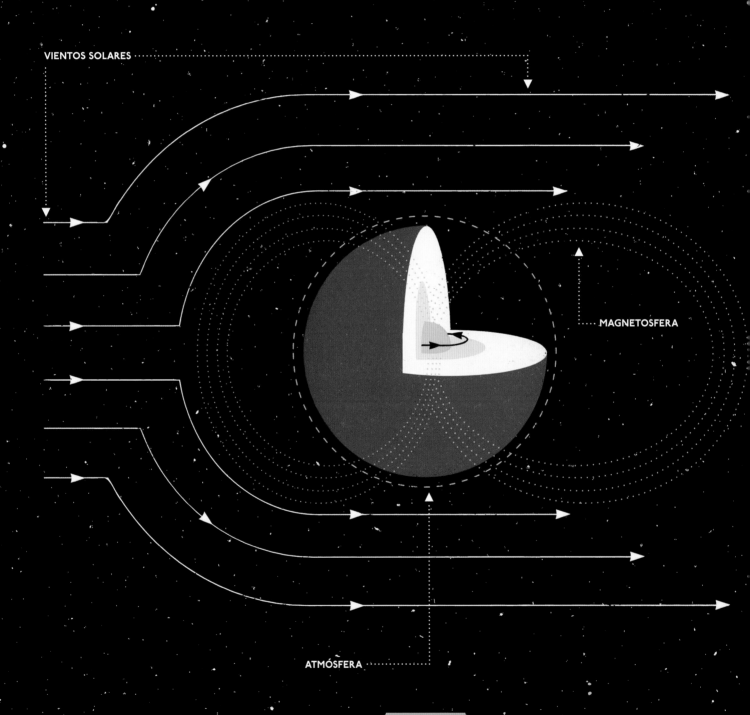

VIENTOS SOLARES

MAGNETOSFERA

ATMÓSFERA

MARTE ANTES

Hace unos cuatro mil millones de años, Marte tenía un núcleo fundido. Al fin y al cabo, Marte se formó mediante los mismos procesos que la Tierra, a partir del mismo material que ella y alrededor de la misma estrella, y su núcleo fundido habría generado, como aquí, un campo magnético protector. En cambio, existe una diferencia crucial entre ambos planetas; la Tierra es nueve veces más grande, de manera que la superficie total de Marte se corresponde con el tamaño de la extensión de terreno firme que hay aquí en la Tierra. Esta diferencia de tamaño es crucial porque cuanto mayor es la razón entre el área de superficie y el volumen de un objeto, más deprisa pierde su calor.

Durante los comienzos de la historia de Marte, el calor interior del planeta se perdió en el espacio a través de la superficie, el núcleo se solidificó, no pudieron fluir más corrientes eléctricas y el campo magnético se desvaneció. Sin estas defensas, el viento solar habría acribillado Marte y lo habría despojado de su atmósfera. Y sin una atmósfera que lo aislara, este mundo otrora parecido a la Tierra se transformó en el desierto helado que vemos hoy, una sombra de lo que fue. Aunque Marte ha perdido la mayor parte de su atmósfera, las pocas moléculas de gases que le quedan aún tienen capacidad para modelar su superficie.

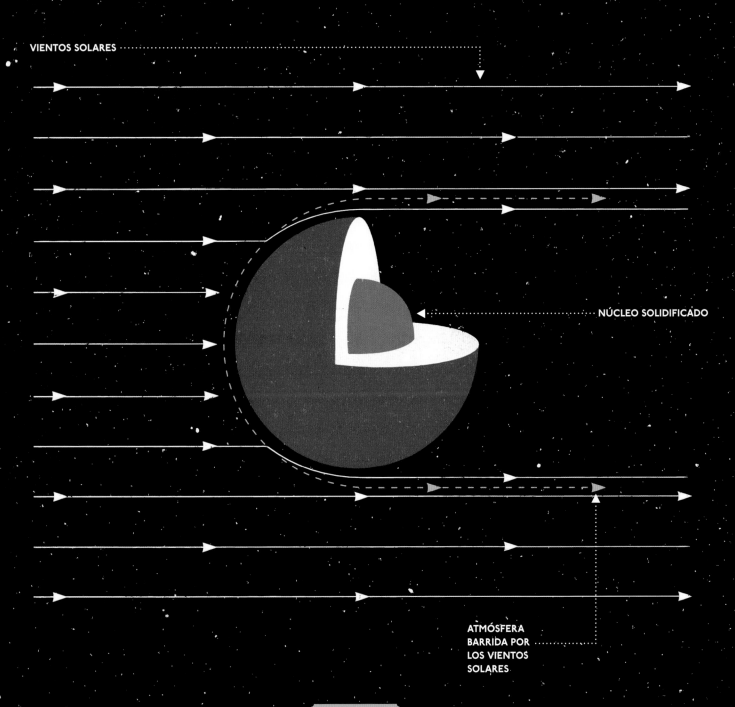

VIENTOS SOLARES

NÚCLEO SOLIDIFICADO

ATMÓSFERA BARRIDA POR LOS VIENTOS SOLARES

MARTE DESPUÉS

UN SISTEMA SOLAR TEMPESTUOSO

La meteorología es un rasgo común
a cualquier planeta con atmósfera, por muy
tenue y difusa que esta sea. En los mundos
diferentes al nuestro encontramos vientos,
tormentas, nubes y hasta lluvia. En cualquier
lugar provisto de atmósfera se da una
interacción delicada y compleja entre
el calor del Sol, la superficie del planeta y la
arremolinada masa de gas que lo envuelve.
Es fácil ver y entender las transformaciones
que sufre nuestro mundo a medida que
la inmensa masa de aire se desplaza por la
superficie terrestre. Pero, cuando se observa
el Sistema Solar, se descubre que solo se
necesitan ligeras trazas de atmósfera para
generar una meteorología extraordinaria.

PÁGINA SIGUIENTE: Una terrible
tormenta de viento azota la región
central de Kansas, Estados Unidos.

·····JÚPITER **·····TIERRA** ·····La atmósfera de Júpiter está formada en su mayoría por hidrógeno y helio moleculares, y tiene un grosor de muchos miles de kilómetros. Se divide en cuatro capas (dependientes de la altitud), se encuentra en un estado de borboteo en movimiento constante y experimenta ciclones, anticiclones, tormentas y relámpagos.

·····**LA GRAN MANCHA ROJA**
Esta mancha, de unas dimensiones suficientes para abarcar tres planetas como el nuestro y para verse a través de telescopio desde la Tierra, es una tormenta anticiclónica que persiste desde hace al menos 180 años, y posiblemente lleve ahí hasta 350 años.

LA DELGADA LÍNEA AZUL

JÚPITER: EL PLANETA DE LA METEOROLOGÍA

La meteorología es un rasgo común a todos los planetas con atmósfera, por muy tenue y difusa que esta sea. Allí donde hay atmósfera se da una interacción delicada y compleja entre el calor del Sol, la superficie del planeta y la arremolinada masa de gas que lo envuelve. Para experimentar la meteorología más extrema y violenta de todo el Sistema Solar hay que visitar Júpiter, el planeta más grande que orbita alrededor de nuestra estrella. Este gigante mide más de 140 mil kilómetros de diámetro, con lo que convierte en insignificante el volumen de la Tierra. Dentro de Júpiter cabrían con holgura más de 1 300 planetas como la Tierra. Júpiter, compuesto sobre todo de hidrógeno y helio, es atmósfera casi en su totalidad. En él no existe la delgada línea azul; en lugar de eso, la atmósfera joviana mide muchos miles de kilómetros de grosor y se encuentra en un estado de burbujeo en movimiento constante con numerosas tormentas gigantescas.

Pero este mundo tan diferente comparte una característica con el nuestro. Júpiter cruje con el crepitar de tormentas eléctricas. Rayos miles de veces más brillantes que los que vemos aquí en la Tierra iluminan el cielo joviano. Estas tormentas colosales tal vez nos parezcan extrañas a través del ocular de un telescopio, pero las fuerzas que las desencadenan son idénticas a las que causan las tormentas de aquí.

Si en las profundidades de una atmósfera hay aire húmedo caliente, empezará a ascender y, a medida que lo haga, se enfriará y la humedad se condensará y formará nubes. Ese aire ascendente dejará un vacío tras de sí, una zona de bajas presiones, lo que succionará más aire húmedo caliente y alimentará la aparición de una tormenta.

Aquí en la Tierra, los sistemas tormentosos se desencadenan impulsados por el Sol. Es el calentamiento que induce el Sol en la Tierra lo que crea las corrientes de convección que agitan nuestra atmósfera y la activan. Sin la energía del Sol, este planeta sería un lugar mucho más tranquilo. Júpiter, en cambio, dista cinco veces más del Sol, lo que significa que recibe una cantidad veinticinco veces inferior de energía solar por metro cuadrado. Según esto cabría esperar que las tormentas jovianas fueran bastante más débiles. Pero, curiosamente, hemos descubierto que se da justo lo contrario; los sistemas tormentosos jovianos son mucho más potentes que cualquier fenómeno de los que experimentamos en la Tierra. Pero ¿qué mecanismo sería capaz de propulsar tormentas de una intensidad tan violenta?

El secreto de la atmósfera sacudida por tormentas de Júpiter se oculta en las profundidades de este gigante de gas. En la Tierra existe una frontera bien definida entre el cielo gaseoso, los océanos líquidos y el suelo sólido. En Júpiter no existen fronteras así; Júpiter es una esfera gigante de hidrógeno y helio, un planeta formado de atmósfera casi por entero. Pero a medida que nos adentramos en la atmósfera joviana, a esos gases les sucede algo muy extraño e interesante.

La atmósfera de Júpiter es tan densa que 20 000 kilómetros por debajo de la cima de las nubes impera una presión dos millones de veces mayor que la que hay en la superficie terrestre. A presiones tan intensas, el gas hidrógeno de la atmósfera se transforma en un extraño líquido metálico. Cuando los gases se transforman en líquidos a escalas tan colosales, se liberan grandes cantidades de energía. Pensémoslo de este modo: para que el agua de un cazo hierva y se convierta en vapor hay que aplicar energía. Así que, si seguimos el proceso inverso y condensamos el vapor para volver a convertirlo en agua líquida, se liberará energía. Esto mismo es lo que ocurre con el hidrógeno gaseoso y líquido. Es esta fuente de energía lo que crea las corrientes de convección que propulsan algunas de las mayores tormentas del Sistema Solar.

La mayor de todas las tormentas jovianas que permanecen activas en la actualidad es la gran mancha roja, una tormenta colosal que mide 40 000 kilómetros de este a oeste, y 14 000 kilómetros de norte a sur. Este anticiclón gigantesco ha permanecido activo durante cientos de años y es tres veces mayor que la Tierra. Se cree que en su interior los vientos alcanzan velocidades superiores a 400 kilómetros por hora a medida que este violento fenómeno atmosférico completa una vuelta alrededor del gran planeta cada diez horas. Desconocemos por qué ha durado tanto tiempo esta tormenta y qué la vuelve tan rojiza. Se cree que un factor causante de su intenso colorido podría radicar en moléculas orgánicas complejas formadas cuando el metano de la atmósfera alta de Júpiter reacciona con la radiación ultravioleta del Sol.

La gran mancha roja constituye un ejemplo extraordinario de la extraña y violenta meteorología del Sistema Solar, pero, si lo que queremos es encontrar la atmósfera más parecida a la de la Tierra debemos poner la mirada en un mundo mucho más pequeño. Alrededor del gigante gaseoso Saturno, a mil quinientos millones de kilómetros de la Tierra, orbita un fabuloso mundo helado que hasta hace poco nos ha ocultado sus maravillosos secretos bajo un denso velo impenetrable de nubes ◉

TITÁN: EL SATÉLITE MISTERIOSO

De los 170 satélites naturales que conocemos en el Sistema Solar, solo hemos reparado en uno durante un largo espacio de tiempo. Nuestra Luna nos ha maravillado durante milenios; la Luna es el quinto satélite natural más grande del Sistema Solar, y domina en nuestro firmamento nocturno porque es, con diferencia, el satélite más grande en relación con el tamaño de su planeta progenitor. La Luna ejerce una influencia profunda en la vida de nuestro planeta al desencadenar mareas en las masas oceánicas que mantienen una relación estrecha con los ciclos de la naturaleza. Hasta es posible que las charcas de marea fueran la cuna del origen de la vida en nuestro planeta.

Pero también es el único mundo fuera de la Tierra en el que los seres humanos hemos puesto el pie, y en ella descubrimos un orbe inerte y pulverulento. La célebre calificación de Buzz Aldrin de la superficie lunar como «magnífica desolación» es una descripción brutal, pero también romántica y perfectamente adecuada, de la cruda belleza de la Luna. Nuestro único satélite natural está acribillado de cráteres, restos antiguos de volcanes y una atmósfera tan tenue que prácticamente no se distingue del vacío. El propio término *luna* evoca un mundo carente de vida, inerte, un mundo lo más diferente posible de nuestro dinámico planeta.

Durante mucho tiempo hemos considerado la Luna como el arquetipo de satélite del Sistema Solar, tal vez precisamente por conocerla tan bien. Esto provocó que, cuando emprendimos nuestras expediciones por el espacio, muchos científicos creyeran que los planetas serían las estrellas del espectáculo. Pensaron que la mayoría de los satélites de ahí fuera consistiría en mundos inertes, sin ningún interés, pero aquello no podía distar más de la realidad.

Como sucede siempre con la exploración, nunca sabes a ciencia cierta qué te vas a encontrar hasta que llegas. Esto se cumple tanto en los helados dominios del Sistema Solar exterior como en los lugares más distantes y aislados de la Tierra. En cambio, en cuanto empezamos a visitar esos mundos y a enviar naves para que se acercaran a unos pocos kilómetros de sus superficies, descubrimos que los satélites conforman un conjunto increíblemente interesante, variado y fascinante de mundos.

Uno de esos lugares es Titán, el satélite más grande de Saturno y el segundo más grande del Sistema Solar. Este satélite gigante, más grande que el planeta Mercurio, permaneció prácticamente como un misterio hasta que la nave *Cassini* y su minúscula hermana *Huygens* arribaron al sistema de Saturno en 2004. La imagen contigua, tomada por *Cassini* en abril de 2005, ilustra por qué este mundo ha sido siempre un lugar fascinante pero misterioso, único entre los satélites del Sistema Solar.

Titán está rodeado por una atmósfera de 600 kilómetros de profundidad y cuatro veces más densa que la de la Tierra. Titán es un lugar mágico: un satélite que orbita alrededor de un planeta distante en los dominios exteriores del Sistema Solar, con una atmósfera más sustanciosa que la nuestra. Es la atmósfera más parecida a la nuestra que conocemos en otro lugar del espacio; una delgada línea azul rica en nitrógeno y que contiene metano.

Parece casi inconcebible que un mundo tan pequeño sea capaz de retener una atmósfera tan densa. Mercurio es demasiado pequeño y tórrido como para contar con el tirón gravitatorio necesario para retener una atmósfera y Titán, aunque más voluminoso, tiene la mitad de la masa de Mercurio, de modo que ejerce una atracción

INFERIOR: Cuando la luz del Sol brilla y se esparce por el contorno de la atmósfera de Titán, crea un círculo de luz alrededor del satélite.

Los farolillos chinos explican un problema sencillo de física; el incremento de la temperatura conlleva que las moléculas se muevan más deprisa. Al prender el combustible situado en la base del farolillo, el aire del interior se calienta, lo que hace que las moléculas se muevan más deprisa e incrementa la presión dentro del farolillo.

gravitatoria más débil incluso sobre los átomos de gas que lo circundan. La razón de que Titán cuente con esta bella atmósfera estriba en que reside en una región mucho más fría del Sistema Solar, y ahí radica la gran diferencia.

DE QUÉ MANERA RETIENE TITÁN SU ATMÓSFERA

La temperatura de un gas consiste en la medición de la velocidad a la que se mueven sus moléculas: a más temperatura, mayor velocidad. La velocidad de las moléculas guarda relación con la presión que ejerce el gas, porque la presión es sencillamente el efecto de las moléculas al chocar contra algo y, cuanto más deprisa de muevan, más intensa es la colisión y mayor es la presión. Las clases de química del colegio nos han dejado impresa en el cerebro una ecuación que resume todo esto: la llamada ley del gas ideal. Esta ley dice que la presión multiplicada por el volumen es proporcional a la temperatura, $PV = nRT$, donde P es la presión, V es el volumen, n es el número de moléculas (medidas en una misteriosa unidad llamada *mol*), T es la temperatura y R es un número que se conoce como la constante de los gases ideales. Traducida a palabras, esta fórmula sostiene que si se mantiene el volumen

dentro de un contenedor fijo y se aumenta la temperatura, hay que elevar la presión o reducir el número de moléculas para conservar el equilibrio del conjunto.

Todo esto se comprueba de manera impecable con un farolillo chino volador. Si prendemos el combustible situado en la base del farolillo, el aire del interior se calienta. Esto significa que las moléculas empiezan a moverse cada vez más deprisa y que la presión aumenta en el interior del farolillo. Pero el farolillo está abierto por la parte inferior y, por tanto, la presión del interior tiene que ser idéntica a la del exterior. Ambas presiones se equiparan porque hay moléculas de aire que salen por la parte inferior del farolillo y se desvanecen en la atmósfera. Si aplicamos la ecuación anterior, n desciende para permitir que T aumente y todo lo demás se mantenga igual. Como salen moléculas constantemente del interior del farolillo, este pesa cada vez menos y, con el tiempo, se vuelve lo bastante ligero como para flotar con suavidad en el aire. Así es como los farolillos chinos explican un problema sencillo de física; el incremento de la temperatura conlleva que las moléculas se muevan más deprisa.

Titán, situado a una distancia de mil quinientos millones de kilómetros del Sol, apenas nota el cálido fulgor de nuestra estrella.

INFERIOR: Los farolillos chinos voladores son un ejemplo magnífico de la ley del gas ideal en acción.

Desde allí el Sol es poco más que otra estrella del firmamento, lo que de hecho convierte Titán en un lugar muy frío. Esto significa que en su atmósfera las moléculas se mueven muy despacio comparadas con las de la nuestra. Si Titán se encontrara en la misma región del Sistema Solar que nosotros, no sería capaz de retener su atmósfera. Como es un objeto mucho menos masivo que la Tierra, ejerce un tirón gravitatorio más débil que esta. Si el Sol aportara a Titán unas temperaturas parecidas a las que induce en la Tierra, su atmósfera se desvanecería deprisa en el espacio porque no conseguiría retener las moléculas en movimiento rápido. En cambio, a mil cuatrocientos millones de kilómetros de distancia del Sol, en las tinieblas donde reside Titán en la actualidad, la débil gravedad de este mundo se ve compensada por el hecho de que las moléculas de su atmósfera se mueven mucho más despacio que las de la atmósfera terrestre, lo que permite a Titán conservar su densa atmósfera.

Hace más de cien años que se sospecha que Titán tiene una atmósfera. El astrónomo español Josep Comas Solà apreció un fenómeno conocido como «oscurecimiento del limbo» en Titán en 1903. Él sospechó que la gradación en la intensidad de la luz que había observado desde el centro de Titán hacia el borde indicaba que estaba rodeado por una capa de gas. Sin embargo, hizo falta el trabajo de un astrónomo extraordinario con una vista extraordinaria para aportar la primera prueba directa de la atmósfera de Titán. Gerard Kuiper era conocido por su habilidad para divisar cosas que nadie más alcanzaba a ver. Su increíble agudeza visual le permitía detectar estrellas a simple vista cuatro veces más tenues de las que conseguía divisar casi todo el resto de la humanidad.

Además de dar nombre al cinturón de Kuiper, la región de planetoides y asteroides situada más allá de Neptuno, Kuiper también fue el primero en reunir datos espectroscópicos que confirmaron la existencia de una atmósfera en Titán. Hasta consiguió calcular la presión en la superficie de esa luna. La gruesa nube de gas que envolvía Titán dificultaba estudiar mejor los secretos de este enigmático satélite usando telescopios instalados en la Tierra. Nadie logró ver nada a través de las nubes. La sonda espacial *Voyager* realizó las primeras observaciones detalladas, pero, incluso desde tan cerca, solo alcanzó a divisar la parte superior de las nubes. Se precisó una misión más audaz aún para revelar el mundo que yacía bajo la niebla ◉

UN VIAJE A TITÁN

INFERIOR: Ralph Lorenz, el hombre oculto tras la misión, fue uno de los miembros del equipo que diseñó la sonda *Huygens* lanzada en 1997. La sonda envió imágenes únicas de este mundo tomadas a distancia mientras descendía por la atmósfera, y primeros planos obtenidos tras aterrizar en la superficie.

DERECHA: Esta serie de imágenes la tomó la sonda *Huygens* el 14 de enero de 2005. Las fotografías muestran los ángulos norte, sur, este y oeste a cinco alturas diferentes sobre la superficie de Titán, lo que revela que este mundo alberga lagos y dunas, y un paisaje nada extraño para quienes moramos en la Tierra.

En 1997 la nave espacial *Cassini* emprendió su viaje hacia Titán. Portaba consigo la sonda *Huygens*, un módulo de aterrizaje diseñado para posarse en la superficie de aquel enigmático satélite helado. La *Huygens* permaneció en hibernación a bordo de la *Cassini* durante los seis años y medio que se prolongó la travesía hasta el momento de su liberación en un punto sobre Titán, pero, el día de Navidad de 2004, la *Huygens* se separó de la *Cassini* e inició su agitado descenso hacia la atmósfera más enigmática de todo el Sistema Solar. Durante los veintidós días siguientes *Huygens* avanzó por inercia hacia el satélite con todo apagado salvo un temporizador programado para despertar la sonda quince minutos antes de que chocara contra la atmósfera.

Cuando la minúscula sonda se acercó al final de su viaje de mil millones de kilómetros, desplegó un paracaídas para frenar el descenso y encendió los sistemas diseñados para proporcionarle energía durante tan solo 153 minutos. La *Huygens* se meció con suavidad a medida que se abría paso entre las densas nubes y, por primera vez, se nos reveló la superficie de Titán.

La *Huygens* tardó dos horas y media en alcanzar la superficie, pero los ingenieros aeroespaciales son expertos en la construcción de máquinas que exceden sus especificaciones técnicas, de modo que, aunque tan solo debía enviar datos desde el suelo durante los preciosos y escasos minutos que le restaban, en realidad transmitió imágenes únicas de nuestro Sistema Solar durante más de hora y media. En la página siguiente se incluyen algunas imágenes tomadas por la sonda *Huygens* durante el descenso. El mundo que desveló nos resultó más familiar de lo que podíamos imaginar.

Uno de los primeros científicos en contemplar aquellas imágenes increíbles fue un hombre que colaboró en el diseño

de la sonda, Ralph Lorenz. Tuve la gran suerte de que Ralph me contara de primera mano cómo se sintió explorando otro mundo cuando llegaron las primeras imágenes. Me dijo: «Fue increíble porque nosotros... no teníamos ni idea de lo que nos íbamos a encontrar. No sabíamos si habría cráteres como en la Luna o sencillamente una extensión plana de arena, y entonces llegaron aquellas imágenes, y todo nos resultó increíblemente familiar».

En las imágenes enviadas por la *Huygens* se aprecia con claridad un paisaje salpicado por cantos rodados. Son lisos y parecen erosionados por corrientes de agua, parecidos a los guijarros y las piedras que encontramos en los lechos fluviales de la Tierra. Era como si la *Huygens* hubiera aterrizado justo en un cauce fluvial. Esta interpretación se discutió en un principio. Los indicios eran tan abrumadores que se aceptó la existencia de ríos con rapidez. Aquel fue un hallazgo extraordinario; nunca antes se habían encontrado signos de ríos en un satélite, pero aquella no era la única sorpresa que nos depararía Titán ●

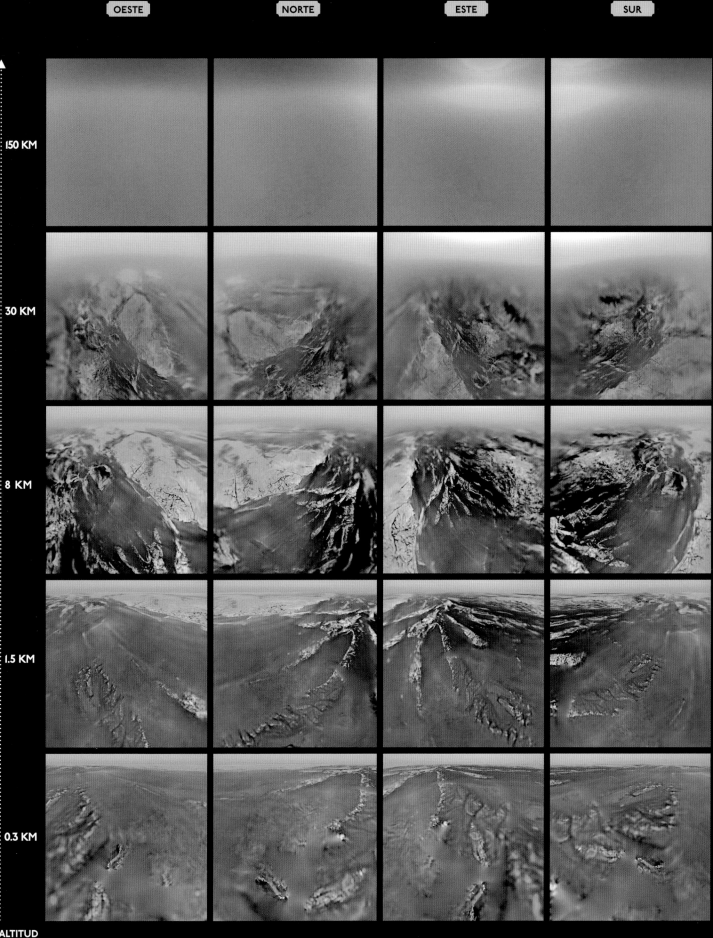

OESTE   NORTE   ESTE   SUR

150 KM

30 KM

8 KM

1.5 KM

0.3 KM

ALTITUD

El glaciar Matanuska, de Alaska, es uno de los lugares más bellos de nuestro planeta; todo un paisaje que testimonia la capacidad erosiva del hielo y las piedras durante su descenso por un valle a lo largo de cientos de miles de años. Los glaciares existen y modelan la superficie de nuestro planeta debido al delicado equilibrio de la atmósfera de la Tierra.

EL MISTERIO
DE LOS LAGOS DE TITÁN

Nuestro planeta alberga la temperatura y la presión perfectas para permitir que el agua exista en la superficie tanto en estado sólido como líquido, así como gaseoso en las nubes. Este feliz accidente de la temperatura y la presión permite al Sol calentar los océanos, elevar el vapor de agua a gran altura sobre la superficie convertido en nubes, desplazarlo por encima de las cumbres de las montañas más elevadas y devolverlo en forma de lluvia a lugares de la superficie alejados del mar. Una vez ahí, las precipitaciones de lluvia se pueden transformar en hielo sólido, convertirse en glaciares y deslizarse por algún valle esculpiendo paisajes asombrosos como el glaciar Matanuska, de Alaska.

Hay un rango estrecho de temperaturas y de presiones atmosféricas que permiten la existencia simultánea de sustancias en estado sólido, líquido y gaseoso en la superficie de un planeta o satélite. Como se trata de un equilibrio delicado, los mundos con

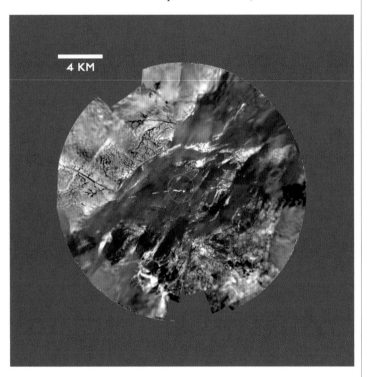

4 KM

la combinación perfecta de temperatura y presión para que en su superficie haya agua o cualquier otra sustancia en estado sólido, líquido y gaseoso a la vez constituyen lugares extremadamente raros y valiosos. Titán es uno de esos lugares: tiene la temperatura y la presión perfectas para albergar algo jamás visto en otro mundo aparte de la Tierra.

La fotografía superior se tomó con la *Cassini* en junio de 2005. Las imágenes que captó en aquel momento se cuentan entre las más importantes y fascinantes de toda la historia de la exploración espacial. Lo interesante de esta que ilustramos aquí estriba en las

IZQUIERDA: Las marcas blancas de esta imagen de la superficie de Titán muestran el rastro de la sonda *Huygens*. Las estrechas marcas oscuras y lineales de la imagen se han interpretado como canales labrados a través del terreno más claro. La complejidad de esta red de canales en la superficie de este satélite sugiere precipitaciones y, posiblemente, manantiales de metano líquido.

SUPERIOR: La presión atmosférica que impera en Titán implica que el metano existe en este satélite en estado líquido. Así que los gigantescos lagos de Titán no están llenos de agua, sino de metano líquido.

manchas negras. De inmediato, los científicos de la *Cassini* se quedaron fascinados y se plantearon numerosos interrogantes, pero la explicación de aquellas manchas negras tendría que esperar más de un año, hasta julio de 2006, a que la *Cassini* volviera a sobrevolar aquella misma región y tomara más imágenes. Aquellas imágenes de radar ilustraron el polo norte de Titán, y las inmensas zonas negras volvieron a tornarse visibles. En este caso, el color negro denota aquellos lugares donde las ondas de radar enviadas desde *Cassini* hacia la superficie de Titán no volvieron reflejadas a la nave, y lo cierto es que solo hay una buena explicación para ello. Se trata de rasgos de una uniformidad increíble porque cualquier detalle de la superficie habría reflejado señales de radar. Lo que *Cassini* vio eran superficies líquidas, la primera observación de lagos en la superficie de un mundo del Sistema Solar distinto de la Tierra (*véanse* págs. 158 y 159).

Como es natural, estos lagos no pueden ser de agua líquida porque las temperaturas en la superficie de Titán son de -180 °C. A esas temperaturas el agua se congela hasta endurecerse como una roca. Entonces, si esas extensiones negras que aparecen

158

en las imágenes de la superficie de Titán no son lagos de agua, ¿qué son?

El lago Eyak de Alaska situado en el estrecho Prince William, es un lugar apacible para visitar a primera hora de la mañana. Las laderas cubiertas de pinos que ascienden desde las orillas del lago se abren en ocasiones para revelar picos dentados más elevados y salpicados de nieve, incluso a comienzos del otoño, con el frescor típico de Alaska sobre las aguas.

Más allá de lo pintoresco, el lago Eyak es un lugar magnífico para recolectar una sustancia muy abundante en Titán. El metano es común en todo el Sistema Solar y aquí en la Tierra existe en forma de gas que borbotea desde las profundidades del lago Eyak. El fondo del lago está cubierto de plantas en putrefacción. Las hojas muertas, los árboles y las ramas caídos sufren un proceso de descomposición provocado por unas bacterias cuyo metabolismo genera grandes cantidades de este gas volátil. Es fácil recolectar el metano que burbujea hacia la superficie, basta con volcar un bote y dejarlo toda la noche flotando en el lago. Por la mañana, el interior del bote estará lleno de gas metano.

Pero aún resulta más sencillo mostrar lo inestable que es el metano aquí en la Tierra. Al poner una cerilla dentro de una bolsa llena de metano y en presencia de oxígeno, se obtiene lo que los químicos denominan una reacción exotérmica. El metano unido al oxígeno se convierte en agua más dióxido de carbono y algo de energía. En otras palabras, arde.

La temperatura y la presión atmosférica terrestres provocan que el metano solo pueda existir como un gas altamente inflamable, pero en Titán las características del metano son, en efecto, muy diferentes. La combinación de la presión atmosférica y la temperatura de Titán resulta perfecta para que el metano exista allí tanto en estado sólido, como gaseoso y líquido. Las imágenes capturadas por la *Cassini* revelan lagos gigantescos de metano líquido, el primer hallazgo de una masa líquida en la superficie de otro mundo del Sistema Solar.

La mayor concentración de un líquido en Titán la conforma un lago conocido como Mare Kraken que, con más de 400 000 km², casi quintuplica el tamaño del lago Superior, el lago más grande de América del Norte. Se trata de una auténtica maravilla del Sistema Solar; una inmensa expansión de líquido en un mundo situado a casi mil millones de kilómetros de nuestra morada.

En Titán el metano desempeña un papel idéntico al que tiene el agua aquí en la Tierra. Mientras que nosotros tenemos nubes de agua, Titán posee nubes de metano que provocan lluvias de metano; mientras que nosotros tenemos lagos y océanos de agua, Titán alberga lagos de metano líquido, y mientras que aquí en la Tierra el Sol calienta el agua de los lagos y los océanos y llena nuestra atmósfera de vapor de agua, en Titán el Sol eleva el metano de los lagos y satura la atmósfera con metano. En la Tierra contamos con un ciclo hidrológico, mientras que en Titán hay un ciclo metanológico.

Sin duda la lluvia debe de ser un espectáculo absolutamente mágico en Titán. La atmósfera es tan densa y la gravedad tan débil en este satélite que las gotas de lluvia de metano rondarán un centímetro de tamaño y se precipitarán al suelo tan despacio como caen los copos de nieve en la superficie de nuestro planeta. Han tenido que llover

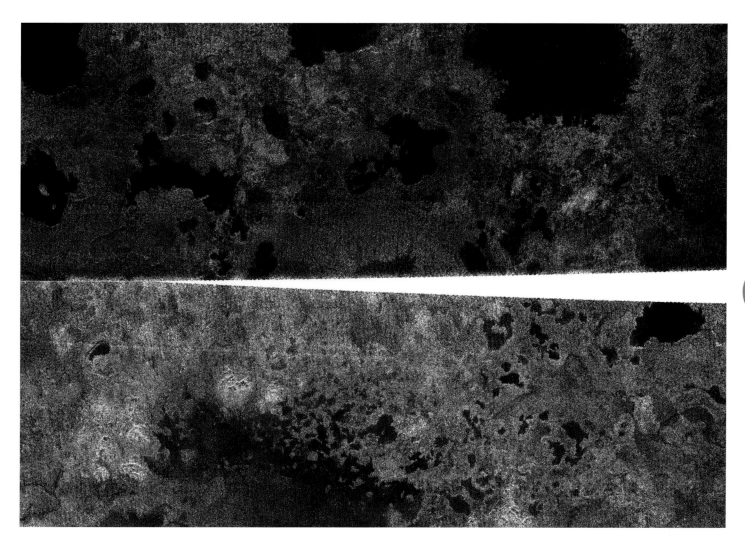

CICLO DEL METANO EN TITÁN:
El ciclo metanológico de Titán sigue el mismo esquema
que nuestro ciclo hidrológico.

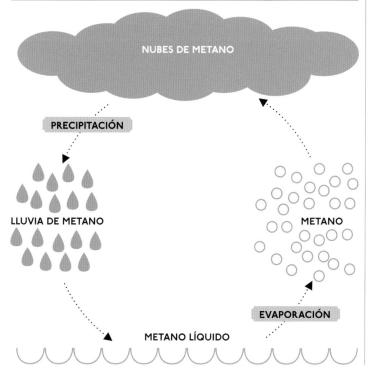

NUBES DE METANO

PRECIPITACIÓN

LLUVIA DE METANO

METANO

EVAPORACIÓN

METANO LÍQUIDO

miles y miles de litros de metano líquido lentamente sobre la superficie
para alimentar y formar los ríos y las corrientes que han tallado
profundos regueros en este paisaje de agua helada.

Todo ello nos resulta tan familiar porque nos es familiar. Estamos
contemplando desde el espacio un paisaje esculpido por las mismas
fuerzas de la naturaleza y los mismos ciclos que se observan aquí
en la Tierra. La atmósfera de Titán modela la superficie de igual
modo que nuestra atmósfera modela la superficie de nuestro planeta.

Titán es como una Tierra primordial atrapada en una glaciación
profunda. Es un lugar con ríos y lagos, con nubes y lluvia. Es un
lugar con agua, aunque tan congelada que tiene la dureza del acero,
y un lugar formado por metano, aunque tan frío que es un líquido
que fluye y moldea el paisaje del mismo modo que el agua lo hace
aquí en la Tierra. Es casi como mirar atrás en el tiempo, y observar
nuestro propio planeta hace cuatro mil millones de años, antes
de que surgiera la vida, antes de que los delicados procesos de la vida
alteraran la atmósfera y la convirtieran en el palio de vapores rico
en oxígeno que vemos hoy.

Tal vez lo más importante de Titán sea que ahora tenemos dos
mundos como la Tierra en el Sistema Solar. Uno en una región cálida,
a 150 millones de distancia del Sol, y el otro inmerso en los grandes
fríos, a mil millones de kilómetros de nuestra estrella y en órbita
alrededor de otro planeta. Sin duda, esto aumenta considerablemente
las posibilidades de que haya más mundos como la Tierra en órbita
alrededor de los cientos de miles de millones de estrellas que residen
en el universo ◉

CAPÍTULO 5

VIVOS
O MUERTOS

EL CALOR INTERNO

Desde los albores de la historia de la humanidad hemos podido contemplar el firmamento nocturno, pero nosotros tenemos la suerte de ser la primera generación capaz de construir máquinas para visitar realmente esos planetas y satélites. Hemos descubierto que son más hermosos, más violentos, más grandiosos y más fascinantes de lo que alcanzábamos a imaginar. Cuantos más mundos exploramos, más reparamos en que el Sistema Solar es un laboratorio cósmico. Hasta las diferencias más nimias en cuanto a tamaño o ubicación generan mundos radicalmente distintos a sus vecinos.

163

INFERIOR: Hubo un tiempo en que el conocimiento humano de las maravillas naturales, como el Gran Cañón de Arizona, se limitaba a nuestro propio planeta, pero ahora la exploración espacial nos ha permitido contemplar otros mundos igualmente espectaculares.

En 1540, el explorador español García López de Cárdenas se asentó en un minúsculo puesto de avanzada llamado Cíbola, en Arizona, desde donde le encargaron comandar una misión de reconocimiento. Corrían rumores de que por algún lugar al norte del campamento discurría un largo río, de modo que Cárdenas partió en busca del paradero de tan preciada fuente de agua y comida. Tras veinte días de caminata hacia el norte, Cárdenas encontró lo que andaba buscando. Ante sí yacía la vía fluvial que exploradores españoles denominaron río Tizón. Aquel río, que más tarde acabaría llamándose Colorado, se desplegó ante su vista. Pero, a pesar de intentarlo durante varias jornadas, no logró encontrar un camino para descender hasta el agua. Las preciadas aguas del río lo esquivaron debido a la enorme pendiente. Aunque la misión fue un fracaso, Cárdenas se convirtió en el primer europeo que contempló una de las mayores maravillas de nuestro planeta. En su búsqueda de agua, Cárdenas llegó al borde sur del Gran Cañón.

Casi 500 años después, el Gran Cañón no ha perdido ni un ápice de su capacidad para maravillarnos y fascinarnos. Más de cinco millones de personas emprenden una peregrinación cada año para contemplar este paisaje épico y ver lo que sin duda constituye una de las panorámicas más pasmosas de la Tierra.

Además de su belleza, los visitantes del Gran Cañón divisan también un ejemplo extraordinario de ingeniería planetaria. Se estima que los orígenes de este valle se remontan aproximadamente a diecisiete millones de años atrás, cuando el río Colorado empezó a cavar esta senda a través de la roca. Es asombroso pensar que la sola acción del agua fluyente haya tallado y esculpido este valle de 466 kilómetros de largo, 29 kilómetros de ancho y 1.6 kilómetros de profundidad en un lapso tan corto de tiempo.

Quizá el relato más notable de todos los relacionados con el Gran Cañón sea la extraordinaria historia de nuestro propio planeta que lleva grabada en las paredes de la garganta. Desde abajo hasta arriba, las capas de roca exhiben un viaje a lo largo de dos mil millones de años de la historia de la Tierra; las señales de subidas del nivel del mar y de eras glaciales, de antiguos pantanos y volcanes extintos, registran la vida siempre cambiante de nuestro planeta. Las paredes del cañón nos brindan una de las columnas geológicas más completas de la Tierra y, a pesar de la fantástica variedad de historias que guarda en su interior, hay una cosa que sirve de conexión entre todas: nuestro planeta está vivo. Hoy sigue siendo tal y como ha sido durante miles de millones de años, dinámico, cambiante y vibrante, un mundo propulsado por el intenso calor que alberga en el núcleo y modelado por el viaje que sigue ese calor hasta la superficie y más allá de ella.

Las grandiosas fuerzas que modelan nuestro mundo son universales: todos los planetas y satélites comparten las mismas leyes básicas de la física. El grado de actividad, o inactividad, geológica constituye la verdadera esencia del carácter de un planeta. Al explorar el Sistema Solar hemos visto que esas fuerzas se pueden manifestar de maneras muy diversas para crear mundos más inusitados de lo que jamás llegaríamos a imaginar y mundos más familiares para nosotros de lo que alcanzamos a sospechar. Una vez tras otra, las maravillas de nuestro planeta quedan eclipsadas en cuanto a tamaño y escala por otras maravillas que vamos descubriendo a través de la exploración del Sistema Solar ◉

Esta es la primera imagen del cañón más largo que se conoce en el Sistema Solar, compuesta a partir de una serie de fotografías tomadas por la nave Viking de la NASA durante la década de 1970. Con ocho kilómetros de profundidad, hasta 600 kilómetros de ancho y más de 3 000 kilómetros de largo, en la Tierra llegaría desde Los Ángeles hasta Nueva York. Valles Marineris es un cañón tan inmenso que nuestro Gran Cañón cabría en uno de sus canales laterales.

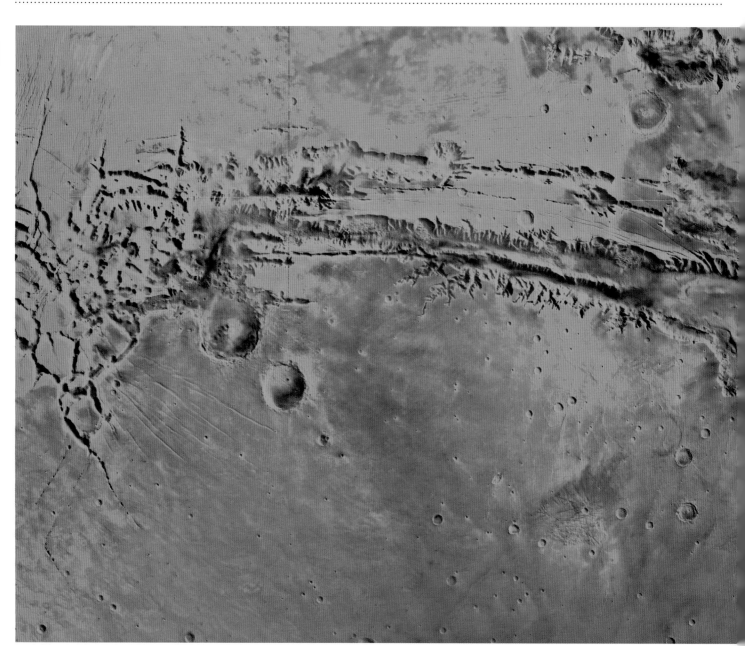

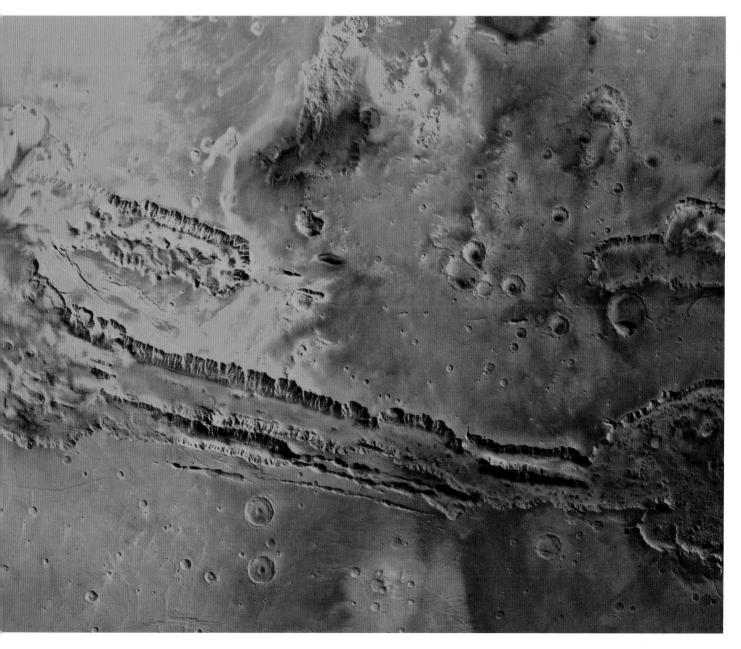

MARTE: UN MUNDO FAMILIAR PARA NOSOTROS

INFERIOR: Marte está orbitado en la actualidad por tres satélites artificiales activos: *Odyssey* y *Reconnaissance* siguen órbitas normales, mientras que *Express* se encuentra en una órbita muy elíptica que lo aparta hasta 10 000 kilómetros de la superficie de Marte.

EXTREMO INFERIOR: Hasta los cielos de Marte recuerdan a los de la Tierra, ya que las temperaturas atmosféricas y el vapor de agua se combinan para formar nubes.

E l cañón de Valles Marineris debe su nombre a la sonda espacial que lo descubrió, *Mariner 9*. Esta nave, lanzada en 1971 en plena guerra fría, fue la primera sonda que se situó en órbita alrededor de otro planeta, y las imágenes que envió a la Tierra revelaron los variados paisajes y accidentes geológicos que compartimos con Marte. En la actualidad tenemos tres naves operativas en órbita alrededor de Marte y un todoterreno, *Opportunity*, en su superficie. Todos ellos nos están ayudando a reunir unos conocimientos bastante profundos sobre la evolución geológica de este planeta. A diferencia de cualquier otro mundo del Sistema Solar, en la superficie de Marte tenemos ojos y oídos, y el éxito de estas misiones ha demostrado que en realidad no hay nada que sustituya la exploración propiamente dicha en el planeta en sí. Hemos enviado exploradores robóticos a través de millones de kilómetros de espacio para tocar el suelo y probar el aire. Las imágenes que nos han enviado nos han permitido alzar la vista y adquirir una concepción nueva de nuestro Sistema Solar.

Todas esas imágenes revelan grandes similitudes entre Marte y la Tierra, desde las que muestran el Sol poniéndose tras el horizonte de otro mundo hasta las que exhiben el desplazamiento de nubes por el cielo marciano. Se cree que esas nubes se componen en su totalidad de partículas de hielo de agua de varios micrómetros de tamaño que surgen como parte de una banda nubosa que se forma cerca del ecuador cuando Marte se sitúa en la región más fría de su órbita, la más alejada del Sol. Durante este período, el más frío del año marciano, las temperaturas atmosféricas y la cantidad de vapor de agua en la atmósfera permiten la formación de nubes a gran escala que no desentonarían nada en los cielos de la Tierra.

Cualquier lugar que contemplemos de Marte contiene escenas que nos recuerdan a casa. Es un paisaje calcado al de la Tierra, desde el detalle más minúsculo hasta los accidentes más grandiosos, como Valles Marineris. La mayoría de los científicos coincide ahora en que Valles Marineris es una grieta tectónica que se formó del mismo modo que la tectónica de placas creó aquí en la Tierra el Gran Valle del Rift de África. Y parece que no solo la actividad tectónica dejó su huella en la superficie de Marte; también hemos encontrado signos de paisajes esculpidos por cursos de agua y por los casquetes polares permanentes de hielo, que aumentan y menguan con las estaciones.

A pesar de todas las semejanzas entre Marte y la Tierra, son las diferencias entre ambos planetas las que aportan más información. Marte es un planeta frío, con una temperatura media de -75 °C. Asimismo es un planeta con una atmósfera tenue comparada con la de la Tierra.

Marte es ahora un erial desolado e inerte, un mundo donde los procesos que esculpieron esos paisajes que ahora encontramos tan familiares cesaron hace mucho. No hay agua que fluya, ni volcanes activos que entren en erupción, y hasta el momento no hemos encontrado ningún signo de vida ni en la superficie del planeta ni debajo de ella. Marte parece ser un mundo muerto, un ejemplo ilustrativo de que las leyes de la naturaleza tienen efectos radicalmente distintos en cada lugar del Sistema Solar.

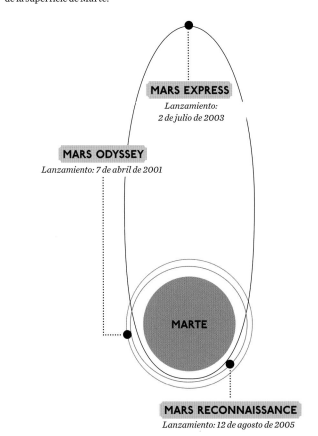

MARS EXPRESS
Lanzamiento: 2 de julio de 2003

MARS ODYSSEY
Lanzamiento: 7 de abril de 2001

MARTE

MARS RECONNAISSANCE
Lanzamiento: 12 de agosto de 2005

INFERIOR: Esta imagen de la superficie de Marte se parece mucho a cualquier otra tomada en el Gran Cañón de Arizona, con la salvedad de que en esta última veríamos el río que cavó esta formación, mientras que en Marte no tenemos ninguna explicación para este impresionante paisaje rocoso.

EXTREMO INFERIOR: El origen del vasto cañón de Marte no está claro, pero algunos científicos creen que empezó siendo una grieta tectónica hace miles de millones de años.

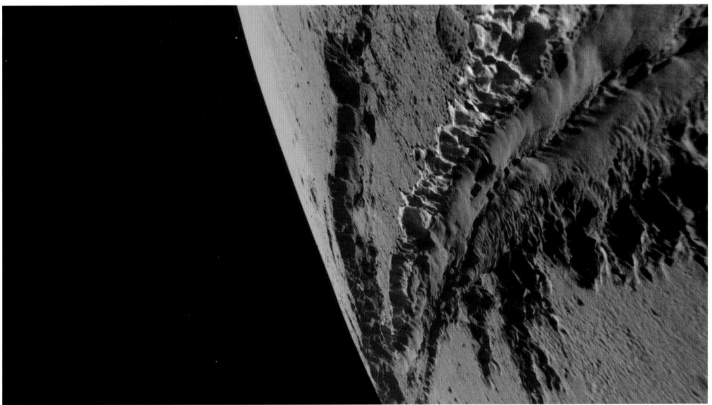

INFERIOR Y DERECHA: La lava fundida que arroja el volcán KÐlauea de Hawái quizá parezca destructiva, pero estas erupciones forman parte del latido geológico de la Tierra. Aquí se comprueba a la perfección cómo se mantiene vivo un planeta sin nada más que un flujo de calor.

Para comprender las fuerzas que mantienen vivo un planeta, no hay mejor lugar en la Tierra que la isla de Hawái, o la Gran Isla. La isla de Hawái, inmersa en el archipiélago más remoto del planeta, forma parte de una cordillera submarina que irrumpe a lo largo del océano Pacífico y crea una cadena montañosa de más de 2 400 kilómetros. Este es el lugar perfecto para presenciar la supervivencia de un planeta sin nada más que el mero flujo de calor, porque todo lo que hay en esta cadena de islas lo ha creado el intenso calor que reside en el núcleo de la Tierra.

Aunque las islas Hawái distan mucho de cualquier frontera entre placas tectónicas, se encuentran sobre un punto geológico caliente, una angosta corriente de lava que se cree conectada en toda su extensión con la frontera entre el manto y el núcleo de la Tierra. A medida que la placa pacífica se desplaza sobre este punto caliente, genera parte de la actividad volcánica más intensa del mundo; el magma presiona hacia arriba y con el tiempo se acumula y crea una isla volcánica. A medida que la placa se desplaza, aparta el volcán del punto caliente, la fuente de magma desaparece y la erupción cesa.

La isla de Hawái, o la Gran Isla, está formada por cinco volcanes en escudo, y KÐlauea (que significa «vomitar» o «expulsar») es el más

activo de todos ellos con diferencia. Se ha mantenido en erupción casi constante desde 1983, y se lo considera uno de los volcanes más activos del mundo.

A diario se ve fluir por la ladera de la montaña roca fundida que destruye todo a su paso. Deja bosques enteros convertidos en cenizas, y el océano Pacífico hierve cuando la lava choca con el agua y explota. Tal vez parezca una destrucción total, pero las erupciones volcánicas son los latidos geológicos de la Tierra. La superficie de nuestro planeta se creó y modeló con volcanes activos, los cuales le aportan una existencia vibrante.

Unos kilómetros al norte de KÐlauea se ve lo que la acción volcánica es capaz de hacer cuando dispone de suficiente tiempo. Mauna Kea permanece dormido en la actualidad, pero sus dimensiones atestiguan el enorme poder que alberga la Tierra en su interior. Aunque esta montaña asoma cuatro kilómetros por encima de la superficie del océano Pacífico, se eleva diez kilómetros desde el fondo oceánico, lo que la convierte en la montaña más alta de la Tierra, aunque se queda minúscula comparada con el volcán más grande del Sistema Solar ◉

LOS VOLCANES DE MARTE

INFERIOR: Este mosaico en color tomado por el módulo orbital de la misión *Viking I* muestra Olympus Mons, llamado así por el monte Olimpo, la mítica morada de los dioses griegos. Este volcán, con la base del tamaño de Arizona, es el más alto de Marte.

EXTREMO INFERIOR: Olympus Mons alcanza los 550 kilómetros de diámetro, y la caldera de 80 kilómetros que alberga en su cima se alza 25 kilómetros por encima de las llanuras circundantes.

MONTE EVEREST: 9 KM

OLYMPUS MONS: 25 KM

MAUNA KEA: 10 KM

NIVEL DEL MAR

ARIZONA

Cerca del ecuador de Marte hay una región que se conoce como Tharsis. Esta inmensa llanura volcánica, situada en el extremo occidental de Valles Marineris, aloja algunos de los volcanes más grandes del Sistema Solar, pero hay uno que deja raquíticos a todos los demás. Sus extensas coladas de lava abarcan más de 600 kilómetros de anchura, pero lo que realmente sobrecoge es la altura de Olympus Mons.

Este volcán se eleva veinticinco kilómetros hacia el cielo marciano, una altura dos veces y media mayor que la altitud total del Mauna Kea, lo que lo convierte en el monte más alto que hemos contemplado jamás. Los astrónomos han escudriñado la montaña más grandiosa del Sistema Solar desde finales del siglo XIX, pero sus verdaderas dimensiones no se conocieron hasta 1971, cuando la sonda espacial *Mariner 9* la fotografió por primera vez. Al igual que Mauna Kea, Olympus Mons es un volcán en escudo. A lo largo de millones de años se ha ido superponiendo una capa de lava sobre otra durante prolongados períodos de erupciones continuas. Olympus Mons, cuya base iguala el tamaño del estado de Arizona y cuyas suaves laderas ascienden kilómetro tras kilómetro hasta la cima, es tan vasto que, si nos situáramos en pie junto a la base, nos resultaría imposible ver la cima. Alcanzó esta altura debido a la geología específica de Marte. En Hawái se forma una sucesión de volcanes a medida que la placa pacífica se desplaza sobre un punto caliente estático. Durante la deriva de esta placa hacia el norte por encima del punto caliente, se forman volcanes nuevos a la vez que los ya existentes se extinguen al apartarse de la fuente de calor. Como en Marte no hay placa que se mueva sobre el punto caliente situado debajo de Olympus Mons, la lava se ha limitado a apilarse sin más.

Dejando a un lado sus grandes dimensiones, casi todo lo demás relacionado con Olympus Mons nos es familiar porque presenta muchos de los rasgos y de las características que encontramos en los volcanes en escudo de la Tierra, debido a que los procesos geológicos que los forman son idénticos. Pero Marte y la Tierra comparten algo más que semejanzas geológicas. Los orígenes de los rocosos planetas interiores (Mercurio, Venus, Tierra y Marte) son muy parecidos. La historia de su gestación se puede trazar hasta miles de millones de años atrás, hasta el mismísimo nacimiento del Sistema Solar y del planeta que nos cobija ◉

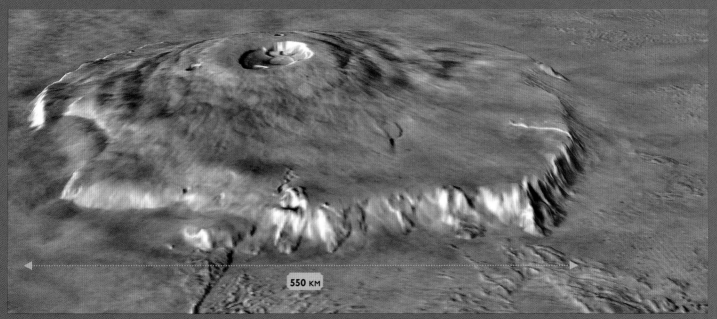

550 KM

VIVOS O MUERTOS

IZQUIERDA: Esta representación artística ilustra el disco de polvo en rotación que dará lugar a un planeta nuevo. Se cree que los planetas nacen pequeños y que aumentan hasta convertirse en planetas grandes mediante la concentración lenta de polvo y gas en grumos cada vez mayores. A medida que crecen, estas acumulaciones colisionan con protoplanetas hasta que acaban formando unos cuantos planetas rocosos del tamaño de la Tierra.

171

LA FORMACIÓN DE LOS PLANETAS ROCOSOS

Hace unos 4 600 millones de años el Sol acababa de encenderse y el incipiente Sistema Solar no era más que un disco de gas y polvo en órbita alrededor de una estrella recién formada. Este disco protoplanetario contenía toda la materia que más tarde daría orígen a los planetas y satélites de nuestro sistema planetario, un proceso que conllevaría millones de años de lenta construcción.

Los procesos que producen sistemas solares a partir de discos de polvo y gas alrededor de estrellas jóvenes no se conocen en su totalidad, pero la interpretación más aceptada es la que se conoce como teoría de los «planetesimales». Los planetas nacen pequeños y crecen mediante la acumulación gradual de gas y polvo en concentraciones cada vez mayores. Las partículas de polvo inmersas en el disco forman pequeños grumos durante las numerosas colisiones fortuitas que experimentan entre sí a lo largo de millones de años, y algunas acumulan tanta masa durante esos choques que llegan a alcanzar un tamaño crítico de alrededor de un kilómetro. Estos objetos sólidos y mal definidos se denominan *planetesimales*. Se cree que una vez que estos objetos del tamaño de miniplanetas alcanzan esas dimensiones críticas ya crecen muy deprisa, porque el ritmo de crecimiento aumenta con el incremento de la masa. Este proceso se denomina acreción desbocada y tan solo dura unas pocas decenas de miles de años. Entre los numerosos protoplanetas que orbitan alrededor de la joven estrella se producen colisiones frecuentes, pero, a la larga, el proceso de colisiones y fusiones continuas tan solo dejará unos pocos planetas rocosos del tamaño de la Tierra.

Estas esferas de roca recién formadas experimentan una transformación lenta. La combinación del calor procedente de múltiples colisiones con el calor generado por el decaimiento de elementos radiactivos que estaban presentes en el disco protoplanetario llega a fundir vastas extensiones en el interior de los planetas. Esto permite que la gravedad tome el control, y de este modo los elementos pesados, como el hierro y muchos de los núcleos radiactivos más pesados, se hunden hasta el centro del planeta ◉

FORMACIÓN DE PLANETAS

El Sistema Solar consiste en tres grandes clases de planetas: gigantes de hielo, gigantes gaseosos y mundos terrestres. Estos se forman porque el disco protoplanetario alberga distintas proporciones de roca y hielo a distintas distancias del Sol. Los planetas terrestres o telúricos se desarrollan más cerca del Sol, donde el disco protoplanetario consiste sobre todo en roca, mientras que los gigantes de hielo se forman en las regiones más alejadas del Sol, donde el disco protoplanetario consiste sobre todo en hielo.

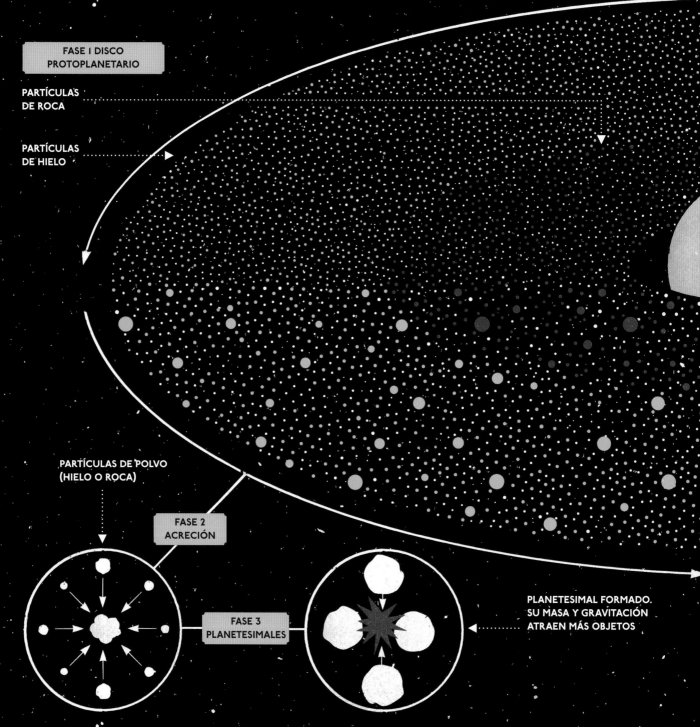

FASE 1 DISCO PROTOPLANETARIO

PARTÍCULAS DE ROCA

PARTÍCULAS DE HIELO

PARTÍCULAS DE POLVO (HIELO O ROCA)

FASE 2 ACRECIÓN

FASE 3 PLANETESIMALES

PLANETESIMAL FORMADO. SU MASA Y GRAVITACIÓN ATRAEN MÁS OBJETOS

GIGANTE DE HIELO

NÚCLEO
DE ROCA

HIELO/
ALGO
DE ROCA

HELIO/
HIDRÓGENO

GIGANTE GASEOSO

NÚCLEO
DE ROCA

AGUA

HELIO/
HIDRÓGENO
ACUMULADO

TERRESTRE

NÚCLEO
FUNDIDO

ROCA

CORTEZA

FASE 5
PLANETA

FASE 4
PROTOPLANETA

ATRACCIÓN GRAVITATORIA
DE LOS OBJETOS MÁS DENSOS
HACIA EL CENTRO DEL PROTOPLANETA

En la Tierra podemos ver aún hoy los vestigios de esa fuente primordial de calor que ha permanecido atrapada durante miles de millones de años en el núcleo de nuestro planeta. Se libera de la manera más espectacular en cada erupción volcánica. Todos los volcanes de la Tierra se alimentan de esta antigua fuente propulsora, al igual que los movimientos de la tectónica de placas que desplazan continentes enteros y levantan enormes cordilleras montañosas hacia el cielo. Sin embargo, en el resto de los lugares del Sistema Solar, esta poderosa fuente de energía se agotó mucho tiempo atrás.

Los volcanes de Marte son poco más que un recuerdo petrificado de un pasado remoto más activo. A pesar de toda su grandeza, Olympus Mons permanece frío y extinto, y, cuando observamos el resto de la superficie de Marte, no encontramos signos de ninguna clase de actividad geológica. Hasta donde sabemos, Marte es ahora un mundo muerto; su latido geológico se ha extinguido. A pesar de albergar los mayores volcanes de todo el Sistema Solar, el calor primordial que los formó ya no reside bajo la superficie de Marte. Algo paró en seco al planeta rojo.

PÁGINA ANTERIOR: Erupción del cráter Pu'u O'o, de Hawái, en 1985.

MARAVILLAS DEL SISTEMA SOLAR

LA LEY DEL ENFRIAMIENTO DE NEWTON

El espacio es frío, muy frío. La temperatura media del universo apenas supera los 2.72 kelvin (unos -270 °C). Este valor se acerca mucho al cero absoluto. El hecho de que el universo no se encuentre a 0 kelvin resulta significativo, puesto que ese valor conocido con tanta precisión se debe a la radiación de fondo que quedó tras el comienzo del universo, un eco en proceso de desaparición de la Gran Explosión acaecida hace 13 700 millones de años.

Inmersos en este baño de calor helado, los objetos más calientes, incluidos los planetas, pierden calor en el espacio. Esta pérdida no se produce por convección ni por conducción, puesto que el espacio es casi un vacío, sino que los planetas pierden calor por radiación (la emisión de luz infrarroja). La inmensa mayoría de esta energía que se irradia al espacio no es más que la energía que recibe un planeta desde el Sol. Si la Tierra no volviera a radiar hacia fuera la energía del Sol al mismo ritmo que la recibe, se calentaría con rapidez.

La fuente de calor interna de la Tierra, es decir, el calor primordial que quedó tras su formación y el decaimiento radiactivo de elementos en el interior de su núcleo, es relevante. El ritmo al que se pierde este calor viene determinado por la relación entre el área superficial de un planeta y su volumen, porque el calor interno se tiene que irradiar al espacio desde la superficie.

Esta es la clave para entender por qué Marte está muerto geológicamente en la actualidad. Marte tiene alrededor de la mitad del diámetro de la Tierra y tan solo la octava parte de su volumen. Esto se explica con un poco de matemáticas: el volumen es proporcional al cubo del diámetro (el volumen se mide en metros cúbicos, y el diámetro de una esfera, en metros), así que Marte habría conservado menos cantidad de calor interno en sus orígenes por ser más pequeño. El factor crítico lo constituye el área de superficie disponible para irradiar el calor hacia fuera. El área de superficie es proporcional al cuadrado del diámetro (medido en metros cuadrados), de modo que Marte tiene un cuarto del área de superficie de la Tierra pero tan solo una octava parte de su volumen. Esto significa que tiene más área de superficie en relación con sus reservas originales de calor, así que perdió su calor interno mucho más deprisa.

La combinación de estos dos factores define la vida geológica de un planeta. Hace millones de años, cuando el interior de Marte se enfrió, los volcanes perdieron la sangre que les daba vida, el corazón geológico del planeta feneció y la superficie se quedó estancada. La suerte de todo un planeta se vio condicionada por las leyes más simples de la física y el imparable flujo de calor ◉

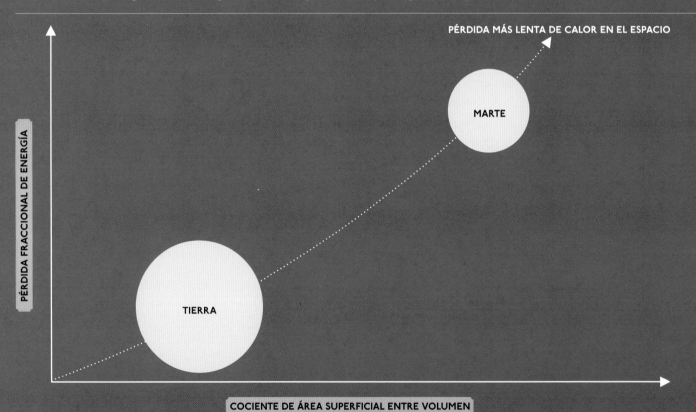

PÉRDIDA MÁS LENTA DE CALOR EN EL ESPACIO

MARTE

TIERRA

PÉRDIDA FRACCIONAL DE ENERGÍA

COCIENTE DE ÁREA SUPERFICIAL ENTRE VOLUMEN

PÉRDIDA DE CALOR PLANETARIO EN EL ESPACIO
Como la Tierra tiene un volumen ocho veces mayor que Marte, alberga más calor primordial. También tiene un área de superficie cuatro veces mayor, así que pierde el calor más despacio. La combinación de estos dos factores da lugar a una Tierra cálida y un Marte geológicamente muerto.

VENUS: UNA HISTORIA ATORMENTADA

Aquí en la Tierra hemos contemplado una manifestación preciosa de cómo actúan leyes simples de la naturaleza y crean un planeta. En Marte encontramos otro ejemplo de lo que sucede con un planeta más pequeño que la Tierra: pierde su calor más deprisa y se vuelve geológicamente inactivo. En el laboratorio cósmico que representa nuestro Sistema Solar, estos no son más que dos ejemplos del delicado equilibrio que se da en los procesos determinantes para el destino de un planeta, pero también disponemos de otro experimento planetario cercano en el que indagar. Existe un planeta igual a la Tierra pero situado algo más cerca del Sol: es el punto de luz más brillante de nuestro firmamento nocturno, tan parecido en cuanto a tamaño a nuestro propio mundo que hemos llegado a calificarlo de gemelo de la Tierra.

Sin embargo, Venus es un mundo atormentado. Su temperatura media en superficie de 464 °C lo convierte en el lugar del Sistema Solar con la superficie más tórrida después del Sol. Si viajáramos a Venus no solo nos freiríamos, sino que quedaríamos aplastados por una presión atmosférica más de noventa veces mayor que la de la Tierra. Sobre la cabeza nos acecharían nubes de ácido sulfúrico que nos amenazarían con una lluvia que jamás llegaría a caer sobre nosotros porque el calor del planeta la evaporaría antes de tocar el suelo. Ningún humano podría pisar la superficie de Venus en la actualidad, pero, si pudiéramos retrotraernos hasta un par de miles de millones de años atrás, este planeta infernal tal vez no fuera tan inhóspito. Es muy probable que durante su historia temprana Venus no fuera un lugar tan descorazonador.

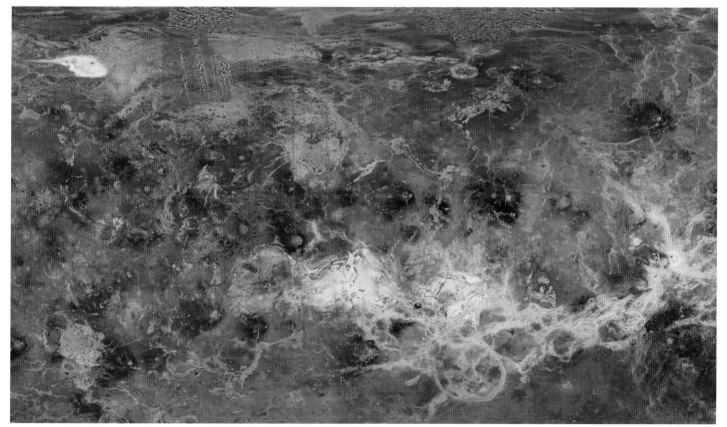

INFERIOR: Imagen compuesta a partir de la serie completa de radar obtenida por la misión *Magellan*. La nave *Magellan*, lanzada a bordo del transbordador espacial *Atlantis* en mayo de 1989, empezó a cartografiar la superficie de Venus en septiembre de 1990.

SUPERIOR: Venus es un mundo inhóspito cuya temperatura en superficie impide la existencia de vida. Es un planeta de volcanes en cuya superficie se han localizado más de 1 600, entre los que se cuenta Sif Mons, el cual aparece al fondo en esta imagen.

Los basaltos de la meseta del Deccán en la India son una exuberante extensión de colinas verdes, muchas de ellas con una figura escalonada muy particular (de ahí el nombre de Deccán, procedente del término holandés para «escalones»). Este rico paisaje que abarca más de 500 000 kilómetros cuadrados pero permanece oculto bajo el verdor, es hoy un secreto que guarda una clave tentadora para saber cómo murió Venus de asfixia.

Los basaltos de la meseta del Deccán constituyen uno de los parajes volcánicos más grandes de la Tierra. Hace sesenta y cinco millones de años, la región del centro occidental de la India vivió una serie de erupciones colosales durante al menos treinta mil años. En cierto momento se cubrió de lava un área del tamaño de la mitad de la India actual, la friolera de 1.5 millones de kilómetros cuadrados. El impacto de aquello en el clima de la Tierra fue asimismo descomunal; millones de toneladas de cenizas y gases volcánicos salieron despedidos a la atmósfera y tuvieron unos efectos devastadores para la vida. Aquellas erupciones depararon un cambio climático tan profundo que posiblemente tuvieron alguna repercusión en las extinciones masivas de finales del período Cretácico, que acabaron con más de dos tercios de las especies que poblaban la Tierra.

Es casi imposible imaginar cómo serían aquellas erupciones colosales cuando se visitan los basaltos de la meseta del Deccán en la actualidad, pero, a pesar de la apariencia apacible de las verdes colinas escalonadas, este lugar se formó a partir de uno de los sucesos más duraderos y violentos que haya conocido jamás nuestro planeta, y el surgimiento de este paisaje se está reproduciendo en la superficie de nuestro vecino planetario más próximo.

Hasta la llegada de la sonda *Magellan* en 1990, la densa capa de nubes opacas que envuelve Venus limitó considerablemente el conocimiento de la superficie de este planeta. Con el equipo de cartografía mediante radar a bordo de esta sonda pionera conseguimos ver a través de las nubes y obtener las primeras imágenes, y las mejores hasta la fecha, del paisaje oculto debajo de ellas. *Magellan* divisó un mundo inmerso en una devastación volcánica muy superior a cualquiera de las observadas en la Tierra. Es un paisaje surgido a partir de los mismos fundamentos geológicos que la meseta del Deccán, solo que a una escala mucho mayor.

Hemos descubierto más de 1 600 volcanes en la superficie de Venus, muchos más que en cualquier otro lugar del Sistema Solar. Al menos el 85 % del planeta aparece cubierto de llanuras de lava basáltica que han fluido por la superficie. No se sabe con certeza si Venus mantiene aún la actividad volcánica, pero, dado su tamaño, similar al de la Tierra, cabría esperar que aún conserve un corazón geológico caliente para alimentar sus volcanes. De momento aún no hemos presenciado ninguna erupción, pero hay indicios de volcanes activos en un pasado bastante cercano. La sonda *Magellan* detectó flujos de cenizas cerca de la cumbre y el flanco septentrional del volcán más alto de Venus, el Maat Mons, de ocho kilómetros de altitud. Y más recientemente, en 2010, la sonda espacial *Venus Express* de la ESA aportó signos de actividad volcánica en épocas tan cercanas (en términos geológicos) como 2.5 millones de años atrás, y quizá incluso muy posteriores.

Muchos de los volcanes de Venus son idénticos a los que encontramos en la Tierra. La superficie está repleta de volcanes en escudo, como Maat Mons, pero, aunque la geología subyacente sea la misma, podría tratarse de volcanes muy distintos. En la Tierra, los volcanes en escudo, como Mauna Kea y el resto de los volcanes de Hawái, llegan a alcanzar diez kilómetros de altura pero mucha menos anchura, mientras que algunos volcanes de Venus tienen cientos de kilómetros cuadrados de base y, sin embargo, alturas medias de tan

INFERIOR: Estos tres círculos son volcanes situados en las tierras bajas de Guinevere Planitia de Venus. El volcán central se revela muy circular, con laderas escalonadas y cima plana.

EXTREMO INFERIOR: Esta imagen aérea muestra con claridad unos doscientos volcanes pequeños salpicados por la superficie de Venus. El diámetro de estos volcanes varía entre los dos y los doce kilómetros.

solo 1.5 kilómetros. El volcán venusiano Sif Mons tiene una anchura descomunal de 300 kilómetros, pero tan solo alcanza 2 kilómetros de altura. Venus también alberga una clase de volcán que no existe en la Tierra. Los volcanes «garrapata» se apodaron así por su semejanza con ese ácaro, y se cree que son los restos de domos volcánicos colapsados. Otra de las rarezas de Venus la constituyen los miles de extraños volcanes planos llamados «domos», que aparecen concentrados en enjambres por toda la superficie venusiana y que son mucho más anchos que cualquier estructura similar de la Tierra. Venus es un mundo realmente dominado por volcanes, pero, a diferencia de la Tierra, esa intensa actividad geológica situó a nuestro gemelo cósmico en una senda sin retorno.

Se cree que hace cuatro mil millones de años Venus era un mundo mucho más parecido al nuestro. Tenía un clima mucho más frío y la superficie pudo estar cubierta por vastos océanos de agua. Al igual que nuestro planeta, aquel entorno húmedo y cálido quizá fuera el lugar perfecto para albergar vida. Aún no se sabe cuánto duraron aquellas condiciones, pero algunos indicios apuntan a que Venus fue un mundo mucho más acogedor hasta que alcanzó los dos mil millones de años. Si fue así, muchos científicos creen que Venus pudo ser el lugar con más probabilidades para desarrollar vida después de nuestro propio planeta. Si se dieron unas condiciones lo bastante estables durante unos pocos cientos de millones de años, entonces la vida pudo

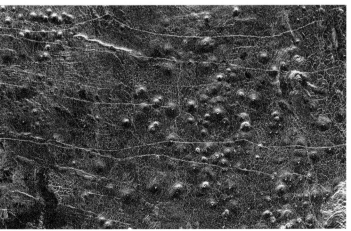

aflorar antes de que el planeta se tornara desapacible. Esta es una de las razones por las que consideramos tan relevante conocer la historia de Venus. Este mundo infernal representa el ejemplo más esclarecedor de todo el Sistema Solar para entender la fragilidad potencial de las condiciones medioambientales planetarias.

Para explicar por qué Venus y la Tierra reaccionaron de un modo tan distinto ante la misma clase de cataclismos volcánicos hay que conocer una serie de factores diferentes. Los volcanes no solo despiden calor y lava, también producen cantidades ingentes de gases de efecto invernadero, como dióxido de carbono. Todos los planetas, incluida la Tierra, absorben energía del Sol en forma de luz visible. Esta luz pasa por la atmósfera casi intacta y se absorbe en el suelo, lo que lo calienta día tras día. Entonces el suelo reemite esta energía en forma de radiación infrarroja. Los gases atmosféricos, sobre todo el dióxido de carbono, son muy eficaces absorbiendo luz infrarroja, así que atrapan el calor y el planeta se calienta. Cuantos más gases de efecto invernadero haya en la atmósfera, más se calentará el planeta.

En la Tierra estamos empezando a observar el efecto que ejerce sobre el clima un incremento de gases de efecto invernadero derivados de la quema de combustibles fósiles. El calentamiento global es una expresión que se ha colado hace bien poco en el vocabulario popular, pero habría hecho estragos en nuestro planeta mucho tiempo atrás de no haber sido por una característica de nuestro clima que conocemos muy bien.

Una de las razones más importantes para que hayamos seguido un camino tan diferente del de Venus radica en algo que sucede con tanta frecuencia en la Tierra que lo damos por garantizado. La lluvia tiene una relevancia capital para que nuestro planeta siga siendo un lugar agradable donde vivir. Ella actúa como parte de un sistema de reciclaje global que conserva el equilibrio de la atmósfera al arrastrar consigo gases de invernadero muy activos, como el dióxido de carbono, y confinarlos en rocas y océanos. En Venus, la ubicación de este planeta dentro del Sistema Solar y las leyes de la física han conspirado para imposibilitar que las precipitaciones de lluvia limpien la atmósfera. Como reside algo más cerca del Sol y, por tanto, soporta un poco más de calor que la Tierra, Venus perdió toda el agua líquida. Los océanos de Venus se evaporarían gradualmente en la atmósfera. El agua con capacidad para engendrar la vida sencillamente habría acabado escapándose al espacio.

Sin agua no hay lluvia en Venus, así que durante miles de millones de años no ha habido nada que compensara la acumulación de gases volcánicos en la atmósfera. Venus acabó envuelto en un manto grueso, denso y a alta presión de gases de efecto invernadero, lo que conllevó un aumento inexorable de la temperatura y transformó el planeta en el mundo infernal que hoy vemos.

Comparado con el abrasado Venus y con el gélido Marte, nuestro planeta es una esfera rocosa muy especial. Aunque aquí impere el mismo conjunto de reglas universales, la Tierra no es ni demasiado grande, ni demasiado pequeña, ni demasiado caliente, ni demasiado fría. Por eso se dice que la Tierra es el planeta de Ricitos de Oro, porque todo parece perfecto, aunque la vida y la muerte están influidas por algo más que las meras fuerzas emergentes de las profundidades de nuestro mundo: el destino guarda una relación estrecha con los vecinos cósmicos ◉

179

JÚPITER: EL REY DE LOS GIGANTES

Júpiter, el dios supremo, el quinto planeta en distancia al Sol, ha sido venerado desde la Antigüedad. Este planeta observable a simple vista en el firmamento nocturno, también llega a divisarse durante el día cuando el Sol se encuentra a poca altura sobre el horizonte. Los seres humanos han alzado la mirada hacia Júpiter durante milenios y lo han imbuido de poder. Desde los romanos hasta los griegos, de los chinos a los hindúes, casi todas las civilizaciones de la Tierra han contemplado su luz sin reparar en la verdadera influencia que ejerce en todo el Sistema Solar.

PÁGINA SIGUIENTE: Representación artística de la nave *Pioneer* sobre la gran mancha roja de Júpiter.

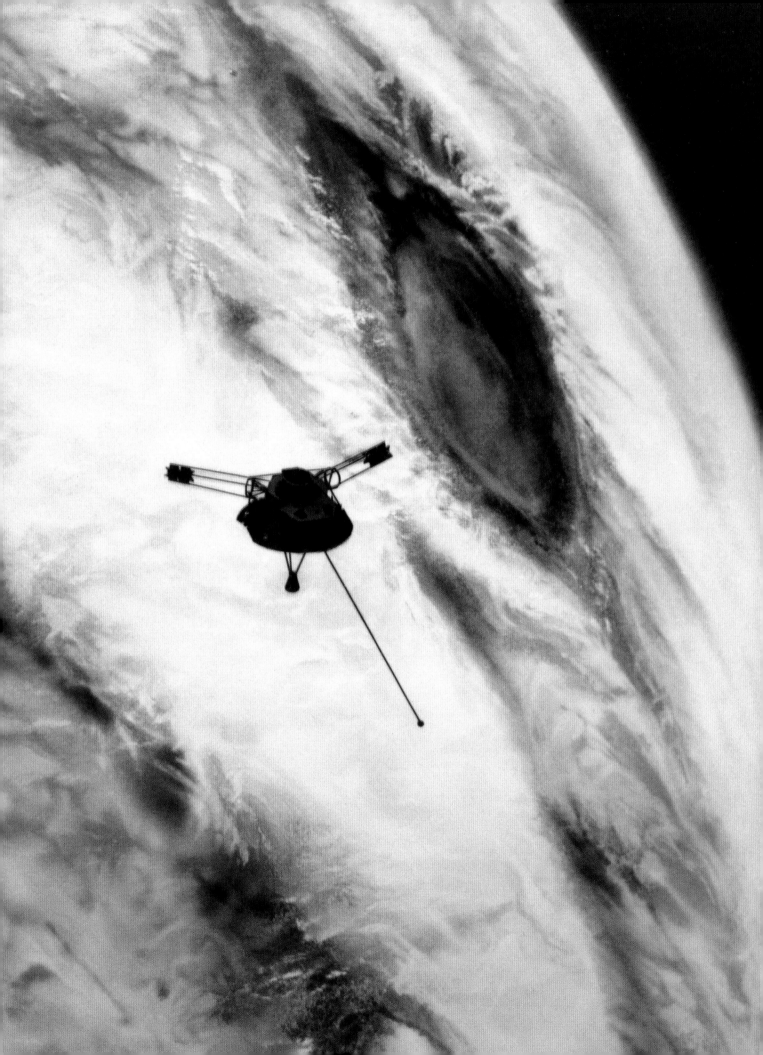

JÚPITER:
EL PLANETA ETÉREO

Júpiter es, con diferencia, el planeta más grande, tanto que en su interior cabrían más de mil planetas como la Tierra, y tiene una naturaleza completamente distinta a la de los mundos interiores rocosos. Es uno de los cuatro gigantes gaseosos que orbitan alrededor del Sol y, al igual que Saturno, Urano y Neptuno, está formado por la misma materia que las estrellas: hidrógeno y helio, los elementos más abundantes en el universo. Aunque tal vez cuente con un núcleo sólido de elementos más pesados, Júpiter, como todos los gigantes de gas, es un planeta etéreo, un planeta sin una frontera real entre su cielo y una sustancia inexistente que hubiera debajo. Este mundo es una atmósfera colosal que se torna cada vez más densa a medida que nos zambullimos en ella. A pesar de su naturaleza aparentemente insustancial, Júpiter es un planeta muy masivo. Su masa supera en dos veces y media la masa conjunta de todos los demás planetas del Sistema Solar. Es tan grande que, según los modelos teóricos, si tuviera un poco más de masa empezaría a contraerse bajo su propia gravedad y se transformaría en uno de esos objetos subestelares que se conocen como enanas marrones. Lo más probable es que Júpiter tenga el tamaño justo que puede llegar a alcanzar un planeta de su composición y estructura, y eso significa que domina en el resto del Sistema Solar.

Los astrólogos han defendido durante mucho tiempo que Júpiter influye en nuestras vidas, pero ahora tenemos evidencias científicas de que este majestuoso planeta mantiene realmente una conexión considerable con nuestro pequeño mundo, aunque no de la manera en que afirmaban los antiguos. Aunque la astrología solo demuestra que se produce un nacimiento cada minuto, como reza la célebre sentencia de sir Patrick Moore, Júpiter influye en nuestro planeta a través de más de 500 mil millones de kilómetros de espacio mediante la fuerza de la naturaleza que mantiene unida toda la Galaxia.

La gravitación es una de las cuatro fuerzas fundamentales de la naturaleza. Ella esculpe gran parte de nuestro universo y, sin embargo, es la fuerza más débil de todas, una fuerza que contrarrestamos con facilidad. Como ya se ha dicho, cada vez que levantamos una piedra del suelo estamos desafiando la fuerza de todo un planeta. A pesar de su debilidad, la gravitación posee dos propiedades que le permiten modelar el universo. Todo lo que tiene masa (o energía) atrae a todo lo demás y, si se añade más masa a algo, aumenta la fuerza gravitatoria entre ese algo y cualquier

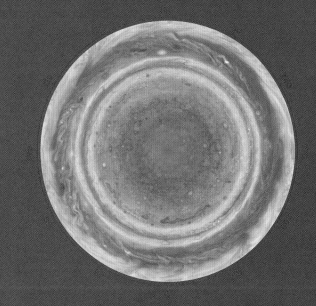

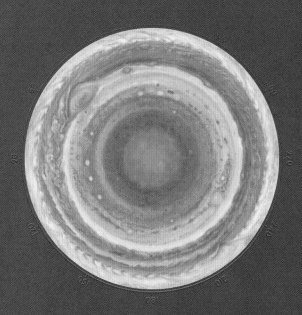

SUPERIOR: Estos mapas se confeccionaron a partir de imágenes tomadas con la sonda espacial *Cassini* de la NASA. Son los mapas globales en color más detallados de Júpiter que se han elaborado nunca, y emplean colores semejantes a los que percibiría el ojo humano al observar Júpiter. Los mapas ilustran ambos polos del planeta y revelan nubes coloridas, bandas paralelas de color marrón rojizo y blanco, la gran mancha roja y zonas con una tonalidad gris azulado que indican «puntos calientes».

PÁGINA SIGUIENTE: Esta secuencia de nueve imágenes muestra Júpiter durante algo más de una rotación completa de 360 grados. Este planeta masivo gira sobre su eje más del doble de rápido que la Tierra y completa una rotación en unas diez horas. Su poderosa fuerza gravitatoria ejerce una influencia directa en todos los demás objetos del Sistema Solar

otro objeto. Júpiter también tiene un alcance infinito, lo que significa que su influjo llega a todo el Sistema Solar y más allá de él. La gravitación nunca desaparece por completo, así que, aunque nos situemos muy lejos de su origen, seguiremos notando sus efectos.

Como la fuerza de la gravitación guarda una relación directa con la masa y Júpiter es el planeta más masivo, también cuenta con el campo gravitatorio más potente de todo el Sistema Solar después del Sol. Esta fuerza gravitatoria es la que ejerce una influencia directa en todos los demás objetos del Sistema Solar. El tirón gravitatorio de Júpiter es lo bastante intenso como para repercutir enormemente en las órbitas de los asteroides interplanetarios y otros escombros espaciales ambulantes, incluso aunque se encuentren a gran distancia.

Este influjo sobre la materia que pulula por el Sistema Solar se puede producir de tres maneras distintas. En primer lugar, puede suceder que Júpiter la capture, la atraiga literalmente hacia sí induciendo una trayectoria de colisión, de manera que el objeto acabe fundiéndose con el propio gigante gaseoso. En segundo lugar, puede alterar la órbita que sigue el objeto alrededor del Sol de forma que lo expulse del Sistema Solar para siempre. Y la tercera opción de Júpiter durante su organización del tráfico solar tal vez sea la más preocupante para nosotros en la actualidad. Cuando intervienen los ángulos adecuados, el planeta puede desviar un asteroide hacia una nueva órbita y situarlo en una trayectoria de colisión con los planetas rocosos interiores, entre los que se cuenta el nuestro ◉

UNA VISIÓN APOCALÍPTICA

E ste telescopio, conocido como el Observatorio PS-1, se encuentra en la cima del monte Heleakala, de Maui, la isla hawaiana por excelencia para pasar la luna de miel, y puede que algún día nos salve la vida. En su interior alberga algunas de las cámaras digitales más grandes que se hayan construido jamás, diseñadas para captar imágenes con la friolera de 1 400 megapíxeles (1 400 millones de píxeles) en un área aproximada de cuarenta centímetros cuadrados. Para situar ese dato dentro de un contexto diremos que las cámaras digitales domésticas tienen unos diez megapíxeles en un espacio de unos pocos milímetros de ancho. El telescopio se pensó con un propósito concreto: rastrear asteroides asesinos. La amenaza es fácil de exponer: si algo mayor que un kilómetro chocara con la Tierra, probablemente aniquilaría a casi toda la población del planeta. Esta es la razón de que la mayoría de las noches, mientras dormimos profundamente en la cama, esta cámara revolucionaria escudriñe grandes franjas de firmamento en busca de alguna señal de que se acerca el apocalipsis.

La mayoría de los asteroides conocidos dentro del Sistema Solar orbita en el cinturón de asteroides situado entre Marte y Júpiter. No sabemos con certeza cuántos objetos integran este cinturón, pero

Si algo mayor que un kilómetro chocara con la Tierra, probablemente aniquilaría a casi toda la población del planeta.

conocemos más de 200 con un tamaño superior a 100 kilómetros de ancho, y varios millones que superan un kilómetro. Parecen muchos, pero lo cierto es que el cinturón de asteroides está vacío en su mayoría, y ninguna de las naves que hemos enviado a través de él ha tenido jamás ningún problema.

Uno de los objetos de esta región, llamado Ceres, es tan grande que llegó a clasificarse como el octavo planeta conocido cuando

INFERIOR: Esta imagen espectacular del asteroide 951 Gaspra se tomó desde la sonda *Galileo* en 1991 durante el primer sobrevuelo de un asteroide que realizó esta nave. Se cree que las manchas azules se corresponden con roca más reciente que las zonas rojizas, más viejas. El tamaño de este asteroide ronda 19 × 12 × 11 kilómetros.

¿PLANETA O ASTEROIDE? Hasta 2006 Ceres se consideraba el asteroide más grande del cinturón principal de asteroides, sin embargo ahora se ha reclasificado como planeta enano porque, a diferencia del resto de asteroides, puede volverse esférico bajo su propia gravedad.

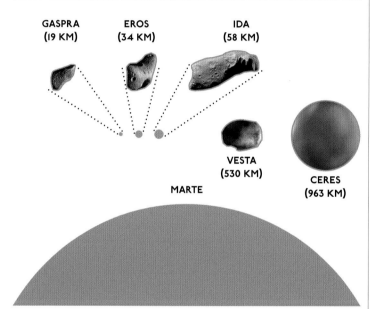

GASPRA
(19 KM)

EROS
(34 KM)

IDA
(58 KM)

VESTA
(530 KM)

CERES
(963 KM)

MARTE

se descubrió en 1801. Cuando se detectaron otros objetos rocosos en esa misma región, los científicos repararon en que Ceres era un objeto entre muchos y, a mediados del siglo, lo relegaron a la nueva categoría de los *asteroides* (que significa «con aspecto de estrella»), un término que acuñó Wilhelm Herschel. Hubo que esperar hasta 1991, con la nave espacial *Galileo*, para acercarnos lo suficiente al cinturón de asteroides como para ver de cerca uno de esos minimundos.

La órbita de la mayoría de estos millones de asteroides los desplaza alrededor del Sol sin ningún riesgo para la Tierra. Pero, aparte de esos asteroides previsibles, existe otro tipo que entraña un peligro mucho mayor. En la actualidad conocemos más de siete mil asteroides cercanos a la Tierra, de los cuales casi mil superan un kilómetro de tamaño. Estos asteroides siguen órbitas distintas a las de la inofensiva mayoría que se mantiene apartada del Sistema Solar interior, y que los acercan lo bastante a la Tierra como para resultar preocupantes. Ya hemos catalogado miles de estos asteroides, pero nadie tiene la certeza de cuántos hay ahí fuera, ni de qué efectos tendría un leve cambio en la órbita de uno de los conocidos. De modo que la labor del Observatorio PS-1 y del resto de vigías dispersos por todo el planeta es crucial para nuestra seguridad futura.

Noche tras noche el equipo del observatorio busca objetos no identificados que sigan una posible trayectoria hacia nosotros. Cualquier punto de luz podría ser un asteroide en una órbita que lo acerque peligrosamente a la Tierra, pero distinguir las rocas de las estrellas no es fácil. Para favorecer un análisis lo más exacto posible, la cámara del Observatorio PS-1 toma diversas imágenes de la misma franja de cielo con varios minutos de diferencia. Así se comprueba si algo se ha movido en relación con las estrellas del fondo.

Al restar literalmente unas imágenes con otras desaparece todo lo que permanece quieto (las estrellas), pero queda todo lo que se movió durante el intervalo entre dos tomas. Lo único que quedará en las fotografías son los objetos brillantes de movimiento rápido.

En la totalidad del cielo nocturno bien podemos llegar a detectar cientos de objetos cuya existencia desconocíamos. Muchos de estos fragmentos amenazadores de roca siguen órbitas excéntricas que los acercan a la Tierra, y todo porque en algún momento de su existencia cayeron bajo el influjo de la gravedad de Júpiter ◉

Si alguna vez necesitó una demostración
de lo congestionado que está el espacio cercano
a la Tierra, eche una ojeada a la imagen contigua.
Cada uno de esos puntos de luz es un asteroide
que conocemos, y la Tierra nada justo en el
centro de todos ellos. Así que, la próxima vez
que alce la vista hacia un agradable cielo nocturno
despejado para cerciorarse de que estamos
a salvo, recuerde esta imagen, recuerde que nuestro
planeta siempre ha estado atrapado, y siempre
lo estará, en un juego mortal de carambolas,
un juego en el que la supremacía gravitatoria
de Júpiter nos arroja asteroides a menudo.

PÁGINA SIGUIENTE: Ahora se está escudriñando el cielo de manera metódica en busca de asteroides que puedan atravesar la órbita de la Tierra (la estela azul en la fotografía de exposición múltiple de la derecha). La compleja interacción entre el tirón gravitatorio del Sol y el del resto de los planetas (sobre todo el de Júpiter), y estos objetos cercanos a la Tierra dificulta enormemente el cálculo preciso de sus trayectorias finales y, como algunos de ellos pasan entre la Tierra y la Luna, el margen de error es muy reducido.

IMPACTO

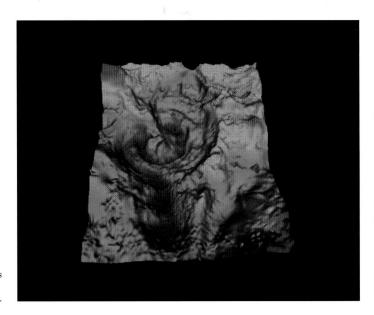

INFERIOR: Uno de los impactos más famosos del mundo es el del cráter Barringer de Arizona. Hace unos 50 000 años, un trozo de hierro y níquel de 300 000 toneladas y 50 metros de diámetro penetró en la atmósfera terrestre y creó este cráter.

DERECHA: Esta imagen de ordenador es un mapa de gravitación del cráter Chicxulub descubierto en la península de Yucatán, México. En ella se aprecia que el cráter está formado por numerosos anillos entre los que se cuenta un anillo exterior de 300 kilómetros de diámetro.

Cuando el geofísico Glen Penfield empezó a buscar petróleo en la península de Yucatán, México, a finales de la década de 1970, no tenía ni idea del descubrimiento que le rondaba bajo los pies. Penfield estaba estudiando la zona para localizar emplazamientos nuevos donde empezar a perforar, pero su interés no tardó en desviarse hacia una variedad distinta de tesoro geológico. Los datos geofísicos que Penfield empezó a desenterrar indicaban que aquella región escondía un cráter de impacto de unas proporciones descomunales. Los indicios sugerían que en aquel lugar se había producido un impacto catastrófico que formó un cráter de más de 180 kilómetros de anchura.

Esta formación extraordinaria se conoce hoy como el cráter Chicxulub, igual que la localidad que aloja en su centro, y ha sido estudiada por multitud de expertos a lo largo de más de veinte años. Se trata de uno de los mayores cráteres de impacto conocidos en el planeta y se calcula que el objeto que cayó aquí medía un mínimo de diez kilómetros de ancho. Las dimensiones de este impacto ya convierten este lugar en algo extraordinario, pero el momento temporal en que se produjo es lo que ha colocado Chicxulub en la lista de lugares más notables relacionados con asteroides.

Se cree que el asteroide que impactó en este lugar golpeó la Tierra hace 65 millones de años, al final del período Cretácico. Coincide a la perfección con el episodio de extinción más famoso de la historia del planeta: la extinción masiva que conllevó la desaparición de los dinosaurios. Aunque no reina unanimidad absoluta entre la comunidad científica con respecto a esta relación, sí hay un consenso abrumador sobre el hecho de que el impacto de Chicxulub fue el desencadenante de la extinción de las criaturas más grandes que han deambulado por tierra firme.

Quizá nunca lleguemos a saber con certeza de dónde provino aquel asteroide gigantesco, o qué lo situó en una trayectoria directa hacia la Tierra, pero estamos bien seguros de que se formó en el seno del cinturón de asteroides que reside entre Marte y Júpiter. Algunos científicos han defendido que la suerte de los dinosaurios quedó sellada por una colisión en el cinturón de asteroides que dio lugar a toda una familia de asteroides, uno de los cuales en concreto quedó encaminado hacia la Tierra. Lo cierto es que, con independencia del lugar de procedencia del asteroide, su viaje hasta la Tierra se vio afectado por la poderosa presencia de Júpiter. El influjo gravitatorio de Júpiter sobre los escombros espaciales que pasan junto a él ha convertido nuestro planeta en un mundo sometido a un bombardeo constante. La Tierra está repleta de puntos de impacto, desde los más conocidos y llamativos, como el cráter Barringer de Arizona, hasta los cráteres ocultos que han ido desapareciendo de nuestra vista a lo largo de miles de millones de años ◉

EL TIRÓN GRAVITATORIO DE JÚPITER

El cinturón de asteroides es una extensión enorme de espacio que abarca más de 240 millones de kilómetros entre Marte y Júpiter, más de la distancia que separa la Tierra del Sol.

De cuando en cuando, debido a las colisiones que se producen en el interior del cinturón de asteroides, alguno de estos objetos se extravía y se desplaza hasta una posición que lo alinea una y otra vez con Júpiter hasta que adopta un ritmo que se denomina resonancia orbital. Júpiter es un planeta tan masivo que imprimirá a ese asteroide un tirón gravitatorio que alterará su órbita. Con el tiempo, esas órbitas se pueden volver alargadas o elípticas, en lugar de mantenerse circulares, lo que implica que pueden adentrarse en el Sistema Solar interior y cruzar las órbitas de los planetas interiores, incluida la de la Tierra.

Hubo un tiempo en que Júpiter se consideró nuestro protector porque su enorme gravedad se tragaría los asteroides peligrosos, pero ahora sabemos que en realidad su influjo gravitatorio también puede lanzar esos asteroides en nuestra dirección y dar lugar a los inmensos cráteres observados en emplazamientos como Chicxulub. Aunque tales impactos puedan parecernos únicamente destructivos, lo sorprendente es que esos sucesos catastróficos tal vez fueran decisivos para modelar nuestro planeta y la vida que afloró en él con posterioridad. Los impactos han sido una de las fuerzas propulsoras de la evolución en la Tierra, al alterar el clima y desencadenar extinciones. Cuando se destruyen grandes franjas de vida terrestre se liberan los nichos ecológicos favorables para la evolución de otras especies, como la nuestra.

Parece increíble que un planeta situado a más de 500 millones de kilómetros de distancia pudiera dictaminar nuestro futuro y determinar la vida y la muerte de todo un mundo ◉

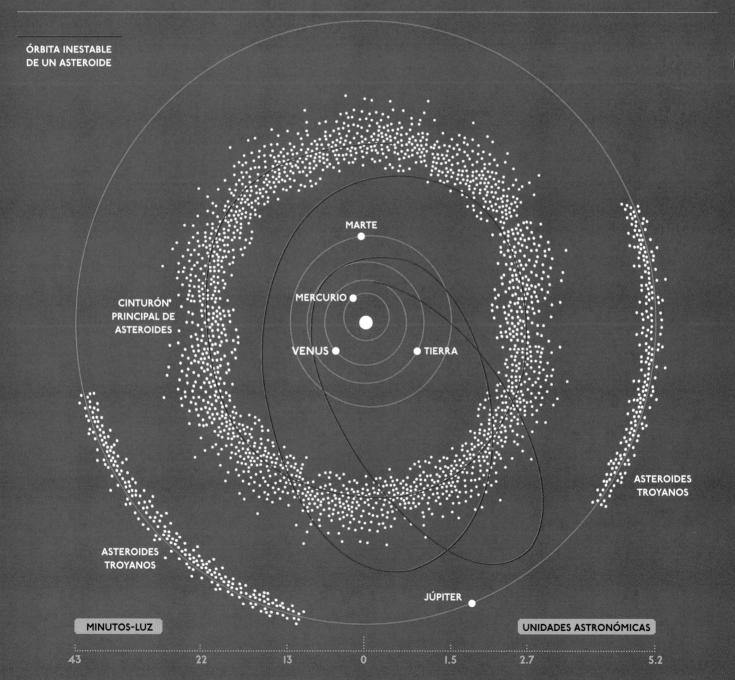

ÓRBITA INESTABLE
DE UN ASTEROIDE

MARTE

CINTURÓN
PRINCIPAL DE
ASTEROIDES

MERCURIO

VENUS

TIERRA

ASTEROIDES
TROYANOS

ASTEROIDES
TROYANOS

JÚPITER

MINUTOS-LUZ

UNIDADES ASTRONÓMICAS

43   22   13   0   1.5   2.7   5.2

INTERRELACIONES PODEROSAS: LA LUNA Y LAS MAREAS

Nuestro conocimiento del Sistema Solar comenzó mucho más cerca de casa. Fue la Luna, que nos contemplaba con su faz regularmente cambiante desde la altura, lo primero que espoleó nuestro interés por los mundos que hay más allá del nuestro. Cuando conseguimos mirar más lejos, descubrimos que el Sistema Solar está plagado de satélites que mantienen una conexión invisible con sus planetas respectivos a través de la gravitación.

El 18 de agosto de cada año, miles de personas acuden al río Qiántáng, en el sudeste de China, para presenciar uno de los grandes espectáculos del mundo natural. El río y la bahía son famosos por tener el macareo más grande del mundo, un fenómeno que produce una pared de agua de hasta cincuenta metros de altura que se desplaza a cuarenta kilómetros por hora. Este auténtico maremoto que irrumpe en el río Qiántáng es una advertencia espectacular de uno de los efectos más potentes de la Tierra. Los macareos solo ocurren en unos pocos lugares de la Tierra porque se requiere un sistema fluvial con una morfología particular y una amplitud grande de mareas, pero estas rarezas no son más que casos extremos de algo que muchos de nosotros presenciamos a diario sin reparar en ello.

En todo el planeta Tierra las mareas suben y bajan cada doce horas y veinticinco minutos. Ellas constituyen la señal más visible de la interacción más íntima que mantenemos con cualquier objeto

EL EFECTO DE LA LUNA EN LAS MAREAS DE LA TIERRA

Las mareas altas se producen en el punto de la Tierra donde el tirón gravitatorio sobre los océanos es más intenso, lo que atrae el líquido hacia él y eleva el nivel del agua. Las mareas vivas ocurren cuando el Sol y la Luna se alinean.

LUNA EN CUARTO MENGUANTE

LUNA NUEVA

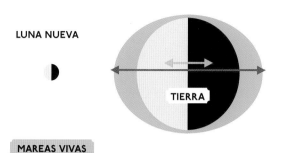

TIERRA

MAREAS VIVAS

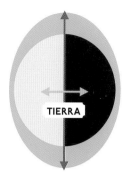

TIERRA

MAREAS MUERTAS

celeste. Cuando vamos a la playa y observamos el ir y venir de la marea, estamos presenciando el efecto directo de la Luna sobre la masa de agua que cubre nuestro planeta. En un lado del planeta, la marea alta se produce en la zona de la Tierra donde el océano se encuentra más próximo a la Luna, cuando su fuerza gravitatoria es más intensa y atrae el agua hacia ella. Doce horas después ese mismo lugar se encontrará en el punto más alejado de la Luna, así que el tirón gravitatorio sobre el agua del océano será mínimo. En ese mismo instante la Tierra experimenta un tirón hacia la Luna algo mayor que el agua, y se produce otra marea alta. El Sol también repercute en las mareas de la Tierra mediante el mismo efecto gravitatorio

diferencial, pero, aunque el Sol sea mucho más masivo que la Luna, se encuentra más alejado, de modo que ejerce un efecto mucho más débil. Es nuestra compañera lunar la que induce con más intensidad este ascenso y descenso de los océanos dos veces al día. Hemos dedicado milenios a estudiar las mareas y a determinar sus ritmos sin saber que en otros lugares del Sistema Solar esta misma relación entre un satélite y su planeta ha creado un fenómeno de marea mucho más extremo ◉

LOS SATÉLITES DE JÚPITER

INFERIOR: Ganímedes es uno de los cuatro satélites mayores de Júpiter y completa una órbita alrededor del planeta cada siete días. También es el satélite más grande de todo el Sistema Solar, mayor incluso que los planetas Mercurio y Plutón, y con tres cuartas partes del tamaño de Marte.

PÁGINA SIGUIENTE: En esta imagen de Europa tomada por la nave espacial *Galileo* de la NASA, se ha realzado el color para mostrar los diferentes materiales que cubren la superficie helada de este satélite. Las líneas rojas revelan grietas y crestas de miles de kilómetros de longitud causadas por las mareas que provoca el tirón gravitatorio de Júpiter.

La gravitación es una vía de doble sentido. Isaac Newton lo expresó en términos más científicos: para cada acción hay una reacción equivalente y opuesta. De modo que no solo la Luna ejerce una fuerza sobre la Tierra, sino que también la Tierra ejerce una fuerza equivalente y opuesta sobre la Luna. Este abrazo gravitatorio entre la Tierra y la Luna ha tenido unos efectos profundos durante cientos de millones de años. La Luna solo nos muestra una de sus mitades porque se encuentra en «rotación capturada»: rota sobre su eje al mismo ritmo que completa un período orbital alrededor de la Tierra. Esto no es una coincidencia, sino una consecuencia de la interacción gravitatoria que existe entre ambos objetos. En cambio, la gravedad de la Tierra tiene un impacto cotidiano mínimo. La Luna no alberga agua líquida, así que carece de mareas marinas, y la gravitación de la Tierra es demasiado débil para producir unos efectos significativos en la constitución rocosa de la Luna.

Sin embargo, a 500 millones de kilómetros de distancia nos hemos encontrado con una historia muy distinta. La poderosa conexión gravitatoria que existe entre cierto satélite y su planeta correspondiente, Júpiter, ha generado algo increíble; ha reanimado el satélite y lo ha convertido en el lugar más violento del Sistema Solar.

Cuatrocientos años atrás, Galileo se erigió en el primer humano que apuntó un telescopio al firmamento nocturno y observó Júpiter. Al instante apreció que este planeta gigante no estaba solo. El 7 de enero de 1610, Galileo divisó tres puntos de luz en los alrededores de Júpiter. En un principio los describió como «tres estrellas pequeñas», pero durante las noches siguientes enseguida notó que se movían con respecto al planeta, que desaparecían de la vista y volvían a aparecer. Supuso con acierto que no podían ser estrellas; tenían que ser objetos que orbitaran en el sistema joviano. El 13 de enero Galileo había observado y catalogado los cuatro satélites más grandes de Júpiter y con ello confirmó la revolucionaria concepción copernicana del Sistema Solar. Nuestra idea del universo jamás volvió a vincularse a la aristotélica de que todos los objetos celestes deben orbitar alrededor de la Tierra. Aquello aportó evidencias directas de que otros mundos orbitan alrededor de otros planetas, lo que rompió para siempre y sin equívocos la divina simetría del cosmos centrado en la Tierra.

Los cuatro satélites más grandes de Júpiter llevan el nombre de amantes del dios griego Zeus. El más alejado es Calisto, una esfera de roca y hielo del tamaño de Mercurio y que ocupa el tercer puesto entre los satélites mayores del Sistema Solar. Lo sigue Ganímedes, el satélite más grande del Sistema Solar, el único que se conoce con un campo magnético propio generado en su interior y que podría albergar un océano de agua salada a gran profundidad bajo la superficie. Después está Europa, el satélite más uniforme y sugerente. Tiene la superficie atravesada por vetas oscuras y los datos recopilados sugieren que hay un gran océano bajo la superficie. Para muchos científicos, Europa es ahora el candidato más probable para albergar vida extraterrestre. Por último, el más cercano a Júpiter es el pequeño satélite teñido de amarillo llamado Ío. Sondas espaciales modernas han revelado que Ío es un mundo increíblemente vapuleado, un mundo que podemos vislumbrar visitando uno de los lugares más inhóspitos de la Tierra ◉

	JÚPITER (No a escala)	ÍO	EUROPA	GANÍMEDES	CALISTO
Descubierto		1610	1610	1610	1610
Masa (Tierra = 1)		1.4960e-02	8.0321e-03	2.4766e-02	1.8072e-02
Radio ecuatorial (Tierra = 1)		2.8457e-01	2.4600e-01	4.1251e-01	3.7629e-01
Distancia a Júpiter (km)		421600	670900	1070000	1883000
Período orbital (días)		1.77	3.55	7.15	16.69
Velocidad orbital (km/seg)		17.34	13.74	10.88	8.21

ERTA ALE, NORDESTE DE ETIOPÍA

En la región de Afar, nordeste de Etiopía, reside uno de los fenómenos geológicos más extraños de nuestro planeta. Erta Ale es el volcán más activo de Etiopía, y su reducida altitud de 610 metros lo convierte en uno de los volcanes más bajos del mundo. Pero lo especial de este volcán son los lagos de lava que han dominado continuamente la cumbre durante más de un siglo. Los lagos de lava son muy raros; en la actualidad solo hay cinco lugares en la Tierra donde contemplarlos, pero ninguno ha perdurado tanto como el de la «montaña humeante» de Etiopía.

Erta Ale fue con gran diferencia el lugar más desafiante que visitamos durante el rodaje de la serie *Maravillas del Sistema Solar*. Se encuentra en la depresión de Danakil, la región remota y hostil del nordeste de África donde el gran valle del Rift se topa con el mar Rojo. La región tiene una actividad geológica intensa porque se halla en la triple unión de Afar, un lugar delicado de la corteza terrestre donde el mar Rojo y el golfo de Adén convergen con el Rift de África oriental. En este lugar, la corteza del planeta se está escindiendo literalmente, lo que causa terremotos y una actividad volcánica muy intensos. Incluso en el momento en que escribo estas líneas desde la ventajosa perspectiva del año transcurrido, recuerdo esta aventura como algo sugestivo y emocionante a la vez. El gran valle del Rift es nuestro lugar de nacimiento. Todos tenemos algún parentesco con alguien que vivió en ese lugar que ahora llamamos Etiopía. En un estudio extraordinario basado en el proyecto Genoma Humano, se ha demostrado que la diversidad genética humana disminuye de manera gradual con la distancia a Addis Abeba, la capital de Etiopía. En otras palabras, la humanidad emprendió la larga marcha que la diseminó por todo el orbe en la región de Addis. La propia Etiopía, como entidad geopolítica, es la nación independiente más antigua de África y cuenta con una historia rica que abarca bastante más de 2 000 años. Pero en esta región existió una gran civilización muchos cientos o miles de años antes de todo eso. No se puede visitar Etiopía sin vislumbrar con el rabillo del ojo una hilera de fantasmas que serpentea a través de los tiempos hasta el lugar donde nació nuestra especie.

Comenzamos la etapa intrépida de nuestro viaje en un aeródromo militar de la ciudad de Mekele. El aparato encargado de llevar nuestro equipo de rodaje hasta Erta Ale fue un helicóptero de transporte Mi-8 ruso avejentado pero con un aspecto robusto bastante tranquilizador; una bestia de carga fiable, según me dijeron, puesto que en el mundo hay más Mi-8 en vuelo que cualquier otra clase de helicóptero.

El acercamiento a Erta Ale desde el aire fue especialmente crudo y bastante intimidatorio. Es un paisaje lunar desolador: una extensión interminable de basaltos grises y rocas marrones, todo ello descolorido por un Sol implacable. Para protegernos de la «montaña humeante» contábamos con una docena de miembros de la tribu afar, el pueblo nómada que otorga el permiso y la protección esencial para visitar Erta Ale. Los autóctonos llaman Entrada al Infierno al lago de lava fundida más grande de estos volcanes.

195

MARAVILLAS DEL SISTEMA SOLAR

VIVOS O MUERTOS

IZQUIERDA: Erta Ale, situado en la
región etíope de Afar, está completamente
rodeado por una zona situada por
debajo del nivel del mar. Los volcanes
con lagos de lava son muy infrecuentes.

El lago de lava fundida de Erta Ale es una visión hipnótica, sobre todo de noche. El borde vertical del cráter está iluminado por el brillante fulgor rojo de la roca líquida. La superficie del lago en sí es oscura en su mayoría, porque la lava se enfría con rapidez cuando entra en contacto con el aire, pero aparece entrecruzada por una serie de líneas rojas dentadas y casi perfectamente trazadas. Se desconoce la razón de las líneas con esta forma extraña. Mirar el lago crea adición porque, de cuando en cuando, se produce alguna erupción en miniatura en algún lugar de la superficie de la lava, que lanza roca fundida en vertical hacia el cielo de la noche y deja un hueco en la corteza más oscura por donde se llega a ver la brillante lava roja subyacente. Esos estallidos de actividad van acompañados de un sonido de borboteo o chapoteo, un aumento veloz del fulgor y, en ocasiones, una bocanada cáustica de gases que escuecen en la garganta al instante. Esa es la señal para agarrar la máscara de gas, en lugar de darse la vuelta y echar a correr, porque es prácticamente imposible apartar la vista de la montaña cuando su cólera aumenta. Creo que *cólera* es la palabra adecuada. Todos acabamos sintiendo el mismo respeto por Erta Ale que ya sentían nuestros compañeros de Afar. Su presencia es muy difícil de expresar con palabras; si estuviera activo sería demasiado potente, pero su poder imprevisible reside en algún lugar de los oscuros espacios entre lo animado y lo inanimado. Entiendo a la perfección la creencia Afar de que emergen demonios de las profundidades para arrastrar a viajeros incautos al equivalente etíope del reino de Hades. Y nosotros tuvimos que acampar tres noches junto a él.

Erta Ale es una ventana a la historia de nuestro planeta, una puerta no solo hacia sus profundidades sino también a tiempos pasados: un recuerdo viscoso y sofocante de la formación de nuestra Tierra.

El magma emerge desde muchos kilómetros por debajo de la corteza terrestre, circula hasta la superficie y vuelve a hundirse en las profundidades. Es un anacronismo innato y vital que ha quedado desde el nacimiento de un planeta rocoso grande y próximo al Sol, aunque hemos visto cosas semejantes en las regiones más remotas del Sistema Solar ◉

EL LUGAR MÁS VIOLENTO DEL SISTEMA SOLAR

INFERIOR: Ío, satélite de Júpiter, es el objeto con más actividad geológica de todo el Sistema Solar actual, y representa el ejemplo más extremo de los efectos que ejercen las fuerzas de marea. Aquí se ve el volcán Pele en erupción.

En 1979 la sonda espacial *Voyager* se convirtió en la primera en estudiar y fotografiar de cerca los satélites de Júpiter, incluida la luna más interior, Ío. El tamaño de Ío se asemeja mucho al de nuestra Luna y durante 400 años lo concebimos como un mundo inerte y frío, aunque los científicos de la misión *Voyager* sabían que las expectativas suelen fallar estrepitosamente cuando se visitan mundos nuevos.

¡Qué emocionante debió de ser, pues, encontrarse en el control de la misión cuando llegaron al planeta originario de la *Voyager* las primeras imágenes cercanas de Ío!

Pero no todo el mundo estaba tan ciego con respecto a lo que Ío podía ocultar. Algunas semanas antes de que la *Voyager* arribara a Júpiter, tres estudiosos emitieron una predicción que a muchos científicos planetarios les pareció una mera fantasía. Aplicando la misma física que sostiene nuestros conocimientos sobre las mareas en la Tierra, predijeron que Ío albergaría una intensa fuente de calor interno debido a las peculiaridades únicas de su posición dentro del Sistema Solar. Ío orbita muy cerca del masivo Júpiter, a una distancia muy similar a la que separa la Luna de la Tierra. Además está rodeado por los grandes satélites hermanos suyos, Europa y Ganímedes, con órbitas más alejadas.

Esta configuración de satélites y planetas implica que Ío se halla bajo el influjo no solo del masivo tirón gravitatorio de Júpiter, sino también de la atracción adicional que ejercen los satélites vecinos. Este tira y afloja gravitatorio crea un efecto milagroso en Ío que lo transforma de mundo inerte en uno de los objetos geológicamente más dinámicos del Sistema Solar.

Ío orbita alrededor de Júpiter cada 1.77 días, pero también se da la circunstancia crucial de que, por cada órbita de Ío, Ganímedes completa casi cuatro vueltas justas y Europa da justo dos. Esta preciosa simetría no es casual, es una consecuencia de la dinámica gravitatoria compleja que orientó para siempre la misma cara de la Luna hacia la Tierra. El término técnico para nombrar esta relación es resonancia orbital. Aunque las matemáticas implicadas y la terminología puedan ser complejas, el efecto es sencillo de explicar. De manera periódica, Ío, Europa y Ganímedes se alinean juntos y, cuando lo hacen, Ío recibe un intenso tirón gravitatorio y regular. Esto fuerza a Ío a apartarse de una bonita órbita circular para seguir otra elíptica o excéntrica. Esto significa que Ío se acerca y se aleja de Júpiter con cada vuelta a medida que lo orbita a lo largo de una elipse que tiene al gigante gaseoso en uno de sus focos. Como Júpiter posee un campo gravitatorio tan

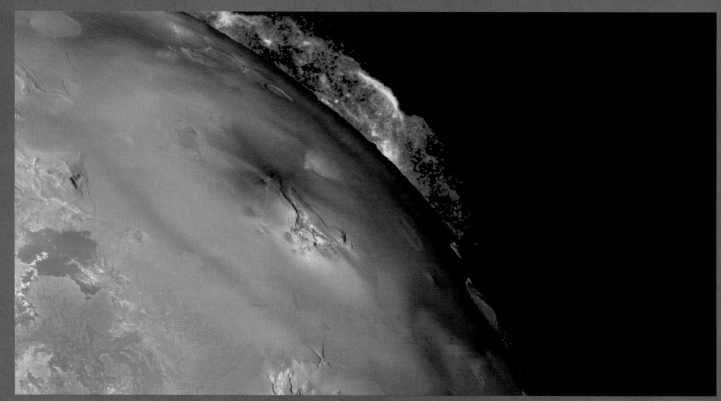

inmenso, esto hace que Ío se estire y encoja de manera periódica a medida que se acerca y aleja del planeta. Se trata de un efecto idéntico al que produce las mareas en los océanos terrestres, solo que en Ío no es agua lo que viene y va, sino la roca sólida del satélite en sí.

Igual que una pelota de *squash*, la fricción calienta Ío a medida que se estira y encoge una y otra vez, lo que transfiere ingentes cantidades de energía desde su órbita hacia el interior rocoso del propio satélite. Con el tiempo, esa transferencia inmensa de energía tendría que tornar la órbita de Ío más circular, pero la elegante relación que existe entre su órbita y sus satélites hermanos Europa y Ganímedes lo obligan a mantener la excéntrica trayectoria elíptica alrededor de Júpiter. Este implacable tira y afloja gravitatorio mantiene Ío a una temperatura de ebullición, literalmente, que desplaza la roca como si fuera agua, y que lo transforma en un mundo borboteante de calor, un mundo vivo con actividad volcánica. Cuando llegaron las imágenes de la *Voyager* quedó claro de inmediato que aquellos tres científicos tenían razón: Ío era cualquier cosa menos un satélite pulverulento e inerte.

Desde entonces hemos enviado una sonda para observar Ío aún más de cerca. A finales del siglo pasado la nave *Galileo* tomó las mejores imágenes de Ío disponibles hasta la fecha, que contribuyeron a formar una imagen detallada de la vida geológica de este satélite volcánico burbujeante. Ahora sabemos que uno solo de los muchos lagos de lava de Ío libera más calor que todos los volcanes de la Tierra juntos. Los lagos de lava de Ío son inmensos; el mayor mide 180 kilómetros de diámetro, lo que reduce al enanismo al majestuoso lago de Erta Ale. La superficie de Ío está cubierta de centros volcánicos de este tipo, lo que lo convierte, con gran diferencia, en el lugar con más vulcanismo del Sistema Solar, que bombea calor sin fin hacia el gélido vacío del espacio.

Ío es un mundo sorprendente e insólito. Como reside tan lejos del Sol, su superficie se encuentra a -155 °C. Está cubierto por azufre congelado, lo que le confiere un intenso color amarillo. Pero en medio de las gélidas llanuras amarillas, Ío está marcado por calderas de lava fundida; miles de toneladas de roca líquida fundida por la energía extraída del poderoso campo gravitatorio de Júpiter a medida que este satélite recorre su excéntrica trayectoria orbital ◉

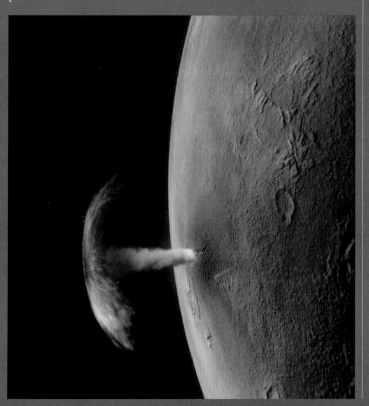

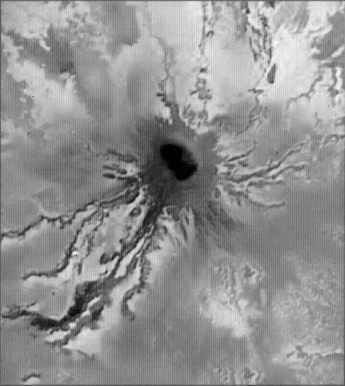

VULCANISMO EN EL SISTEMA SOLAR

El vulcanismo se aprecia en todo el Sistema Solar. Por lo común se debe o bien al calor interno, como el de Venus, la Tierra o Marte, o bien al calentamiento de marea causado por la atracción gravitatoria, como el que hallamos en Ío o Encélado.

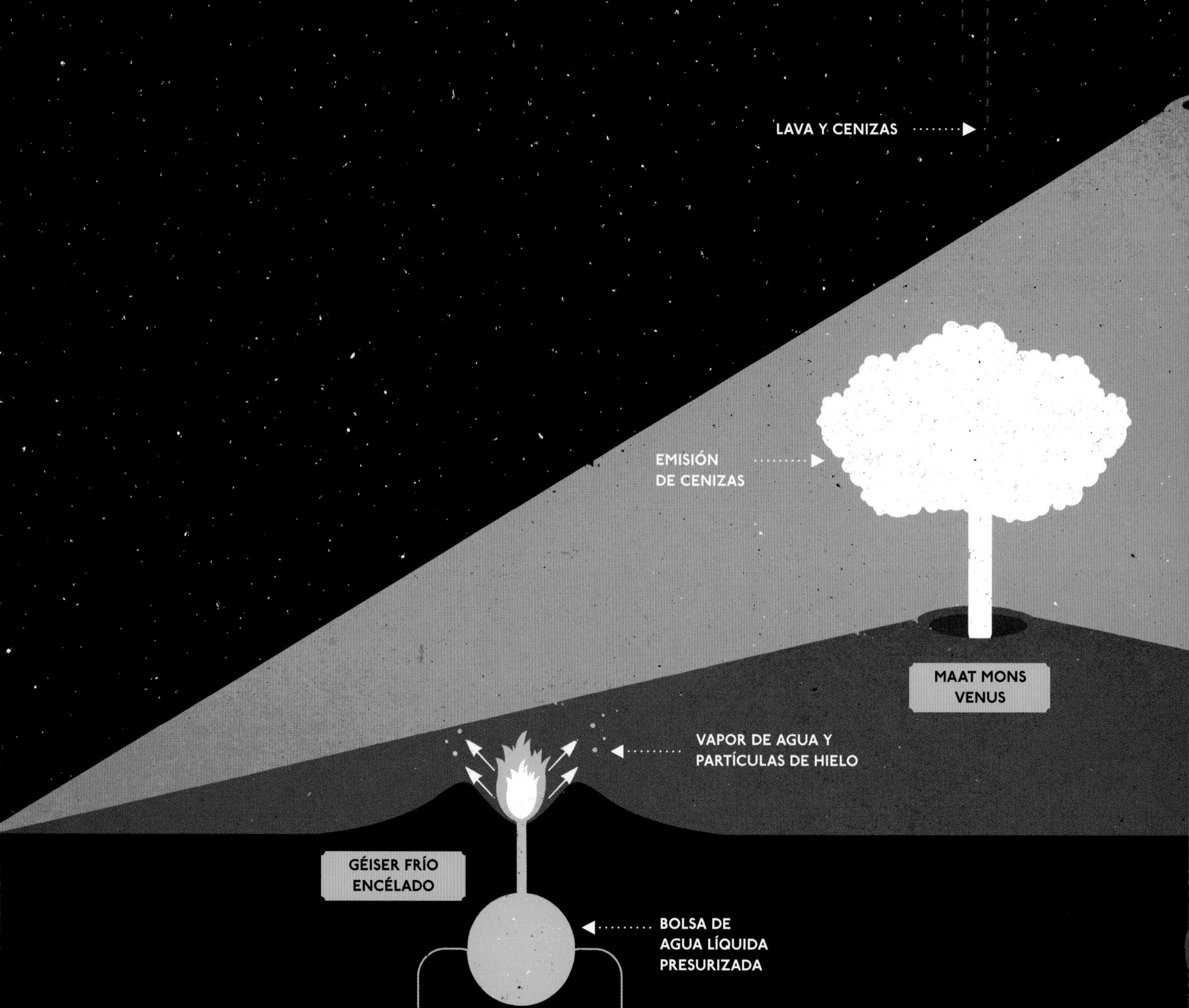

LAVA Y CENIZAS ·······▶

EMISIÓN ·······▶
DE CENIZAS

MAAT MONS
VENUS

VAPOR DE AGUA Y
PARTÍCULAS DE HIELO

GÉISER FRÍO
ENCÉLADO

◀········ BOLSA DE
AGUA LÍQUIDA
PRESURIZADA

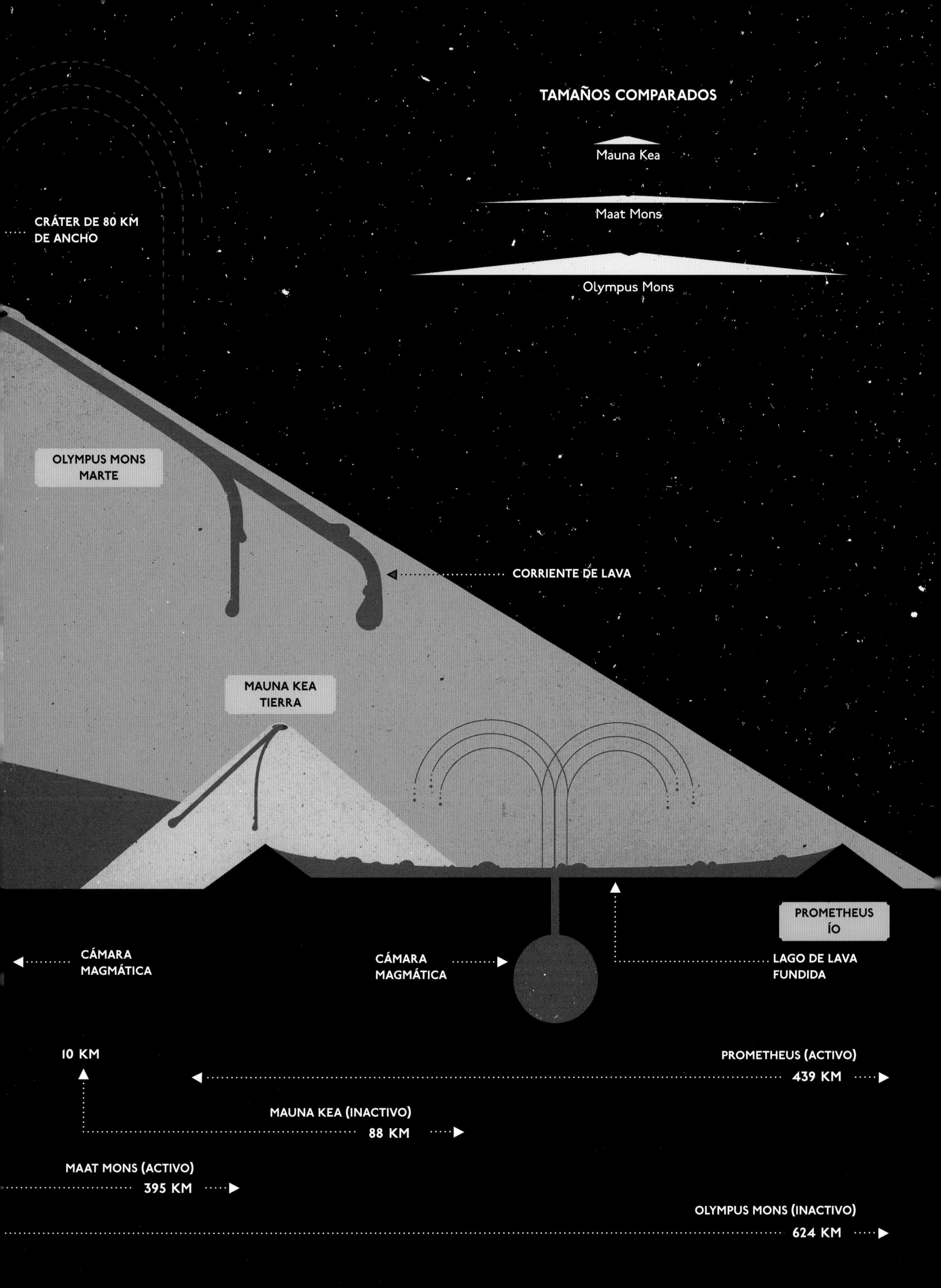

TAMAÑOS COMPARADOS

Mauna Kea

Maat Mons

Olympus Mons

CRÁTER DE 80 KM
DE ANCHO

OLYMPUS MONS
MARTE

CORRIENTE DE LAVA

MAUNA KEA
TIERRA

PROMETHEUS
ÍO

CÁMARA
MAGMÁTICA

CÁMARA
MAGMÁTICA

LAGO DE LAVA
FUNDIDA

10 KM

PROMETHEUS (ACTIVO)
439 KM

MAUNA KEA (INACTIVO)
88 KM

MAAT MONS (ACTIVO)
395 KM

OLYMPUS MONS (INACTIVO)
624 KM

LAS RESONANCIAS
DEL SISTEMA SOLAR

Ío es un mundo que sobrepasa nuestra imaginación. La relación gravitatoria única que mantiene con su planeta aporta un suministro de calor al parecer inagotable. Además de los inmensos lagos de lava fundida, ese calor propulsa también las mayores erupciones volcánicas de todo el Sistema Solar. Roca fundida y gas salen disparados desde la gélida superficie; el gas se expande y dispersa la lava en fuentes gigantescas de finas partículas. La gravedad débil y la tenue atmósfera de Ío hacen que los penachos volcánicos se alcen hasta 300 kilómetros de altura sobre la superficie de este satélite.

Este fenómeno increíble de vulcanismo proviene de las leyes más simples de la física; el calor contenido en el seno de un planeta acabará encontrando a la larga una vía de escape hacia la frialdad del espacio. Pero ¡qué manera más espectacular de ejecutar las leyes de la física!

En los lugares más inesperados, en los dominios más gélidos del Sistema Solar, el simple flujo de calor ha creado un ardiente mundo de fábula. Y, tal como hemos visto, Ío no está solo. Hemos descubierto que muchos de los satélites del Sistema Solar distan mucho de ser mundos inertes, yermos y anodinos; son activos, en ocasiones violentos y siempre hermosos.

Ío es fascinante. No obtiene su energía de una fuente interna de calor como hace la Tierra; extrae la energía de la órbita que sigue alrededor de su planeta, Júpiter. Después de vivir tres noches junto a la magnífica y amenazadora presencia de Erta Ale, apenas alcanzo a empezar a imaginar cómo sería la increíble contemplación de los vastos lagos de lava fundida de Ío. Ío es, de hecho, una auténtica maravilla del Sistema Solar.

La exploración humana de los planetas y satélites que orbitan alrededor de nuestra estrella nos ha brindado información valiosa sobre la naturaleza de nuestro propio mundo y nos ha hecho cambiar de idea con respecto al lugar que ocupa la Tierra en el espacio. Ahí fuera hay numerosos mundos realmente atribulados y hostiles, pero se rigen por las mismas leyes que modelan y controlan nuestro propio mundo. Las leyes de la naturaleza pueden crear mundos muy diversos con las variaciones más mínimas en cuanto a temperatura y composición. Los mundos también pueden experimentar cambios profundos influidos por planetas o satélites vecinos. Sus propias vida y muerte están condicionadas por delicadas interrelaciones gravitatorias que abarcan todo el Sistema Solar. De hecho, no estaríamos aquí de no ser por esas sutiles conexiones.

Tal vez la lección más trascendente de todas sea que no vivimos en un planeta aislado del resto del Sistema Solar; hay resonancias de otros planetas en la Tierra. Vivimos en un lugar íntimamente conectado con sus mundos hermanos y que orbita alrededor de la misma estrella, compartida por todos ◉

CAPÍTULO 6

EXTRATERRESTRES

VIDA EN LA TIERRA

Creo que estamos viviendo la era
de los descubrimientos más grandiosa
que ha conocido nuestra civilización.
Hemos viajado a los confines más alejados
del Sistema Solar, hemos fotografiado
extraños mundos nuevos, hemos
hollado paisajes ajenos y saboreado aires
extraterrestres. Lo único que no hemos
encontrado en esos mundos es lo
que hace único nuestro planeta: la vida.

Pero ¿de verdad es cierto eso?
¿Es la Tierra el único lugar del Sistema
Solar capaz de albergar vida, o hay
otros mundos que también reúnen
las condiciones necesarias para ello?
Lo que encontremos en esos mundos
tal vez nos ayude a responder a la incógnita
de si estamos solos en el universo. Este
no solo es uno de los grandes interrogantes
fundamentales de la ciencia, sino que
también supone una de las grandes
cuestiones pendientes de resolver en
la historia de la humanidad.

El mar de Cortés, frente a las costas de México, conforma uno de los ecosistemas más diversos del planeta. Entre los merodeadores de esta estrecha franja de agua se cuentan mantarrayas, tortugas laúd y muchas especies de ballenas, sobre todo el ser vivo más grande del mundo, la ballena azul. Todos estos animales, y otros miles, convergen aquí para crear uno de los destinos más singulares de la Tierra. Es el lugar perfecto para explorar una de las características que definen nuestro planeta mejor que cualquier otra. En la Tierra hay formas de vida tan ricas y variadas que, de los millones de especies que moran en ella, a menudo nos interesamos tan solo por los animales más grandes. Pero algunas de las maravillas más notables e interesantes de la vida terrestre se ocultan mucho más lejos de nuestra vista.

Un visitante que realiza un viaje regular de migración al mar de Cortés es el buque de investigación *Atlantis.* Este laboratorio flotante, de 92 metros, está operado por la Institución Oceanográfica Woods Hole y lleva a bordo un explorador intrépido y legendario de nuestros océanos profundos, el *Alvin,* un submarino de las profundidades oceánicas, de diecisiete toneladas de peso. Construido como una nave espacial, el *Alvin,* está diseñado para llevar a tres seres humanos afortunados hasta 4 600 metros por debajo de las olas del mar durante un viaje de nueve horas. Es uno de los submarinos más resistentes del mundo y, desde su primera suelta, en 1964, ha explorado algunos de los entornos más extremos de la Tierra, incluidos los restos del *Titanic.* El *Alvin* es un explorador de algunos de los medios más extraños que conocemos.

Durante la mañana de nuestra inmersión dentro del *Alvin* confieso haber sentido una aprensión irracional. Irracional porque el *Alvin* tiene un índice de seguridad impecable que se remonta hasta casi cincuenta años atrás; aprensión porque en el fondo marino situado bajo el mar de Cortés, esta pequeña esfera de titanio de 4.9 centímetros de grosor iba a soportar una presión 200 veces mayor que la presión atmosférica terrestre y permanecería absolutamente aislada del resto del mundo. Un transbordador espacial tarda alrededor de una hora

LA VIDA A ALTA PRESIÓN

A 900 metros bajo la superficie del mar impera la misma presión que en la superficie de Venus. El *Alvin* ha descubierto formas de vida que soportan presiones más del doble de intensas que la registrada en la superficie de Venus.

196 M

+1 ATMÓSFERA

+20 ATMÓSFERAS

PRESIÓN EN VENUS

+100 ATMÓSFERAS

ALVIN

+200 ATMÓSFERAS

INFERIOR: El *Alvin*, que toma su nombre del ingeniero decisivo para su desarrollo, Allyn Vine, está en funcionamiento desde 1964. Al soltarlo del soporte en forma de gran *A* instalado en la gabarra de investigación *Atlantis* (extremo inferior), se sumerge hasta más de 4 267 metros. Realiza casi 200 inmersiones al año y desde su primera suelta ha descubierto más de 300 especies nuevas para la ciencia.

PÁGINA SIGUIENTE: Estos gusanos tubícolas proliferan a 2 000 metros por debajo de la superficie del mar, en unas condiciones de vida de lo más extremas. Desde los tubos blancos estos animales despliegan penachos rojos parecidos a plumas con los que absorben sustancias químicas y liberan desechos. Las colonias de bacterias simbióticas que viven en el interior de los gusanos transforman entonces esas sustancias químicas en nutrientes que servirán de alimento a los gusanos.

desde que enciende los retrocohetes cuando se halla en órbita hasta que regresa en perfectas condiciones a la Tierra; el *Alvin* necesita dos horas para regresar desde dos kilómetros bajo la superficie del mar.

El *Alvin* no es ni grande ni lujoso; el habitáculo mide 208 centímetros de diámetro, lo justo para que tres personas se tumben en su interior con las piernas un tanto entrelazadas, a menos que alguien sea capaz de permanecer ocho horas con las piernas cruzadas. Yo no puedo. Los lados curvos de titanio pulido de la esfera quedan a la vista donde no permanecen tapados por los estantes para los equipos y las bombonas de oxígeno. *Alvin* lleva suficiente aire para una estancia de tres días bajo el mar, por si fuera necesario un rescate. Lo más emocionante de la nave son tres gruesas portillas que adquieren una transparencia hermosa e intimidatoria cuando se sumerge. Generaciones de exploradores submarinos han disfrutado, a través de esas ventanas, de las vistas marinas más exóticas e insólitas.

La suelta resultaría desagradable de no ser por la adrenalina del acuanauta novato. El *Alvin* se desplaza hacia el picado mar de Cortés con una grúa y se deja caer sobre las olas, donde cabecea sin control hasta que se completan las últimas comprobaciones previas a la inmersión. Durante nuestro descenso el estado del mar se encuentra en el límite de lo aceptable, lo que convierte la experiencia en algo parecido, supongo, a meterse en una esfera para detergente dentro de una lavadora. Me dicen que será mucho peor el regreso a la superficie porque en estas condiciones la recuperación de la nave puede llevar hasta una hora.

Sin embargo, instantes después de autorizarse la inmersión, el *Alvin* se convierte en un lugar sereno y apacible a medida que emprende su largo viaje hacia el lecho marino. A través de las ventanas, la oscuridad se tiende con rapidez y el único ruido que se oye es el zumbido de la climatización y el pitido ocasional de los instrumentos electrónicos. Todos los sonidos, incluido el del habla, se perciben con una ausencia antinatural de reverberación en el interior de *Alvin*. Es como esos primeros segundos que pasas fuera de casa después de una intensa nevada, cuando el mundo pierde sus ecos junto con su colorido. «Los pitidos nunca son buenos», le digo al piloto. «Son las alarmas programadas de profundidad», responde tranquilo.

Tras una hora de descenso suave iluminados tan solo por el fabuloso parpadeo de los organismos luminiscentes que pasan flotando ante las portillas, llegamos al fondo del océano. Las luces del *Alvin* se encienden y ante nosotros aparece un nuevo mundo.

Escondido a 2 000 metros bajo la superficie del océano existe uno de los entornos más insólitos del planeta. Alrededor de una chimenea hidrotermal (una abertura volcánica en la corteza terrestre por la que emanan al océano nubes de sustancias químicas sulfurosas que permanecen suspendidas en un agua calentada hasta casi 300 °C) se concentra una ciudad submarina. Esta silueta urbana en miniatura, que incluye chapiteles de una complejidad fabulosa y que solo se elevan unos pocos metros hacia la negrura aunque con un intrincamiento que engaña la vista y elimina la percepción de la escala, se ha formado con la energía liberada a través de la falla de San Andrés, en movimiento perpetuo. Por encima de la superficie esta falla se relaciona con muerte y destrucción (el episodio más conocido fue el gran terremoto de San Francisco de 1906, que devastó la ciudad), pero bajo las olas esta falla no quita la vida, sino que la da.

La inmensa mayoría de las formas de vida conocidas en nuestro planeta recurre a la energía procedente del Sol para alimentar su existencia, pero en las grandes profundidades del fondo marino no hay luz del Sol. Algo de la energía del Sol sí desciende lentamente convertida en desechos vegetales y animales procedentes de capas más elevadas del océano. Esta materia biológica ha capturado la energía del Sol a través de la fotosíntesis y, por tanto, libera una tajada minúscula de energía solar en el lecho oceánico. Pero eso no cubre las necesidades de la inmensa densidad de vida que observamos en las frías y oscuras profundidades marinas.

Sobre el suelo de la ciudad desparramada alrededor de las chimeneas se despliegan alfombras amarillas de bacterias que constituyen los cimientos del ecosistema que prolifera aquí. Criaturas diminutas parecidas a quisquillas y llamadas anfípodos se alimentan directamente de las bacterias. Organismos mayores visitan la ciudad desde profundidades intermedias y crean una cadena alimenticia compleja que mantiene una maraña de animales que van desde caracoles y cangrejos hasta gusanos tubícolas y pulpos.

Los gusanos tubícolas tienen una importancia especial en la ecología de estos entornos. Estas extrañas criaturas llegan a alcanzar 2.5 metros de largo y pasan toda la vida a varios kilómetros bajo el mar. Poseen un sistema nervioso bien desarrollado y su sistema circulatorio utiliza moléculas complejas de hemoglobina parecidas a las de la sangre humana para transportar el oxígeno por todo el cuerpo. Esto crea el llamativo penacho rojo que se extiende desde la punta de los gusanos hasta la base, pero, a pesar de semejante complejidad vascular, estos animales carecen de boca y de tracto digestivo. Absorben los nutrientes directamente a través de los tejidos mediante una relación simbiótica con las bacterias que viven en su interior. Más de la mitad del peso del cuerpo de un gusano tubícola consiste en bacterias, y este matrimonio biológico se consuma mediante el intercambio de moléculas esenciales para la supervivencia de ambos organismos.

Un transbordador espacial tarda alrededor de una hora desde que enciende los retrocohetes cuando se halla en órbita hasta que regresa en perfectas condiciones a la Tierra; el Alvin *necesita dos horas para regresar desde dos kilómetros bajo de la superficie del mar.*

DERECHA: Antena Mars de la Red de Espacio Profundo que tiene la NASA en Goldstone, en el desierto de Mojave, California. Hemos dedicado milenios a la búsqueda de vida extraterrestre, pero, desde la invención del telescopio, hace 400 años, nuestra obsesión por los otros mundos no ha hecho más que aumentar.

Esta relación depende de una sustancia química que abunda alrededor de todas las chimeneas hidrotermales y que es esencial para la supervivencia del ecosistema. El sulfuro de hidrógeno, que huele a huevos podridos, se forma cuando el agua del mar entra en contacto con el azufre de las rocas situadas bajo el suelo marino. Las bacterias que viven alrededor de las chimeneas han evolucionado para usar estas moléculas como fuente de energía, en lugar de la luz del Sol, mediante un proceso que se denomina quimiosíntesis. Cuando hacen reaccionar el sulfuro de hidrógeno con el dióxido de carbono y el oxígeno, estas bacterias únicas producen moléculas orgánicas de las que se alimentan todos los demás organismos de alrededor. Asimismo generan glóbulos sólidos de azufre que confieren al fondo marino su intenso color amarillo. Las bacterias liberan el oxígeno, el dióxido de carbono y el sulfuro de hidrógeno a través de los extraordinarios sistemas circulatorios de los gusanos tubícolas. Los penachos rojos filtran esas sustancias químicas desde el agua del mar, la sangre las transporta hasta el montón de bacterias que vive en el cuerpo de los gusanos. Entonces las bacterias aportan los compuestos orgánicos, el alimento de los gusanos.

Esta singular relación evidencia la adaptabilidad de la vida cuando evoluciona en los entornos más inverosímiles. A falta de un ingrediente vital para la inmensa mayoría de la vida que reside en la superficie (la luz del Sol), estos rebeldes biológicos han encontrado una forma completamente nueva de proliferar.

Lo fascinante de encontrar vida en este entorno absolutamente extraño es que las condiciones que imperan en el profundo lecho marino se asemejan más, en muchos aspectos, a las de mundos del Sistema Solar situados a cientos de millones de kilómetros de distancia, que a las condiciones que reinan a tan solo dos kilómetros por encima en la superficie terrestre. La oscuridad es inconcebible; no hay luz solar, y una mezcla brutal de agua fría y caliente permanece en contracto con las rocas y minerales. Si la vida no solo consigue sobrevivir, sino que incluso prolifera en estas condiciones, no parece descabellado especular con que la vida también pudiera sobrevivir y hasta medrar en algún otro lugar del Sistema Solar donde se dieran unas condiciones similares. Y, tal como hemos comprobado una y otra vez a lo largo de nuestros viajes científicos hasta los confines del Sistema Solar, la manera de buscar esas condiciones en otros mundos consiste en llegar hasta ellos y estudiarlos.

La búsqueda de vida extraterrestre se remonta a miles de años atrás y ha tenido una importancia capital tanto en el pensamiento oriental como en el occidental. Se cree que el filósofo griego Tales de Mileto fue el primer pensador occidental que planteó la idea de la vida fuera de nuestro planeta. Él sostenía que las estrellas no son meros puntos de luz en el cielo, sino otros mundos, lo que abriría la posibilidad de que también en ellos hubiera vida. Pensadores judíos, hindúes e islámicos también apuntaron la idea de otros mundos en la literatura de la antigüedad. Sin embargo, con la expansión del cristianismo por el oeste, y de su creencia central en un universo geocéntrico, la especulación sobre la existencia de vida extraterrestre se convirtió en algo trasnochado y hasta contrario a la doctrina cristiana durante muchos siglos.

Hubo que esperar hasta la invención del telescopio, hace 400 años, para que los astrónomos pudieran empezar a buscar signos directos de vida en los mundos vecinos. A medida que ha ido mejorando la tecnología hemos conseguido estudiar los planetas con mayor detalle, pero el incremento de la agudeza no siempre ha conllevado más certeza.

Wilhelm Herschel, el descubridor de Urano y uno de los precursores de la astronomía moderna, creía que todos los planetas estaban habitados; hasta realizó cálculos para demostrar que el Sol estaba poblado por una raza de seres muy cabezudos que

solo podían sobrevivir en esas condiciones debido al tamaño del cráneo. A comienzos del siglo XX Marte se convirtió en el centro de atención en relación con la búsqueda de signos directos de vecinos cósmicos. El astrónomo estadounidense Percival Lowell convenció a buena parte del mundo de que Marte estaba cubierto por una red intrincada de canales artificiales que eran signos directos de la existencia de una civilización marciana compleja. Esta visión romántica de una civilización que canaliza la escasa agua marciana desde los polos hasta las grandes ciudades del ecuador no se descartó por completo hasta la llegada de la *Mariner 4* a aquel lugar para echar una ojeada de cerca en 1965.

A medida que crecieron nuestras aspiraciones de exploración y nuestras proezas técnicas a lo largo del siglo XX, los signos de

cualquier forma de vida compañera a la nuestra en el universo han disminuido. Una y otra vez los hemos buscado con mayor atención en cada nuevo intento y no hemos encontrado nada. Esto no significa que el resto del Sistema Solar esté inerte; después de todo, solo hemos arañado la superficie de lo que hay fuera de la Tierra. Literalmente hay cientos de mundos ahí fuera, una colección inmensa y variada de planetas con sus satélites que apenas hemos explorado dentro del Sistema Solar. Entre ellos tal vez haya mundos con las condiciones necesarias para albergar vida, y la vía más accesible para comprobar los límites de esas condiciones quizá consista en fijarse en el único lugar donde sabemos que prolifera la vida: la Tierra ◉

¿QUÉ ES LA VIDA?

La vida es algo difícil de definir. Los científicos aún se esfuerzan por obtener una descripción lo bastante concreta como para englobar todas las formas de vida que ya conocemos, y lo bastante amplia como para abarcar las formas de vida que seguimos descubriendo aquí y que quizá algún día encontremos en otros mundos. A lo largo de los años se han propuesto numerosas definiciones que comprenden los elementos esenciales de la vida: el metabolismo, la reproducción, el crecimiento, la adaptación y la organización. Una de las definiciones más simples, la que contempla la vida como un «sistema químico automantenido capaz de experimentar la evolución darwiniana», tal vez sea una de las más exactas.

Cuando la reducimos a sus elementos constitutivos esenciales, la vida no es más que química. Es una propiedad emergente, una consecuencia de las numerosas y variadas reacciones que se producen dentro de un sistema maravillosamente intrincado y ordenado de moléculas tanto simples como complejas. Según esto, para que haya vida solo se precisan tres cosas. En primer lugar, necesitamos el conjunto adecuado de sustancias químicas. Los seres humanos se componen de aproximadamente cuarenta elementos, casi la mitad de los elementos conocidos. Esto es complicado, y muchos de ellos son esenciales para nuestro funcionamiento biológico, pero el 96 % del cuerpo humano consiste tan solo en cuatro elementos: carbono, nitrógeno, oxígeno e hidrógeno. En segundo lugar, requiere una fuente de energía; una batería que genere un flujo de electrones para propulsar los procesos de la vida. Aquí en la Tierra la mayoría de la vida que conocemos utiliza la energía del Sol, pero esta no resulta esencial, tal como hemos visto, alrededor de las chimeneas hidrotermales de los fondos marinos. Siempre que se pueda

COMPOSICIÓN DE LOS SERES HUMANOS
Alrededor del 96 % del cuerpo humano consiste en tan solo cuatro elementos; el 4 % restante está formado por unos 36 elementos más.

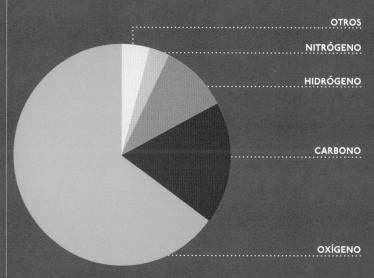

OTROS
NITRÓGENO
HIDRÓGENO
CARBONO
OXÍGENO

obtener energía (ya sea mediante la fotosíntesis, que capta la energía solar, o mediante la quimiosíntesis, donde el sulfuro de hidrógeno libera la energía de enlace almacenada en el interior de las moléculas), es viable que eclosione la vida. En tercer lugar, y esto parece universal, se precisa un medio a través del cual consigan desarrollarse los procesos químicos de la vida. En la Tierra no hay que mirar muy lejos para encontrar ese medio; el disolvente de la vida está por todas partes: es el agua ◉

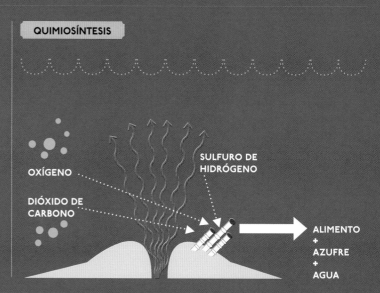

FOTOSÍNTESIS

LUZ DEL SOL

DIÓXIDO DE CARBONO

AGUA

ALIMENTO + OXÍGENO

QUIMIOSÍNTESIS

OXÍGENO

DIÓXIDO DE CARBONO

SULFURO DE HIDRÓGENO

ALIMENTO + AZUFRE + AGUA

CÓMO CREAN ENERGÍA PARA LA VIDA LOS SERES VIVOS
En la superficie de la Tierra la mayoría de las formas de vida utiliza la energía del Sol para generar alimento y oxígeno a través de la fotosíntesis. Pero allí donde no llega la luz solar, como en las oscuras profundidades oceánicas, se han adaptado para crear los elementos esenciales para la vida recurriendo a otros medios, como la quimiosíntesis.

EL AGUA: UNA FUERZA ESENCIAL PARA LA VIDA

INFERIOR: El desierto de Atacama, en Chile, se considera el lugar más árido del mundo. Dada la ausencia casi absoluta de agua, no hay formas de vida capaces de perdurar aquí, ni siquiera bacterias.

Para comprobar lo importante que es el agua para la vida no hay mejor lugar al que acudir que el desierto de Atacama, en Chile. El de Atacama es considerado por muchos uno de los desiertos más secos del mundo. Esta llanura de 1 000 kilómetros de longitud y carente de precipitaciones de lluvia, situada en el norte de Chile, está emparedada entre los Andes y la cordillera costera de montañas chilena. Esta inusual ubicación geológica genera una sombra pluviométrica, un fenómeno meteorológico que impide que esta estrecha banda de tierra reciba siquiera las cantidades mínimas de precipitación.

Todos los desiertos se caracterizan por la falta de humedad, pero el de Atacama lo lleva al extremo. Algunas estaciones meteorológicas de allí no han registrado lluvia jamás; otras han medido tan solo un milímetro de lluvia en diez años. Hay valles fluviales que llevan secos 120 000 años, y algunas de sus rocas no han visto la lluvia en veinte millones de años. Hay signos de que en Atacama no ha habido precipitaciones de lluvia significativas durante 400 años, entre 1570 y 1971. Es un lugar tan seco que a su lado el desierto del Sáhara

parece húmedo: incluso el gran páramo africano recibe cincuenta veces más cantidad de lluvia que Atacama.

Los científicos han buscado bacterias, la forma de vida más elemental, en el desierto de Atacama, y en algunos lugares no han encontrado absolutamente nada. La tierra está tan muerta que en algunos lugares el suelo aparece más esterilizado que el quirófano de un hospital. Esta es la prueba más sólida que tenemos para afirmar que cualquier forma de vida necesita agua para sobrevivir. En la Tierra no hemos encontrado ninguna excepción a esta regla.

Este vínculo aparentemente fundamental entre el agua y la vida está dirigiendo la búsqueda de vida en el Sistema Solar, porque todo indica que los lugares donde encontremos agua serán los mejores para buscar vida fuera de la Tierra. Estamos seguros de que la Tierra es el único planeta que en la actualidad tiene agua líquida permanentemente en la superficie. Los demás planetas son o demasiado cercanos al Sol y demasiado tórridos (como Venus, donde el agua que pudiera haber se evaporó mucho tiempo atrás), o demasiado lejanos (como es el caso de Marte, donde la única agua superficial de la que tenemos noticia permanece atrapada en los casquetes polares). En lugares más exteriores del Sistema Solar hay muchísima agua. Muchos de los satélites que giran en torno a los gigantes de gas, y hasta los anillos de Saturno, están formados en gran medida por agua, pero en las profundidades del espacio se encuentra congelada en hielo sólido.

Sin embargo, eso no marca de manera categórica el final de la búsqueda. El agua puede permanecer oculta bajo la superficie de algún satélite o planeta, y también es muy posible que haya fluido agua líquida por la superficie de otros planetas en algún momento de la historia del Sistema Solar. Si fue así, encontraremos señales de ello porque una de las cosas que sabemos del estudio de los paisajes terrestres es que el agua siempre deja su impronta allá por donde pasa ◉

LA RÚBRICA DEL AGUA

No hay otro lugar en la Tierra donde el fluir del agua ya desaparecida haya dejado su impronta en el terreno de un modo más manifiesto que en el extraordinario paisaje de una remota región del noroeste de Estados Unidos. Las Scablands son una formación geológica única que se extiende por un área inmensa del estado de Washington y que demuestra a una escala impresionante cómo puede llegar el agua a tallar su rúbrica en la roca.

El origen de las Scablands, estudiadas por primera vez en la década de 1920, fue un misterio que desafió cualquier explicación geológica convencional. Un valle fluvial normal deja tras de sí un corte transversal característico en forma de V que se repite en otros sistemas fluviales del resto del globo. El otro efecto hídrico observado habitualmente son los valles en forma de U esculpidos por glaciares. En cambio, los valles de las Scablands presentan una sección transversal rectangular y la primera vez que se estudiaron no se pudieron explicar mediante ningún fenómeno geológico conocido. Es obvio que no se trata de un sistema fluvial normal, porque todos los valles se encuentran cavados en línea recta a través de la roca. No existe el suave serpenteo de los meandros de un río; más bien estos valles se asemejan a grandes hoyos rectangulares.

J. Harlen Bretz fue el primer geólogo que estudió esta región. Él concluyó que estas formas geométricas de erosión, hoyas y marcas de ondas únicas de las Scablands, surgieron como consecuencia de

cantidades ingentes de agua, de cientos de kilómetros cúbicos de volumen, que recorrieron la zona durante un período muy breve de tiempo. Como no tenía explicación alguna sobre la procedencia del agua, su teoría se ridiculizó y desdeñó. Solo cuando empezó a colaborar con otro geólogo, J. T. Pardee, consiguió ofrecer una interpretación completa de lo acaecido en este lugar extraordinario. Tras décadas de investigación cuidadosa, Bretz y Pardee llegaron a una teoría que no solo explicaba los accidentes observados en las Scablands, sino que más tarde ayudaron a los geólogos a interpretar formaciones parecidas en otro planeta situado a millones de kilómetros de distancia.

En la actualidad, las Scablands son una región de enorme interés para astrogeólogos como Jim Rice, de la Universidad del Estado de Arizona. Rice cree que el esclarecimiento de los sucesos que crearon este paisaje puede servir de ayuda para buscar agua en otros planetas. Mientras nuestro helicóptero volaba por los geométricos cañones de un paisaje distinto a cualquier otra cosa que yo hubiera visto jamás en la Tierra, Rice me explicaba que la investigación del origen de lugares como las Scablands se parece más a analizar la escena de un crimen que a una expedición geológica. Todo este trabajo detectivesco ha desvelado que estas marcas únicas en el paisaje testimonian la mayor inundación que jamás haya experimentado la Tierra.

Entre 13 000 y 15 000 años atrás, al final de la última glaciación, había un inmenso lago glacial, llamado lago Missoula, 320 kilómetros al este de las Scablands. Permanecía en su lugar sostenido por una

> *Si colocáramos todos los ríos de la Tierra en el mismo emplazamiento y los hiciéramos fluir todos a la vez, nos encontraríamos con que aquellas inundaciones fueron diez veces más grandes.*

inmensa pared de hielo, una presa que retuvo millones de kilómetros cúbicos de agua a lo largo de milenios durante la glaciación. A medida que aumentó el nivel del agua al otro lado de la presa, la pared de hielo fue soportando una tensión cada vez mayor hasta que con el tiempo, inevitablemente, cedió. Cuando se rompió, liberó más de 2 000 kilómetros cúbicos de agua que arrasaron el terreno en un solo suceso catastrófico. Las inundaciones alcanzaron un mínimo de un kilómetro de profundidad y viajaron a 130 kilómetros por hora. La energía liberada fue la equivalente a 4 500 megatones de TNT. Imagine lo terrorífica que debió de ser aquella ola masiva, tal vez la ola la más grande y devastadora de la historia, retumbando por el paisaje con su cargamento de inmensos trozos de hielo de la presa y fragmentos descomunales de roca basal arrancada del suelo.

A medida que las riadas desgarraban el paisaje, tallaron un cañón de treinta kilómetros de longitud y dejaron gigantescas formaciones en herradura en su cabecera. Con más de 122 metros de altura y 8 kilómetros de ancho, aquella fue la cascada más grande que ha conocido el mundo. Mientras permanecíamos en pie observado el paisaje, era prácticamente imposible imaginar las dimensiones de la ola de agua que corrió por allí. Jim Rice, en cambio, tenía una fórmula sencilla para concebir aquel suceso en su justa medida: «Si colocáramos todos los ríos de la Tierra en el mismo emplazamiento y los hiciéramos fluir todos a la vez, nos encontraríamos con que aquellas inundaciones fueron diez veces más grandes».

Pero quizá lo más asombroso sea la rapidez con la que se formó este lugar. Las estimaciones actuales señalan que este vasto y complejo paisaje se formó en no más de una semana, tal vez incluso en tan solo cuarenta y ocho horas. Tal como lo expresó Jim Rice: «Geología instantánea a una escala épica».

Las Scablands revelan una de las huellas características que puede tallar el agua en el paisaje. Es una rúbrica tan bien definida y vívida que hasta se divisa desde la órbita de la Tierra y, si conseguimos ver esos rasgos en nuestro propio planeta, también deberíamos detectar signos parecidos de la poderosa acción del agua en la superficie de otros mundos cuando dirigimos hacia ellos nuestros telescopios ◉

¿VIDA EN MARTE?

A lo largo de más de un siglo, Marte se ha considerado el principal candidato donde encontrar vida extraterrestre. Durante unos breves instantes la imaginación astronómica de Percival Lowell nos convenció de la existencia de una red de canales artificiales en el planeta rojo, y la cultura popular se colmó de historias sobre marcianos, como el clásico de la ciencia ficción *La guerra de los mundos*, de H. G. Wells. El legado y la fantasía de los imaginarios marcianos victorianos persistieron durante todo el siglo XX y, en numerosos aspectos, aún nos acompañan. En cambio, los signos que buscamos hoy no son afanados trabajos de constructores extraterrestres, aunque, como Lowell, proseguimos la búsqueda diligente de indicios delatores de canales de agua en el planeta rojo.

PÁGINA SIGUIENTE: Esta imagen, tomada por la sonda *Mars Reconnaisance Orbiter*, muestra el cráter Victoria, una formación de impacto de unos 800 metros de diámetro próxima al ecuador del planeta y que fue visitada por el todoterreno de exploración de Marte *Opportunity*.

CICATRICES EN MARTE

IZQUIERDA: Las figuras en forma de herradura presentes en las cascadas secas de las Scablands (inferior) aparecen también en esta imagen de la superficie de Marte (superior).

INFERIOR: Estas dos imágenes (las Scablands, inferior, y Marte, superior) demuestran una vez más las semejanzas que comparten ambos paisajes.

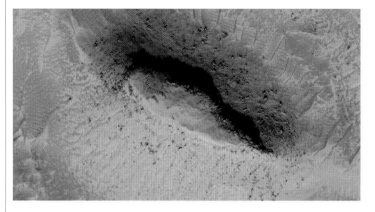

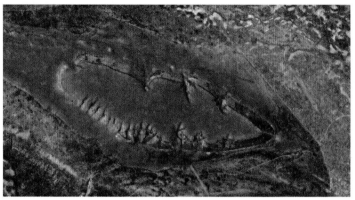

I
mágenes tomadas por el todoterreno de exploración de Marte *Opportunity*, que aterrizó en el planeta rojo en 2004, revelan que nuestro vecino más próximo exhibe formaciones talladas en la superficie que se muestran casi idénticas a las Scablands. Marte está cubierto de canales de desbordamiento, anchos cañones rectos exactamente iguales a los de Washington, repletos de accidentes geológicos idénticos. Todo ello sugiere que por la superficie de este planeta pudieron fluir inundaciones colosales parecidas.

Las imágenes aquí expuestas revelan lo parecidos que resultan esos paisajes. Desde el aire se ve que las formaciones en herradura de las cascadas secas del estado de Washington se repiten en la superficie de Marte. Y hay más semejanzas llamativas. Corriente arriba de las cascadas de la Tierra y Marte se aprecian surcos tallados en el paisaje a medida que el agua se precipitaba hacia el desnivel. Esta colección de características geológicas similares indica que estos valles colosales vivieron la misma historia, y que por la superficie de Marte discurrieron inmensas cantidades de agua con rapidez en algún momento del pasado.

Estas imágenes y su interpretación, junto con los numerosos accidentes geológicos adicionales que hemos estudiado en Marte, evidencian que alguna vez fluyeron volúmenes muy grandes de agua líquida por la superficie del planeta rojo. Este es un paso importante en la búsqueda de vida marciana, porque nos revela que tuvo que estar presente uno de los requisitos previos e innegociables para la vida, el agua. Pero, por sí solos, los accidentes de erosión semejantes a las

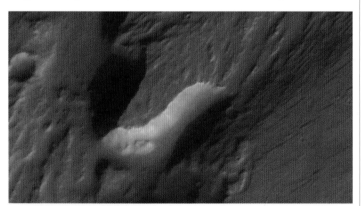

Estas imágenes… junto con los numerosos accidentes geológicos adicionales que hemos estudiado en Marte, evidencian que alguna vez fluyeron volúmenes muy grandes de agua líquida por la superficie del planeta.

Scablands no apuntan hacia la existencia de las condiciones que consideramos indispensables para la vida. Si los mismos procesos que formaron las Scablands fueron los que moldearon los paisajes marcianos, las inundaciones que los crearon tal vez solo duraran días, y para que la vida se asiente se necesita más que eso; se precisan áreas con agua permanente, lagos y ríos que perduren muchos millones de años. Para buscar signos de agua permanente hemos recurrido a lo único que podemos hacer. Hemos enviado un ejército de exploradores robóticos a la superficie del planeta ◉

221

INFERIOR: Estos canales de desbordamiento que cubren la superficie de Marte parecen tener exactamente la misma formación que los de las Scablands, y están cubiertos por accidentes geológicos idénticos.

LOS MINERALES DE MARTE

Durante los últimos treinta y cinco años hemos hecho aterrizar seis sondas robóticas con éxito en Marte, y una de ellas, *Opportunity*, aún deambulaba por la superficie en 2011 investigando la geología actual de Marte. *Opportunity* y su nave gemela, *Spirit*, han conquistado la imaginación de mucha gente, entre ella la de los entusiastas del espacio en edad escolar que formarán la próxima generación de exploradores, científicos e ingenieros, de vital importancia. Los todoterrenos son en verdad exploradores a la antigua usanza, la prolongación directa de nuestros sentidos en la superficie de otro mundo. Pero también han tenido una relevancia científica valiosísima porque no se puede conocer realmente otro planeta desde la órbita. Hay que descender hasta la superficie, hay que tocarlo, y hay que excavar en él y examinarlo al microscopio. Solo con eso, los todoterrenos han conseguido algunos descubrimientos científicos de una importancia extrema.

Uno de los hallazgos más significativos se logró en noviembre de 2004. El todoterreno *Opportunity* estaba analizando un cráter de

PÁGINA ANTERIOR: La explotación salina más grande del mundo se encuentra en Baja California Sur, en México. Aquí se rellenan lagunas con agua marina que más tarde se evapora y deja tras de sí su apreciado residuo: la sal.

INFERIOR: Estas imágenes procedentes del todoterreno *Opportunity* muestran algunos de los cristales de yeso encontrados en el cráter Endurance y en campos de dunas de arena en Marte, que sugieren que grandes zonas del planeta estuvieron alguna vez cubiertas de agua.

impacto llamado Endurance cuando detectó depósitos de un mineral extraordinario: yeso. Este es un mineral muy blando que se ha hallado en grandes depósitos en la superficie de Marte y, aunque aún no podemos traer yeso marciano a la Tierra para estudiarlo mejor, su mera existencia aporta otro indicio crucial para la búsqueda de vida en Marte.

En Baja California Sur, México, la explotación salina más grande del mundo se extiende a lo largo y ancho de un vasto paisaje. Se trata una industria lucrativa pero sencilla que solo precisa el bombeo de agua del mar hacia lagunas donde más tarde se evaporará y dejará tras de sí un residuo de cloruro sódico, o sal común, que acabará llegando a millones de mesas de todo el mundo. Pero el agua del mar no solo deja sal común, también cristalizan y emergen otras sales y otros minerales en las distintas fases del proceso. En una de las lagunas, la charca n.º 9, el agua marina tiene justamente la concentración precisa para precipitar un precioso cristal que cubre por completo el fondo de la laguna.

Esos cristales son yeso, exactamente el mismo material que encontró el todoterreno *Opportunity* en la superficie de Marte. Lo interesante de este descubrimiento es que nos transmite algo fundamental sobre la historia hídrica del planeta rojo. La fórmula química del yeso es $CaSO_4 \cdot 2H_2O$, es decir, sulfato cálcico dihidratado. El dihidrato es el detalle importante para nuestra historia, porque es el que se refiere a las dos moléculas de agua débilmente enlazadas al sulfato cálcico. Aquí en la Tierra solo conocemos una manera de que el sulfato cálcico se combine con el agua de este modo; sencillamente requiere que haya iones de calcio y azufre en presencia de agua líquida permanente durante largos períodos de tiempo.

Dados los grandes depósitos de yeso encontrados en múltiples emplazamientos de la superficie de Marte, la única conclusión que parece viable extraer es que en algún momento tuvo que haber agua permanente en la superficie del planeta. Si esta interpretación del descubrimiento de yeso es correcta, entonces tenemos otro indicio favorable a que en algún momento de la historia de Marte se han dado todos los factores necesarios para la aparición de la vida.

Con todo lo observado en Marte, desde las señales microscópicas que han quedado en las rocas hasta los hallazgos posteriores de yeso entre los campos de dunas de arena, o las vastas estructuras geológicas que cubren la superficie del planeta indicadoras de corrientes de agua, es difícil eludir la conclusión de que Marte fue en el pasado un planeta mucho más cálido y húmedo. Un planeta con océanos e inundaciones, con grandes áreas de aguas permanentes y con un ciclo hidrológico que formó los espectros de ese paisaje terrestre y familiar para nosotros que se vislumbra hoy a través del árido polvo.

Aunque Marte pudo ser antaño un lugar más acogedor, toda el agua líquida desapareció de la superficie hace mucho tiempo. Marte feneció como planeta hace unos tres mil millones de años. El núcleo se solidificó y los volcanes que habían creado la atmósfera se atoraron. Los vientos solares lo despojaron después de la atmósfera que aún conservaba. Cualquier agua líquida que quedara en la superficie del planeta se habría evaporado o filtrado en el suelo, donde se congeló. Todo ello dejó la superficie de Marte demasiado fría, demasiado expuesta y demasiado seca para albergar vida, pero eso no quiere decir que no pueda haber vida hoy en algún lugar del planeta rojo. Tal vez estemos mirando simplemente en un lugar equivocado, tal vez haya otros hábitats potenciales para la vida en Marte ◉

Marte fue en el pasado un planeta mucho más cálido y húmedo. Un planeta con océanos e inundaciones, con grandes áreas de aguas permanentes y con un ciclo hidrológico.

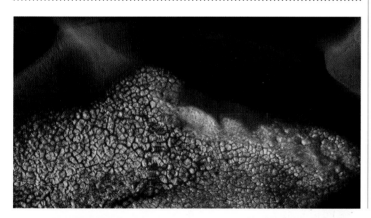

EL SUBSUELO
INEXPLORADO DE MARTE

En septiembre de 2007 la nave espacial de la NASA *Mars Odyssey* descubrió siete círculos extraños en la parte superior de las laderas de un volcán marciano llamado Arsia Mons. Aquellas formaciones circulares y oscurísimas oscilaban entre los 100 y los 250 metros de diámetro y dejaron absolutamente perplejos a los científicos que las encontraron. Para intentar resolver el misterio, el equipo empleó las cámaras infrarrojas de la nave *Odyssey* para captar los cambios de temperatura en los agujeros a lo largo de una serie de días marcianos. Los resultados obtenidos fueron sorprendentes. La variación de temperatura del día a la noche en esos agujeros era muy inferior a los cambios registrados en el área circundante, de alrededor de un tercio del cambio de temperatura detectado fuera de los círculos. Esta estabilidad térmica que parece suavizar las diferencias entre el día y la noche se observa en toda la Tierra. Las cuevas de la Tierra mantienen una temperatura constante: cuanto más hondas son, más resisten los efectos del paso del Sol por el exterior. Por eso muchas formas de vida usan las cuevas de todo el planeta como refugio y, por eso, los científicos de la NASA repararon en que estaban contemplando el inexplorado mundo subterráneo de Marte a través de siete ventanas misteriosas.

Los científicos de la NASA apodaron a aquellas aberturas las Siete Hermanas y las llamaron Dena, Chloe, Wendy, Annie, Abby, Nikki y Jeanne. Tres imágenes de Annie tomadas por la misma nave revelan que esta abertura, del tamaño de dos campos de fútbol, permanece más fría que el área adyacente al atardecer, y más caliente que la superficie contigua durante la noche. Nadie sabe con seguridad si estos círculos son profundas aberturas que dan acceso a un gran sistema de cuevas o si se trata de estrechas simas verticales, pero lo cierto es que abren otro frente en la investigación de la vida en Marte.

Lo más probable es que estas cuevas se encuentren a demasiada altitud para haber albergado cualquier clase de vida microbiana en el pasado o en el presente, pero su mera existencia posibilita la presencia en Marte de algún sistema de cuevas capaz de resguardar la vida del hostil entorno exterior. Sabemos que también podría haber agua ahí abajo: los datos obtenidos mediante satélite revelan permafrost, hielo congelado en el subsuelo. A gran profundidad bajo la superficie, ese hielo se puede fundir y formar agua líquida. Esto son ojeadas tentadoras hacia un mundo oculto que tal vez albergue vida marciana escondida tras la oscuridad de esas entradas a cuevas. Quizá no parezcan las condiciones perfectas para la vida tal como la conocemos en nuestro mundo, pero el estudio de la vida en la Tierra también insta a pensar que no todos los seres vivos son siempre tan exigentes ◉

INVIERNO

VERANO

0.3

0.2

0.1

0.0

CUENTAS POR SEGUNDO

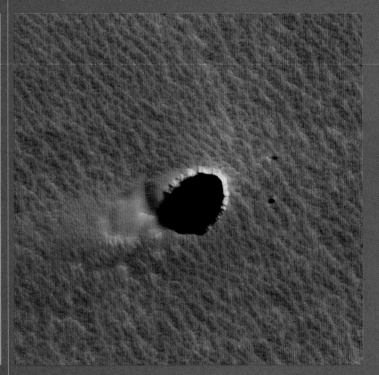

SUPERIOR: (i) Imágenes tomadas con los detectores de neutrones y rayos gamma de la sonda *Odyssey* (ii) el color azul indica hielo de agua (iii) en invierno el hielo de agua queda oculto por una capa de hielo seco (dióxido de carbono helado) (iv) en primavera/verano el dióxido de carbono se calienta, se disipa y con ello revela grandes cantidades de hielo de agua por todo el polo norte del planeta.

SUPERIOR: Tharsis Montes es la región volcánica más grande de Marte. Abarca unos 4 000 kilómetros de ancho, 10 kilómetros de altitud y alberga doce grandes volcanes. Los volcanes más grandes de la región de Tharsis son cuatro volcanes en escudo llamados Ascraeus Mons, Pavonis Mons, Arsia Mons y Olympus Mons.

VIDA SUBTERRÁNEA

INFERIOR: La cueva de Villa Luz, en Tabasco, México, es un laberinto subterráneo repleto de gases tóxicos, un lugar en el que no cabría esperar que se encontrara vida.

La cueva de Villa Luz, en Tabasco, México, es la mismísima definición de un entorno hostil para el ser humano.

Aquí en la Tierra es sencillo llegar a la conclusión de que el hábitat perfecto para la vida tendría el aspecto de los verdes y exuberantes paisajes que rodean los ríos de las junglas del sur de México: un clima cálido, mucha agua líquida, una atmósfera bien densa y gran abundancia de seres vivos en cuanto a cantidad y variedad.

Toda la vida de la jungla, y de hecho la mayoría de las formas de vida que nos encontramos a diario y a las que estamos habituados, prosperan en las mismas condiciones que nosotros, impulsadas por el calor y la luz del Sol. Cuanta más luz solar y más agua, más contenta parece encontrarse la vida, pero a pocos kilómetros de aquí hay una forma de vida oculta muy por debajo de la superficie de nuestro planeta, una que prolifera en un entorno completamente distinto y que puede orientarnos sobre las formas de vida que tal vez se escondan en Marte.

La cueva de Villa Luz, en Tabasco, México, es la mismísima definición de un entorno hostil para el ser humano. Este laberinto subterráneo de más de 2 kilómetros de longitud está repleto del gas sulfuro de hidrógeno, bombeado hacia la caverna por un manantial rico en este gas corrosivo. El gas se disuelve en el agua y produce ácido sulfúrico, el cual se ha abierto paso a través de la piedra caliza y ha formado el sistema de cuevas. No solo despide un intenso olor a huevos podridos, también es increíblemente tóxico para los seres humanos,

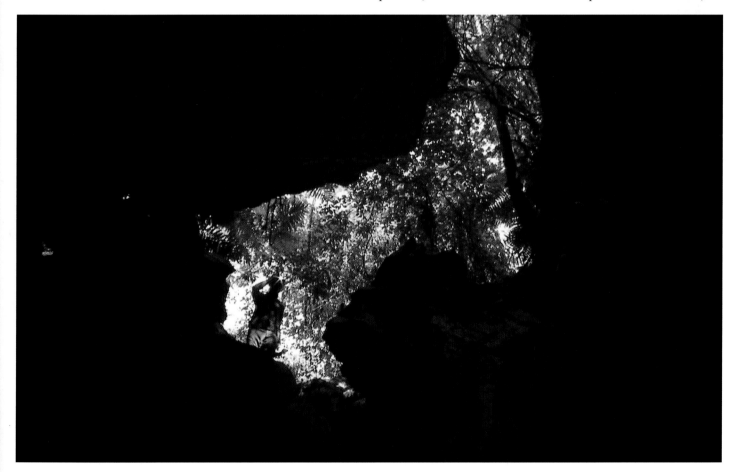

incluso en pequeñas cantidades. Para acceder al interior hay que ir provisto de un detector de gases y una máscara de gas por si los niveles se vuelven excesivos. Es un lugar donde, a primera vista, no cabría esperar que sobrevivieran y proliferaran muchas formas de vida. Aunque la cueva es una trampa mortal potencial para nosotros, eso no significa que no viva nada en ella. De hecho, está rebosante de vida.

Por todas las aguas de la cueva nadan unos peces extraños llamados *Poecilia sulphuraria* y perfectamente adaptados para tolerar estas condiciones. Al mirarlos de cerca se revelan bastante rosados y se cree que deben ese color a que portan mucha hemoglobina en la sangre, lo que les permite moverse usando escasas cantidades del oxígeno disponible en el agua que los envuelve. Son un bello ejemplo de la adaptación de la vida a los entornos más inhóspitos al ajustar los parámetros biológicos para que encajen con el medio exterior.

Al ahondar en esta gruta tóxica las cosas se vuelven aún más fascinantes. En las profundidades de las cuevas, donde la concentración de gas venenoso hace saltar todas las alarmas, reside un organismo interesantísimo. Ahí abajo, lejos de la luz del Sol, hay una forma de vida que obtiene la energía no del Sol, sino de los gases nocivos del entorno. Estas criaturas diminutas emplean el gas de sulfuro de hidrógeno que borbotea por los manantiales para propulsar su metabolismo. El mismo gas que dejaría sin vida a un ser humano es lo que da la vida a estas criaturas.

Son las esnotitas, sin duda una de las formas de vida más extrañas de la Tierra, porque metabolizan sulfuro de hidrógeno. Hacen que este gas repugnante reaccione con oxígeno para producir ácido sulfúrico, una forma de respiración absolutamente exótica. Mientras nosotros respiramos oxígeno y lo hacemos reaccionar con azúcares para producir dióxido de carbono y energía, estas pequeñas criaturas respiran sulfuro de hidrógeno y oxígeno y producen ácido sulfúrico.

Se trata de una forma de vida tan corrosiva para los humanos que ni siquiera podemos tocarlas sin riesgo. La secreción que gotea de las esnotitas tiene un pH casi igual a cero, es decir, es ácido sulfúrico altamente concentrado, tan agresivo como el ácido de una batería. En todos los sentidos del término, estos organismos son formas de vida alienígenas, con la única salvedad de que residen bajo la superficie de nuestro planeta.

Curiosamente, las esnotitas no son únicas. En el subsuelo de todo el planeta se han encontrado organismos que extraen energía de los minerales que los rodean. De hecho, esta manera de vivir está tan lograda que se cree que puede haber más masa de vida residiendo bajo la superficie de la Tierra que sobre ella, y eso abre una posibilidad interesante. Si la vida prolifera bajo la superficie de la Tierra, ¿por qué no habrían de sobrevivir y medrar organismos como las esnotitas bajo la superficie de Marte? Asentarse bajo la superficie de Marte sería una buenísima idea, dada la naturaleza increíblemente inhóspita de la superficie. Cualquier forma de vida que residiera en la superficie marciana estaría sometida a la intensa radiación ultravioleta del Sol. Además, Marte es un lugar muy frío, y la presión atmosférica no permite que haya agua líquida en la superficie.

Sin embargo, si hubiera vida bajo la superficie de Marte es obvio que tendríamos un problema para detectarla. Curiosamente queda una última clave tentadora que indica que podría estar pasando algo bajo la superficie de Marte ◉

LA ÚLTIMA PIEZA
DEL ROMPECABEZAS

En 1768 al físico italiano Alessandro Volta aún le quedaban treinta años para realizar su mayor contribución a la ciencia: el desarrollo de la primera batería eléctrica. Como preámbulo absolutamente inconexo con aquel invento suyo, salvo la manifestación de su inmensa curiosidad por la naturaleza, dedicó su tiempo a recolectar gases de los pantanos que rodeaban su casa en el norte de Italia. Uno de los gases que reunió y estudió fue el metano, una molécula simple con la fórmula química CH_4. Volta demostró con gran habilidad que el metano se podía prender con una chispa eléctrica. Hoy empleamos este gas combustible como una de nuestras principales fuentes de energía, porque el metano es el componente principal del gas natural y su abundancia lo hace muy accesible y bastante barato. Los depósitos de metano que hay bajo la superficie terrestre se forman por el decaimiento de material orgánico y suelen ir unidos a emplazamientos ricos en otros combustibles fósiles, pero el metano también está presente en nuestra atmósfera.

Las termitas, u hormigas blancas, son animales muy inusuales porque comen materia orgánica muerta; su dieta principal es la madera. Existen muchas especies de estos insectos, miles de millones de individuos por todo el planeta, y durante el proceso de digestión de la madera producen cantidades tan ingentes de metano que, según se calcula, cada año bombean cincuenta millones de toneladas a la atmósfera terrestre.

Pero las termitas no son las únicas productoras de metano del planeta. Hay mucho metano que se forma de manera natural en la atmósfera debido, bien a procesos biológicos, bien a procesos geológicos activos, como volcanes de barro. Pero lo más sorprendente de todo ello es que se ha detectado metano en la atmósfera de Marte, un planeta que consideramos muerto tanto desde un punto de vista geológico como biológico. Hasta donde sabemos, no existe ningún proceso no biológico y no geológico capaz de producir y mantener los niveles de metano observados en la atmósfera marciana.

En enero de 2009, investigadores del Observatorio Keck de Hawái anunciaron el descubrimiento de grandes bolsas de metano en la superficie de Marte. Recurriendo a la Instalación del Telescopio de Infrarrojos situado en la cima de este famoso volcán, el equipo dirigido por la NASA solo había detectado con anterioridad cantidades minúsculas de metano en la atmósfera marciana. Observaciones más detalladas revelaron más tarde que el gas se estaba generando en unas cantidades mucho mayores de las imaginadas, aunque se encuentra concentrado en unas pocas columnas que varían con las estaciones. En los meses más cálidos del verano se liberan miles

INFERIOR IZQUIERDA: Las termitas, u hormigas blancas, son animales muy inusuales porque se alimentan de madera en descomposición. A medida que se comen la madera de todo el globo, producen metano y cada año emiten cincuenta millones de toneladas de ese gas a la atmósfera de la Tierra.

FUENTES NATURALES DEL METANO ATMOSFÉRICO
Más de la mitad de la producción de metano en la Tierra procede de la actividad humana, pero también se crea a partir de fuentes naturales en cantidades significativas, lo que podría explicar el metano detectado en Marte.

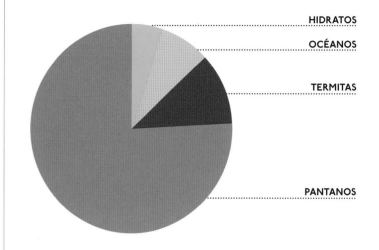

HIDRATOS

OCÉANOS

TERMITAS

PANTANOS

de toneladas de este gas por las chimeneas de la superficie. Por lo que sabemos, a eso le podemos dar una de estas dos sugerentes interpretaciones. La explicación más simple es que, igual que aquí en la Tierra, las columnas de metano emanan de procesos geológicos previamente desconocidos. Esto representaría un gran descubrimiento por sí solo porque significaría que, lejos de estar muerto, Marte es aún un planeta geológicamente activo. La otra opción es que el metano proceda de una fuente biológica, de organismos vivos en Marte que están produciendo metano al igual que lo hacen las termitas en la Tierra.

Nadie está proponiendo en serio que haya termitas correteando bajo la superficie de Marte, pero lo más interesante de toda esta historia no está realmente en las termitas, sino en el modo en que digieren la madera. Para ello se sirven de microorganismos simbióticos del dominio de las arqueas (llamado en terminología biológica *Archaea*), que viven en sus intestinos y realizan por ellas la producción de metano.

Antes se creía que las arqueas eran un grupo inusual de bacterias y por eso se las llamaba arqueobacterias, pero ahora sabemos que estas unidades vivientes básicas son, en realidad, una rama completamente diferente de la vida. Junto con las bacterias y las unidades celulares más complejas que conocemos como *eucariotas*, las arqueas conforman una de las tres ramas diferentes de la vida que alberga la Tierra. Se encuentran por todo el planeta; el suelo, los océanos y los intestinos de las personas, las vacas y las termitas están llenos de ellas. Asimismo son los organismos que más abundan bajo la superficie de la Tierra.

Las arqueas proliferan en muchos de los entornos más extremos de la Tierra. Las esnotitas que vimos en la cueva de Villa Luz pertenecen al grupo de las arqueas, al igual que muchos de los microorganismos hallados alrededor de las chimeneas hidrotermales del fondo marino, y producen millones de toneladas de metano que luego se inyectan a la atmósfera. Cuanto más aprendemos sobre las arqueas de la Tierra, más se abre la tentadora posibilidad de que el metano observado en la atmósfera de Marte esté producido por organismos como estos, alojados en el subsuelo marciano.

La consecución del paso crucial adicional de demostrar esta hipótesis increíble para el origen del metano de Marte exigirá sin duda una misión tripulada a Marte o, como mínimo, el desarrollo de otra generación avanzada de exploradores robóticos. Dada la cantidad de indicios que nos insta a la exploración directa, parece imposible no creer que acabaremos dando ese paso final en nuestra dilatada búsqueda de más compañeros cósmicos. La idea de que posiblemente nos separe una sola misión del mayor descubrimiento en la historia de la humanidad tiene que ser razón suficiente para que nos embarquemos al menos en un viaje más rumbo al planeta rojo de Lowell y Wells ◉

La idea de que posiblemente nos separe una sola misión del mayor descubrimiento en la historia de la humanidad tiene que ser razón suficiente para que nos embarquemos al menos en un viaje más rumbo al planeta rojo de Lowell y Wells.

EUROPA: VIDA EN EL CONGELADOR

Aunque Marte sigue siendo uno de los mejores candidatos para buscar extraterrestres, ya no es el único lugar del Sistema Solar donde creemos que puede haber vida alienígena. A medida que dejamos atrás la familiaridad de los planetas rocosos y nos alejamos del Sol, el Sistema Solar se convierte en un lugar muy diferente. En nuestra búsqueda de agua, los remotos dominios del Sistema Solar exterior ofrecen gran abundancia de H_2O, pero a quinientos mil millones de kilómetros del Sol cabría esperar que toda el agua estuviera congelada con la misma dureza que el acero.

PÁGINA SIGUIENTE: A primera vista, el satélite helado de Júpiter que llamamos Europa parece tener unas condiciones demasiado hostiles para albergar cualquier forma de vida.

Júpiter, el inmenso gigante de gas, está rodeado por una maraña de sesenta y tres satélites, muchos de los cuales albergan grandes cantidades de hielo. Los cuatro mayores son los que descubrió Galileo en enero de 1610. Tan lejos, donde el Sol es poco más que una estrella brillante en un cielo oscuro, cabe imaginar estos satélites como lugares gélidos y desolados, y así es como se perciben a primera vista.

De los cuatro satélites galileanos, Calisto es el que más dista de Júpiter. Calisto, que gira en torno a su planeta progenitor desde una distancia aproximada de dos millones de kilómetros, tarda 16.7 días en completar una órbita y más o menos el mismo tiempo en completar una rotación sobre su propio eje y, por tanto, un día calistino. Este satélite gigante es el tercero más grande de todo el Sistema Solar y los análisis indican que alrededor de la mitad se compone de hielo de agua. En esta región inquietante del Sistema Solar el hielo de la superficie está tan duro como el acero, a una temperatura de -155 °C.

El siguiente satélite galileano dista 800 000 kilómetros de Júpiter y es el mayor del Sistema Solar: Ganímedes. Este satélite, cuyo diámetro rebasa los 4 800 kilómetros, es más grande que el planeta Mercurio. Ganímedes se compone de silicatos y hielo, y alberga una temperatura en superficie muy poco atractiva de -160 grados centígrados.

Calisto y Ganímedes no parecen lugares probables para encontrar vida. A pesar de la abundancia de agua, las gélidas temperaturas de la superficie implican que el disolvente de la vida se encuentra atrapado en el interior de kilómetros de hielo grueso, lo que parece convertir estas lunas en lugares demasiado hostiles para alojar ningún tipo de vida.

Pero las apariencias engañan a veces, y entre esos yermos helados hemos encontrado un mundo especialmente interesante para nuestra búsqueda de vida fuera de la Tierra; un mundo que parece desafiar el emplazamiento glacial que ocupa en las regiones exteriores del Sistema Solar.

INFERIOR: Estas imágenes tomadas por la nave espacial *Galileo* de la NASA en junio de 1996 revelan la agrietada superficie del satélite de Júpiter llamado Europa. La imagen mayor muestra a Europa desde una distancia de 5 340 kilómetros y revela placas corticales en la superficie. La imagen pequeña, tomada desde unos dos kilómetros, revela con claridad las grietas paralelas de la superficie.

Grietas profundas atraviesan la superficie de Europa, donde el hielo se ha fragmentado en témpanos y se ha desordenado antes de volver a congelarse.

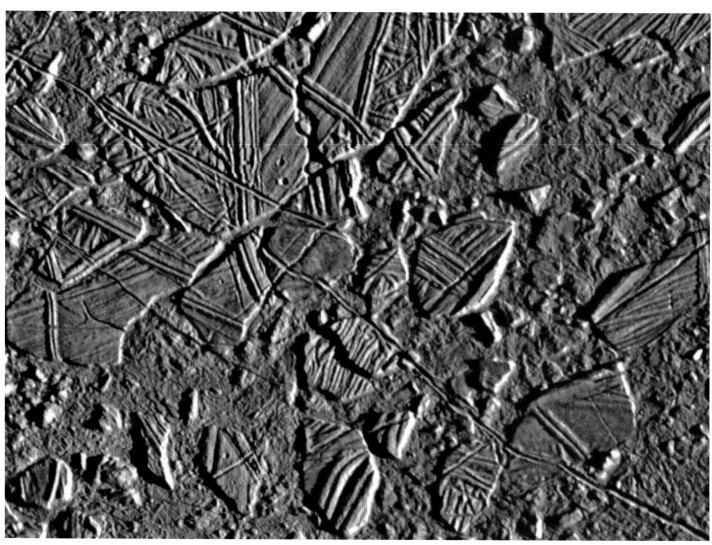

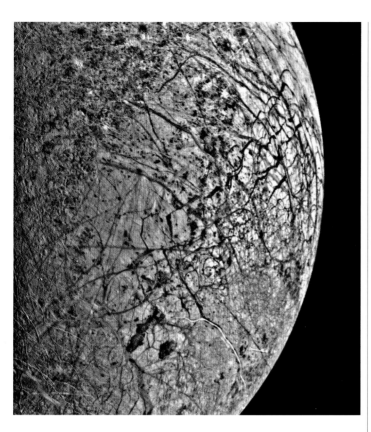

233

IZQUIERDA: Esta imagen de Europa, una de las primeras, la tomó la sonda *Voyager* en 1979 desde una distancia de 241 000 kilómetros. Los complejos patrones observados sugirieron que había grietas en la superficie de este satélite.

INFERIOR: Esta fotografía que tomaron científicos de la NASA de la plataforma de hielo Getz, que se extiende a lo largo de la costa antártica de Amundsen, revela la semejanza entre los témpanos de hielo de la Tierra y la superficie de Europa.

A medida que viajamos hacia Júpiter, después de Calisto y Ganímedes nos encontramos con el satélite helado Europa. Tiene un tamaño similar al de nuestra Luna y es el más pequeño de los cuatro satélites galileanos. Orbita Júpiter en tan solo 3.5 días desde una distancia media de 671 000 kilómetros. Posee una atmósfera tenue compuesta de oxígeno, pero esta ligera envoltura de gas no constituye la razón de nuestra fascinación por este satélite.

La superficie se vuelve realmente interesante cuando se observa más de cerca. Europa es el objeto más liso del Sistema Solar, con una superficie formada por un caparazón ininterrumpido de hielo a la gélida temperatura de -160 °C. Este hielo está grabado con una red de misteriosas marcas rojas. Parece un alojamiento más que improbable para la vida y, a primera vista, las fotografías tomadas por la nave espacial *Galileo* parecen confirmar esa sospecha. Al igual que Calisto y Ganímedes, Europa parece un vasto desierto de hielo, pero, si se observa con más detenimiento, empiezan a apreciarse formaciones que sugieren una historia diferente. Bajo la gruesa capa de hielo, Europa guarda un secreto asombroso.

Imágenes tomadas por la sonda *Galileo* en 1998 revelaron algo bastante extraordinario sobre la superficie helada de Europa. Una imagen de la región Conamara (que toma su nombre de una zona del oeste de Irlanda) muestra grietas profundas que atraviesan la superficie de Europa. Al aplicar más aumento se percibe una complejidad incluso mayor en la superficie: áreas donde el hielo se ha fragmentado en témpanos y se ha desordenado antes de volver a congelarse.

Si se compara esto con una imagen del hielo marino de la Tierra, la semejanza se aprecia de inmediato. Esas formaciones de nuestro planeta que tanto se parecen a la región Conamara de Europa las causan los movimientos del océano situado debajo del hielo, el cual se curva y escinde. Esto sugiere que en Europa podría estar ocurriendo algo similar y, por tanto, que podría haber agua líquida, un océano, bajo su caparazón helado.

Desde que las sondas *Voyager* fotografiaron por primera vez estas grietas a finales de la década de 1970, las hemos estado estudiando con la intención de desentrañar las verdaderas fuerzas que las crearon. Casi veinte años después de las *Voyager*, arribó allí la nave *Galileo* y empezó a tomar imágenes de mucha más calidad que permitieron trazar mapas geológicos detallados de la superficie. El estudio de esos mapas y del origen y la evolución de las grietas ha aportado sólidos indicios adicionales que respaldan la teoría del océano subterráneo en Europa ◉

LA EXCENTRICIDAD DE LA ÓRBITA DE EUROPA

La órbita que sigue Europa alrededor de Júpiter no es circular. La ligera excentricidad de la órbita se mantiene debido a la interacción gravitatoria con los satélites vecinos Ío y Ganímedes. Al igual que en el mundo volcánico de Ío, los efectos de la excentricidad de la órbita de Europa son profundos. Europa se estira y encoge a medida que se acerca y aleja de Júpiter en el transcurso de cada órbita. Esto calienta el interior del satélite por fricción, lo que funde el hielo congelado y da lugar a un océano subterráneo.

Pero los efectos del estiramiento de marea no se limitan a dicho calentamiento. A medida que la superficie de Europa experimenta estas tensiones, el hielo se fragmenta y agrieta, pero la posición de esas grietas no radica donde sería de esperar. Europa, como muchos otros satélites del Sistema Solar, incluido el nuestro, mantiene una rotación capturada con su planeta, así que siempre tiene la misma cara orientada hacia él. Este dato permite a los geólogos planetarios calcular cómo y dónde deberían formarse esas grietas en el hielo, pero se encuentran con que solo las grietas más recientes se hallan donde sería de esperar; las grietas más antiguas parecen haberse desplazado por la superficie del satélite con el paso del tiempo. La explicación preferida para ello sostiene que la superficie del satélite rota a un ritmo diferente que el interior. La superficie de hielo de Europa se ha desplazado desde la formación de las grietas. La única manera de que esto ocurra en un período breve de tiempo es que Europa tenga un océano de agua líquida alrededor de todo el satélite, entre el núcleo rocoso y el caparazón del hielo, lo que permitiría que la superficie se deslizara libremente. De este modo, las grietas pudieron formarse y, con el tiempo, deslizarse literalmente alrededor de esta luna.

RESONANCIA ORBITAL, EXCENTRICIDAD FORZADA

La resonancia orbital se produce cuando los períodos orbitales de dos satélites mantienen entre sí una relación que se puede expresar como el cociente de dos números enteros y que los hace alinearse de manera periódica. Cada vez que los satélites se alinean, el satélite interior S2 recibe un tirón gravitatorio desde el satélite exterior S1. El efecto aparta S2 del planeta. El efecto neto a largo plazo imprime a S2 una órbita elíptica. Nótese que, al mismo tiempo, S1 recibe un tirón gravitatorio desde S2, que también se desplaza siguiendo una órbita elíptica.

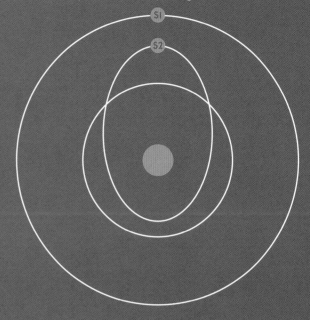

RESONANCIA GALILEANA

El sistema galileano de resonancia está formado por tres satélites: Ío, Europa y Ganímedes, con una resonancia orbital de 1:2:4. Por cada dos órbitas que completa Ío, Europa completa una. Por cada dos órbitas de Europa, Ganímedes recorre una. Los satélites no se alinean en un punto común de confluencia: Ío y Europa se alinean tal como se indica en el diagrama. Mientras que el punto de confluencia de Europa y Ganímedes dista 180 grados alrededor del plano orbital.

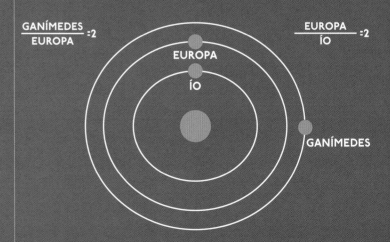

EL INTERIOR DE EUROPA

Bajo el exterior helado de Europa se cree que hay un océano de 100 kilómetros de profundidad y, debajo de él, un interior rocoso en cuyo centro reside un núcleo metálico.

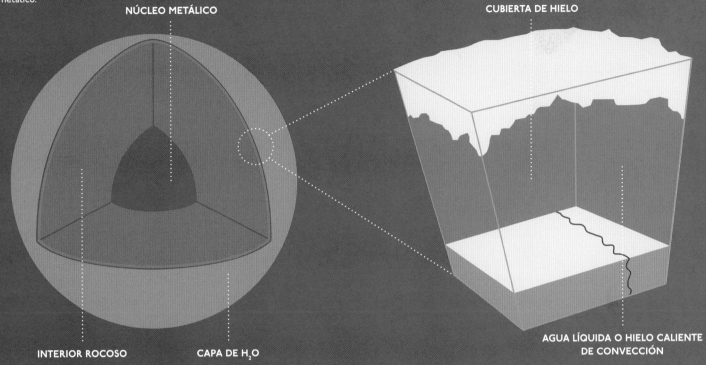

NÚCLEO METÁLICO

CUBIERTA DE HIELO

INTERIOR ROCOSO

CAPA DE H$_2$O

AGUA LÍQUIDA O HIELO CALIENTE DE CONVECCIÓN

GRIETAS EN LA SUPERFICIE DE EUROPA

Europa se estira y encoge repetidas veces mientras recorre su órbita elíptica debido al intenso campo gravitatorio de Júpiter. La gravedad de Júpiter también hace que el océano subterráneo suba y baje como sucede con las mareas de la Tierra. Esto induce tensiones en la superficie helada del satélite, que se fragmenta. Las grietas se abren y se cierran con la flexión de la marea, lo que genera las estructuras en forma de crestas que se ven por toda la superficie.

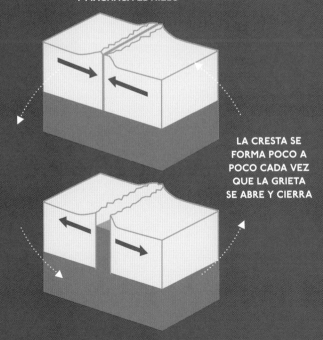

LA FLEXIÓN DE MAREA CIERRA LA GRIETA Y MACHACA EL HIELO

LA CRESTA SE FORMA POCO A POCO CADA VEZ QUE LA GRIETA SE ABRE Y CIERRA

LA FLEXIÓN DE MAREA ABRE LA GRIETA Y LOS ESCOMBROS CENTRALES CAEN AL INTERIOR DE LA GRIETA

Un indicio completa la solidez de los argumentos en favor de la existencia de agua líquida bajo la superficie de Europa. Mediciones del campo magnético de Europa y su interacción con el poderoso campo magnético de su planeta progenitor apuntan a que ese océano puede ser de agua salada y tener la friolera de 100 kilómetros de profundidad. Esto significa que hay más del doble de agua líquida donadora de vida en este satélite minúsculo que en todos los océanos de la Tierra juntos. Esta es una conclusión extraordinaria, sobre todo si tenemos en cuenta que nunca hemos aterrizado en Europa, y no digamos ya perforado su caparazón de hielo. Por fortuna y para alegría de todos, en la actualidad se está planeando una misión conjunta de la NASA y la ESA para posar allí un explorador robótico en 2020 que se está diseñando para que aterrice en la superficie de este satélite potencialmente paradisíaco y desvele sus secretos.

De ser correctas las conclusiones de esas mediciones diversas y de existir ese vasto océano salado, ya sabemos, en principio, cómo podría proliferar la vida allí. Oculta bajo el hielo e incapaz de absorber la energía del Sol, la vida en Europa bien podría emular los ecosistemas que observamos concentrados alrededor de las chimeneas hidrotermales de los océanos profundos de nuestro planeta, dependiente de la quimiosíntesis en lugar de recurrir a la fotosíntesis. Desconocemos si el océano de Europa es demasiado salado o demasiado frío para albergar vida, o si el ecosistema se habrá mantenido estable el tiempo suficiente como para que floreciera la vida, pero la combinación de los descubrimientos que hemos realizado a dos tercios de mil millones de kilómetros de distancia con los hallazgos en nuestros propios océanos han generado la tentadora hipótesis de que este es el entorno habitable más probable de nuestro Sistema Solar ◉

EL GLACIAR DE VATNAJÖKULL EN ISLANDIA

Los indicios de un océano oculto no son lo único que ha catapultado el satélite Europa al frente de nuestra búsqueda de vida extraterrestre. Los científicos de la Tierra están empezando a reescribir nuestros conocimientos sobre cómo consigue la vida resistir no solo los rigores extremos de las profundidades oceánicas, sino también los entornos extremos que hay en la superficie de nuestro planeta. Las espectaculares cuevas de hielo del glaciar Vatnajökull son una hermosa demostración de cómo conspiran las leyes de la física para crear una catedral de hielo sobrecogedora.

Esta cueva se abre paso hasta el mismo corazón del glaciar, donde el hielo ha permanecido inalterado a lo largo de 1 000 años. Las paredes son del color azul más intenso y más puramente cristalino, y están atravesadas por finas líneas de lodo que cuentan la historia de las erupciones que han sufrido los numerosos volcanes de Islandia a lo largo de los milenios que tardó en formarse el glaciar. Pero en estas cuevas de hielo encontramos algo más que mera belleza; también nos revelan lo que cabría esperar hallar dentro de los campos de hielo de Europa.

Esta es la razón que trae a astrobiólogos como el científico Richard Hoover, de la NASA, a emplazamientos como este, y a nosotros con él. Él ha dedicado su carrera a buscar vida en los lugares más inverosímiles, y en este lugar en particular le interesa tomar muestras del hielo antiguo para explorar qué esconde en su interior. Una mente convencional sostendría que cualquier organismo que se hallara inmerso en el hielo de esta antigüedad no estaría vivo, pero los trabajos más recientes están empezando a desafiar nuestros conocimientos sobre los límites de la vida. Tras tomar una muestra de hielo, regresó a la fría base, situada en un pequeño edificio de madera aislado al pie del glaciar. De todos los lugares en los que he rodado para la serie *Maravillas del Sistema Solar*, la pequeña base en la nieve que ocupamos en noviembre en medio de Islandia fue, sin duda alguna, la más gélida.

Richard Hoover nos explicó el pensamiento subyacente a sus ideas de investigación: «Durante mucho tiempo se pensó que en el hielo solo había microorganismos en el estado que denominamos animación suspendida. Ahora se está revelando con claridad que esta circunstancia no se da en todos los microorganismos. Podría haber otros que mantuvieran una vida realmente activa dentro del hielo».

Es asombroso pensar que esta hermosa cueva pudiera estar viva, poblada por seres vivos, no congelados sino verdaderamente vivos, que se dividen y se reproducen. Esta perspectiva de encontrar seres vivos en el hielo sólido es la que ha tenido un impacto enorme en la

Si la vida consigue existir aquí, atrapada en los profundos glaciares de Islandia, ¿es tan descabellado imaginar formas de vida semejantes en el interior de la corteza de hielo de Europa?

238

concepción de los lugares del Sistema Solar donde podría persistir la vida. Bajo el microscopio se observan con claridad bacterias vivas en la muestra de Hoover, organismos que, cabría deducir, llevan atrapados en el interior del glaciar miles de años. Estamos viendo vida dentro de hielo, una forma de organismo que Hoover considera realmente adaptada para vivir en este entorno congelado. «Ahora sabemos que algunos microorganismos son capaces de provocar la fundición del hielo porque, en esencia, generan proteínas anticongelantes», explica. «Alteran la temperatura a la que el hielo pasa de un estado sólido a un estado líquido, y con ello forman oquedades diminutas de tal vez unos pocos micrómetros de diámetro. Si pueden producir una esfera de agua líquida de dos o tres micrómetros y tienen la capacidad de moverse, entonces estas bacterias ya no están en un glaciar, sino en un océano».

Si la vida consigue existir aquí, atrapada en los profundos glaciares de Islandia, ¿es tan descabellado imaginar formas de vida semejantes en el interior de la corteza de hielo de Europa? Esto también abre la posibilidad fascinante de que haya una explicación orgánica para las misteriosas manchas rojizas que cubren este satélite. Las *lineae* son los rasgos más llamativos de Europa y crean una maraña de color por toda la superficie de este satélite. Las formaciones mayores miden más de veinte kilómetros de ancho y aparecen entrecruzadas por manchas de materia oscura y clara. Esta amplia variedad de colorido quizá sea un indicativo de vida microbiana, ya que estos colores delatores recuerdan mucho a las cianobacterias que encontramos en la Tierra. ¿Podría darse el caso real de que el hielo de Europa contuviera microorganismos vivos viables? Es una hipótesis controvertida, pero da vértigo pensar que las misteriosas manchas rojas de la superficie de Europa podrían ser signos visibles de vida extraterrestre.

El tema es tan evocador como antiguo. ¿Estamos solos en el universo? ¿Es nuestro mundo azul pálido el único planeta que alberga vida de los miles de millones que hay en la Galaxia? Este es sin duda uno de los interrogantes más trascendentes y profundos, tal vez el más trascendente, que nos podemos plantear. Piense en lo que significaría para nosotros tener una respuesta. Si la respuesta es que no hay más vida que esta en todo el Sistema Solar, en los sistemas estelares vecinos al nuestro, y quizá también en la vasta extensión de la Galaxia o incluso en todo el universo, ¿qué valor le daría eso al planeta Tierra? ¿Qué valor nos conferiría a nosotros? Una única isla de hermosura y sentido dentro de un vacío absurdo. Pero imagine la respuesta contraria. Imagine que se descubre que la vida puede sobrevivir y proliferar en cualquier satélite de cualquier planeta donde se den las condiciones adecuadas. ¿Qué ocurriría si descubrimos que el universo rebosa vida y que formamos parte de una comunidad cósmica inmensa y vital? ¿Cómo cambiaría eso nuestro comportamiento? ¿Qué nos revelaría sobre el modo en que respondemos a nuestras diferencias, las que mantenemos con otras especies y entre nosotros mismos? Entonces contemplaríamos la Tierra como una aldea en medio de mil millones de continentes, un lugar donde la comunidad local se encuentra abandonada a su suerte en un mar de vida extraterrestre.

Si conocer la respuesta a esta cuestión tiene una relevancia tan profunda, entonces no hay duda de que deberíamos dar una importancia crucial a esforzarnos por encontrar la respuesta. Creo que este es el más relevante de los grandes y eternos interrogantes existenciales que nos podemos llegar a plantear como civilización, porque disponemos de una posibilidad para responderlo. Sería una negligencia crasa e imperdonable en nuestro deber como seres civilizados que nos quedáramos sentados formulándonos preguntas en lugar de levantarnos y explorar.

INFERIOR: La gente se aglomera en las calles del área de Shibuya, en Japón, sacando adelante sus ajetreadas vidas. Somos pocos los que tenemos tiempo para detenernos y pensar que la Tierra es el único lugar del Sistema Solar donde la vida es lo bastante compleja y estable como para construir una civilización. Esto es lo que hace tan valioso nuestro planeta.

Lo que hemos aprendido explorando los lugares extremos de la Tierra es que, si hay vida en otras partes del Sistema Solar, lo más probable es que se trate de formas de vida simples: organismos unicelulares como las bacterias que sobreviven en los entornos más hostiles.

Una cosa parece cierta: el único lugar del Sistema Solar que alberga vida lo bastante compleja como para crear una civilización es el planeta Tierra. Pero ¿cómo llegó a suceder? ¿Qué es lo que torna nuestro mundo tan especial?

Nuestro pequeño rincón de la Galaxia se formó a partir de una mera nube de gas y polvo en rotación hace 4 500 millones de años. Los mundos sólidos se condensaron a partir de las brumas en rotación, pero cada uno de ellos acabó siendo radicalmente diferente a los demás. En el Sistema Solar hay mundos con erupciones volcánicas de azufre y otros con géiseres de hielo, hay mundos con atmósferas ricas y tormentas en rotación y hay satélites con superficies esculpidas por el hielo que ocultan océanos de agua líquida. Pero en medio de todas estas maravillas solo existe un mundo donde las leyes de la física han conspirado para reunir todas esas características en un solo lugar.

Solo en la Tierra se dan las temperaturas y la presión atmosférica justas para permitir la existencia de océanos de agua líquida en la superficie del planeta. La Tierra es lo bastante grande como para haber retenido un núcleo fundido que no solo alimenta géiseres y volcanes, sino que también crea el campo magnético que despeja el viento solar y protege nuestra gruesa y beneficiosa atmósfera.

La concentración de todas estas maravillas en un solo lugar es lo que permitió que la vida eclosionara y se asentara aquí en la Tierra. Pero, para que la vida evolucione hasta generar criaturas complejas como nosotros, se necesita un ingrediente más: tiempo, mucho tiempo, los dilatados y decisivos períodos temporales en los que se levantan y tumban montañas, se forman planetas y nacen y mueren estrellas. Después de todo, tal vez sea esto lo que confiere su exclusividad a la Tierra y lo que la hace tan valiosa dentro del cosmos, porque ha permanecido lo bastante estable durante un tiempo suficiente como para que la vida evolucionara hasta alcanzar esta magnífica complejidad.

La vida de la Tierra actual es el resultado de cientos de millones de años de estabilidad, y el componente más extraordinario, complejo y maravilloso de este ecosistema valiosísimo, y posiblemente de una sofisticación y unas interconexiones únicas, lo representamos nosotros, la humanidad, una especie que se ha desarrollado hasta el punto de poder torcer, modelar y cambiar el mundo que nos rodea. Hasta hemos dejado atrás nuestro propio planeta para empezar a explorar el vecindario cósmico. Somos poderosos, y ese poder conlleva una gran responsabilidad, porque ahora somos los custodios de la Tierra. A través de nuestra inteligencia evolucionada tenemos la capacidad de protegerla, dañarla o destruirla a nuestra elección. Y es una elección que estará mejor fundamentada si se toma con perspectiva ◉

Se podría pensar que la exploración del universo nos ha hecho un tanto insignificantes, un minúsculo planeta alrededor de una estrella entre cientos de miles de millones de ellas. Pero yo no opino así, puesto que hemos descubierto que el azar y las leyes de la naturaleza deben combinarse de la manera más infrecuente para producir un planeta capaz de mantener una civilización, esa estructura magnífica que nos permite explorar y entender el universo. Por eso, para mí, nuestra civilización es la maravilla del Sistema Solar, y esto nos parecería más que obvio si pudiéramos contemplar la Tierra desde fuera del Sistema Solar. Hemos dejado escritas las huellas de nuestra existencia en la superficie de este planeta. Nuestra civilización se ha convertido en un faro que identifica nuestro planeta como morada de vida.

*«Nunca dejaremos de explorar.
Y el final de toda nuestra exploración
consistirá en llegar al punto de partida
y conocer ese lugar por primera vez».*

— T. S. Eliot

PÁGINA SIGUIENTE: Ahora que hemos empezado a explorar nuestro entorno cósmico somos más conscientes que nunca de nuestra fragilidad y de nuestra responsabilidad para proteger el planeta Tierra en el futuro.

ÍNDICE

Las entradas en *cursiva* remiten a fotografías y diagramas

A

acreción desbocada 171
Adams, John 121
Agencia Espacial Europea (ESA) 178, 235
agua:
    como fuerza esencial 213, *213*
    rúbrica del 214-217, *214, 215, 216-217*
    véase también por el nombre particular de cada planeta
Águila, nebulosa del 80, *80,* 82-83
Alaska *154-155,* 155, 158
Aldrin, Edwin E. (Buzz) 12, 16, *17,* 149
Almagesto, El (Tolomeo) 74
Alvin (submarino) 207-209, *207, 208*
animación suspendida 236, 239
Antártida *233*
antena Mars, Red de Espacio Profundo de la NASA, California 58,
    210-211
antimateria 35
Apollo 11 15, *17*
Apollo 15 108, *109*
Apollo 16 108
Apollo 17 14-15, 108
Aristóteles 192
Armstrong, Neil 12, 16
arqueas (arqueobacterias, *Archaea*) 229
Ártico 52, 54, 55
asteroides 110, 130-131, *130, 131*
    951 Gaspra *185*
    atmósfera terrestre como primera línea de defensa contra 130-131,
        130, 131
    cercanos a la Tierra 185
    Ceres 184, 185, *185*
    cinturón de, entre Marte y Júpiter 184-185, 188, 189
    Eros *185*
    Ida 185
    impactos contra la Tierra de 188, *188*
    incidencia de la gravitación de Júpiter sobre 183, 184, 185,
        186, 189
    intenso bombardeo tardío 9, 106, *107,* 108, *109,* 110
    observación de los que entrañan un peligro potencial 184-185,
        184, 185
    Vesta *184, 185*
Atacama (desierto de Chile) 213, *213*
Atlantis (buque de investigación) 207-209, *207, 208*
Atlantis (transbordador espacial) *123,* 177, 178
atmósfera planetaria:
    como primera línea de defensa contra asteroides 130-131, *130, 131*
    delgada línea azul 114-119, *123*

pérdida de 127, *127,* 132, *133,* 142-143, *149*
perfecta 134, *135,* 155, 179
véase también por el nombre específico de cada planeta
y las ataduras de la fuerza de la gravedad 119, 120-121, *120, 121,*
    122-123, *122, 123,* 126-127, *127,* 150-151
auroras boreales 52, 54-55, *54, 55, 56-57*

B

Baikonur, cosmódromo de Kazajistán 8
Baja California Sur, México *222,* 223
Barringer (cráter de Arizona) *107,* 188, *188*
Bok, Bart 80
Bok, glóbulo de 80, *80, 81*
Bouvarde, Alexis 120
Bretz, J. Harlen 214-215
Buzzard Coulee *131*

C

Cairuán, gran mezquita de 69, *69*
calentamiento global 179 *véase* también gases
    de efecto invernadero
Calisto 24, 192, 231, 232
cantidad conservada 79
Cárdenas, García López de 163
Caronte 24
Carrington, Richard C. 50
Cassini-Huygens, sonda 88-89, *89,* 99, 100, 105, *148,* 149,
    152, *152, 153,* 156-157, *156-157,* 158, *159, 182*
Cassini, Giovanni 88, 89, 94
Ceres (asteroide) 184, 185, *185*
Chicxulub (cráter en la península de Yucatán, México)
    130-131, 188, *188,* 189
Chile 213, *213*
cloroplastos 43
Collins, Michael 16
Colorado (río de Estados Unidos) 163
Comas Solà, Josep 151
cometas:
    cinturón de Kuiper de 9, 151
    Hale-Bopp *110-111*
    intenso bombardeo tardío y 9, 106, *107,* 108, 209, 110
    Mercurio bombardeado por 132, *133*
    transporte de agua hasta la Tierra 9, 110
    véase además asteroides
condritas 131
Copérnico, Nicolás 74, 76, 192
cuarks arriba y abajo 34
cueva de Villa Luz, Tabasco, México, 225, *225, 226,* 227,
    227, 229

D

Danakil, depresión de 194
descubrimientos, la era más grandiosa de los 206
deuterio 35
Dione 88, 94, *95*
domos de Venus 179
Dorada, constelación *10-11*

E

eclipses de Sol *20*, 23-25, *23*, *25*, 44-45, *44-45*, 46, *47*
Einstein, Albert 24, 35, 103-104, 120
El Niño 40
electromagnetismo 34
Eliot, T. S. 242
enana marrón 182
Encélado 96, *97*, 98-102, *99*, *100*
    Rayas de Tigre 99-100, *100*
English Electric Lightning (reactor de caza) 116-117, *116*, *117*, 119
epiciclos 74
Erta Ale, Etiopía 194, *194*, *195*, *196*-197, *197*, 200
esnotitas 227, *227*
eucariotas 229
Europa 24, 55, 192, *193*
    agua en 230-239
    excentricidad de la órbita 234-235
    grietas en la superficie de 232-233, *232*, *233*, 234, 235
    interior de 235
    región Conamara 234-235
    vida en 230-239
    vida extraterrestre en 230-239

F

farolillos chinos voladores 150, *151*
Fobos 24, *25*
formación de planetas 169, *170-171*, 171, *172-173*
fotones 36, 48, 49
fotosíntesis 43, 212
Fourier, Joseph 134
fuerza centrífuga 81
fuerza nuclear débil 35, 120
fuerza nuclear fuerte 34, 120
fusión nuclear 34-35

G

Galaxia, la 31, 60
Galileo 24, 38, 40, 88, 94, 120, 192, 231
Galileo (nave espacial) 185, 186, *193*, 199, 232, *232*, 233
Galle, Johann 121
Ganges (río de la India) 23, *23*, 45, *45*
Ganímedes 24, 55, 192, *192*, 198, 199, 231, 232, 234
gases de efecto invernadero 12, 126, 127, 134, 136, *136-137*
géiseres 100, 101, *101*, 102
Gemini 4 13
Getz (plataforma de hielo, costa de Amundsen, Antártida) *233*
Goldstone, estación marciana de, desierto de Mojave, California 58, *210-211*
Gorbachov, Mijaíl 12
Gran Cañón de Arizona 163, *163*, 167
Gran Explosión 34, 176
Gran Geysir del valle de Haukadalur, Islandia 100
gran mancha roja de Júpiter *8-9*, *182*
gravitación 31
    atmósferas planetarias y la las ataduras de la 119, 120-121, *120*, *121*, 122-123, *122*, *123*, 126-127, *127*
    como vía de doble sentido 192
    descripción de Newton de la 103-104, 120-121
    el Sol y la 60
    la atracción de Júpiter 182-186, 188, 189, 192, 193, 198-199, *198*, *199*
    la estabilidad del Sistema Solar y la 68
    la relatividad general y la 103-104
    los anillos de Saturno y la 103-104
    momento angular y 68
    perturbación gravitatoria 121
guerra de los mundos, La (Wells) 218
gusanos tubícolas 209, *209*, 210

H

Hale-Bopp, cometa *110-111*
Hawái *110-111*, 168, *168*, 174, 178, 184, *184*, 185
heliopausa 58
heliosfera 50-51, 55
Herschel, Caroline 98
Herschel, John 30
Herschel, Wilhelm 26, 30, 98, 120, 185, 210-211
Hertzsprung-Russell, diagrama de 62, *62-63*, 65
Hilderbrand, Alan 130, 131, *131*
Hiperión 94, *95*
Hoover, Richard 236, 239
Hubble (telescopio espacial) *9*, 24, 25, 55, 80, *118-119*, 123
Huygens, Christiaan 24, 88

246

I

Iguazú, cataratas del (frontera entre Brasil y Argentina) 37, *37*, *40*, *40*, *41*
India:
    eclipse solar en la *20*, 23, *23*, 44-45, *44-45*
    meseta del Deccán 178-179, *178*
    monzón en 40
    río Ganges 23, *23*, 45, *45*
    Varanasi *20*, 23, *23*, 44-45, *44-45*
Instalación del Telescopio de Infrarrojos, NASA *110-111*
intenso bombardeo tardío 9, 106, *107*, 108, *109*, 110
invierno nuclear 12
Ío 24, 55, 192, 194-195, *194*, *195*, 198-199, *198*, *199*, 200, 234
Islandia 55
    géiser Strokkur en el valle de Haukadalur 100
    glaciar Vatnajökull 236, *236-239*, 239
    Gran Geysir del valle de Haukadalur 100
    paisaje de *98*, 99
    témpanos de hielo en 90, *90-91*

J

Jápeto 88, 94, *95*
Japón 240
Jorge III (rey) 98
Júpiter 9, 27, 86, 88, *181*
    atmósfera 127
    campo magnético *55*
    eclipses 24
    gran mancha roja *8-9*, *146*, 147, *182*
    influjo gravitatorio en asteroides que pasan cerca 183, 184, 185, 186, 188, 189
    influjo gravitatorio en el Sistema Solar 180, 182-183, 184, 185, 186, 188, 189, 198-199, *198*, *199*
    intenso bombardeo tardío y 9, 110
    meteorología *8-9*, *146*, 147
    misiones *Voyager* a 58
    órbita alrededor del Sol 71
    planeta etéreo 182, *182*, 183, *183*
    polo sur *182*
    rotaciones de *183*
    satélites 24, *25*, 55, 94, 192, *192*, *193*, 198-199, *198*, *199*
    polo norte *182*
    Saturno y 108
    tamaño de 180, 182
    temperatura en superficie 128

K

Kansas, Estados Unidos *145*
Kennedy, Centro Espacial, Florida *14-15*, 16, 58, *59*, 108
Kennedy, John F. 15, 16
Kīlauea, Hawái 168, *168*
Kuiper, cinturón de 9, 151
Kuiper, Gerard 9, 151

L

lago Eyak, Alaska 158
lago Missoula 215-216
lago Thorisvatn, Islandia 55
lagos de lava 194, *194*, *195*, *196*-197, 197, *198*, 199, *199*, 200
Levy, David 50
ley del enfriamiento de Newton 176
libro de Han, El 38
Lowell, Percival 211, 218, 229
Luna 1 8
Luna 8
    estabilizadora de las estaciones del año en la Tierra 9
    intenso bombardeo tardío y la 106, 108, *109*
    las mareas terrestres y la 190-191, *190*, *191*, 192
    Mare Imbrium 108
    tamaño de la 9
luz:
    colores y longitudes de onda de la 43
    velocidad de la 24

M

Magellan (sonda) 134, *177*, 178
magnetosfera 50
Mallory, George 16
mar de Cortés 207-209, *207*, *208*, *209*
Mariner 10 (sonda) 132, *133*
Mariner 4 (sonda) 211
Mariner 9 (sonda) 166, 169
Mars 3 (sonda) 139
Mars Express (satélite artificial) 166
Mars Odyssey (satélite artificial) 166, *224*, *224*
Mars Reconnaissance Orbiter (satélite artificial) 166
Marte:
    agua en 211, 213, 220, *220*, *221*, 223, *223*, 234
    Arsia Mons 224, *224*
    Ascraeus Mons *224*
    atmósfera 127, 139, 141, 142-143

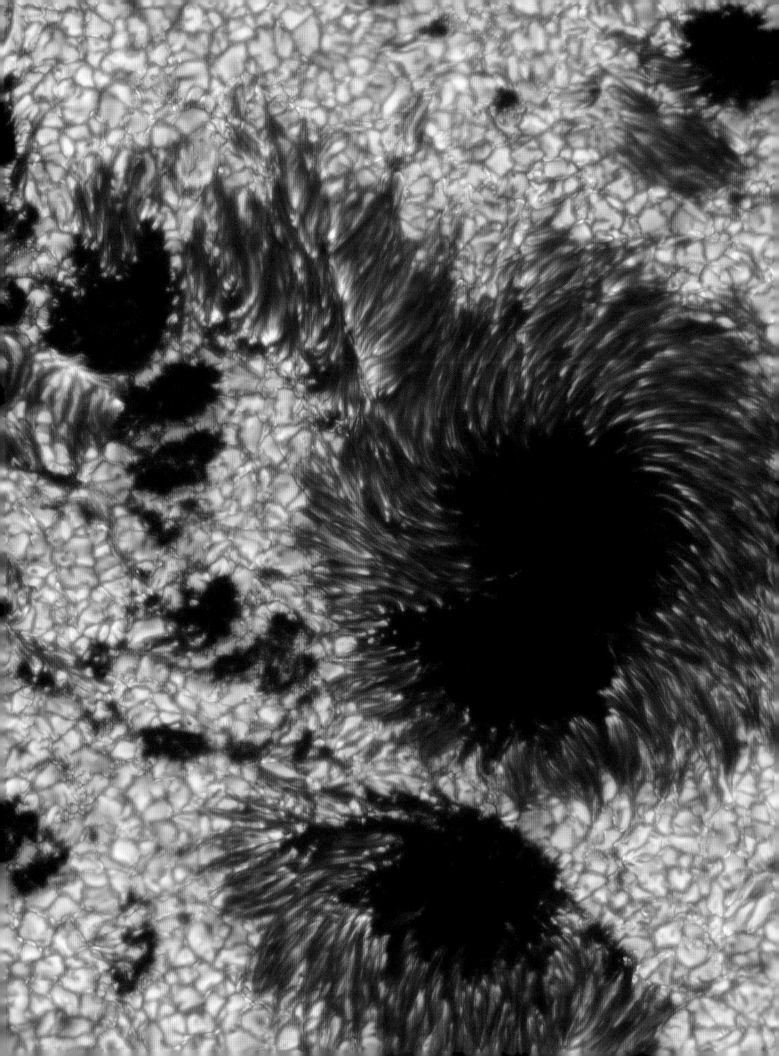

cicatrices en 220, *220, 221*
cielo 166, *166*
cráter Endurance 222-223, *223*
cráter Gusev 27, *27*
cráter Victoria *219*
cuevas en 224
eclipses 24-25
invierno nuclear en 12
metano en 228-229
meteoritos en 139, *139*
minerales 222, *222, 223, 223*
movimiento en el cielo de la Tierra 74, *75*
movimiento retrógrado 74, *75, 76, 77*
nubes en 166
Olympus Mons 169, *169,* 175, *224*
órbita alrededor del Sol 71
orígenes de 169
paisaje formado por agua 166, *167*
Pavonis Mons 224
pérdida de calor e inactividad 176, 177
puestas y salidas de Sol 27, *27*
«roca Escudo Térmico» 139
satélites 24, *25*
sondas a 24-25, 27, *27,* 138, 139, *139, 140-141,* 141, 166, *219,*
    222-223, *223*
subsuelo inexplorado 224, *224,* 227
tamaño de 94
temperatura en superficie 129, 166, 179
Tharsis 169
Tharsis Montes *224*
Tierra, similitudes con 166, *167*
un mundo familiar 166, *166, 167*
Valles Marineris 164, *164-165,*166,169
vida extraterrestre en 211, 213, 218-229, 230
volcanes de 169, *169,* 175, 224
yeso en 223
Matanuska (glaciar de Alaska) *154-155,* 155
Mauas, Pablo 40, *40,* 41
Mauna Kea, Hawái *110-111,* 168, 178
Mercurio 27, 94, 231
    asteroides y cometas, bombardeo de 132, *133*
    cráteres 132, *132, 133*
    engullido por el Sol 65
    órbita alrededor del Sol 71, 104
    origen de 169
    pérdida de atmósfera 127, *127,* 132, *133,* 149
    temperaturas en *127,* 128
Messenger (sonda) 132, *133*
metano 228-229, *228, 229*
meteoritos *184 véase además* asteroides
meteorología 144, *145*
    de la Tierra y cambios en el Sol 40
    en la Tierra 12, 40, 52, 78, 81
    Júpiter 9, *146,* 147
    tornados 78, 81
    un Sistema Solar tempestuoso 144, 145
Mimas 104-105, 108
Minas (cuenca, bahía de Fundy, Nueva Escocia, Canadá) *190, 191*
momento angular 68, 79, 81

momento lineal 79
Moore, Patrick 182
movimiento retrógrado 74, *75,* 76, 77, 120
Murray, Carl 89

N

Namib, desierto del, Namibia 126, *126,* 139, *140*
NASA 25, 58, 88, *110-111,* 119, 132, *133,* 134, 139, 162, *164-165,* 166, 169,
    177, 178, 182, 192, *210-211,* 210, 211, 224, 228-229, 230, 232, 233,
    235, 236
Neptuno 9, 26, 86, 151
    atmósfera 127
    descubrimiento de 120, 121, *121*
    eclipses 24
    intenso bombardeo tardío y 9, 108
    misiones *Voyager* a 58
    órbita alrededor del Sol 71
    satélites 24
    temperatura en superficie 129
Newton, Isaac 24, 25, 103, 104, 120, 121, 176, 192
NGC 1672 (galaxia) *10-11*
nube molecular Barnard 68 30, *31*

O

Observatorio Keck *110-111,* 228-229
Observatorio Paranal, Chile 31, 61, *61*
Observatorio PS-1, monte Heleakala, Maui 184, *184*
océano Pacífico 168
Oklahoma, Estados Unidos 78
Oort, nube de 9, 60, *60*
Orión, nebulosa de *61*
«oscurecimiento del limbo» 151
OTAN 116

P

Pandora 105
Paraná (río) 37, *37,* 40, *40, 41*
Pardee, J. Y. 215
Pasadena, California 88
Pathfinder (módulo de aterrizaje) *140-141*
Penfield, Glen 188
pérdida de calor en planetas 176
«pilares de la creación, los» 80, *80*
planetesimales, teoría de los 171

plasma 48, 49, 65
Plutón 24, 50
Poecilia sulphuraria 227
Polar, Estrella (Polaris) 74
Porco, Carolyn 99, 100
positrón 35
presión atmosférica, explicación 123
Primera Nave Cósmica 8, 12
prisma, funcionamiento 43
Prometeo 105
Proxima Centauri 8, 60, *60*
Pu'u Ō'Ō (cráter, Hawái) *174*

Q

Qiántáng (río de China) 190
quimiosíntesis 212

R

rayas de tigre en Encélado 99-100, *100*
rayos gamma 48, 49
Rea 88
Real Sociedad de Londres 74
relatividad, teoría de la 24, 79, 103-104, 120
resonancia orbital 103-105, 108, 198-199, 234
Rice, Jim 215, 216
Rømer, Ole 24
rotación capturada 25
Royal Air Force 116, 117

S

Sáhara, desierto del 40, 103, 213
sami (pueblo) 54-55
San Andrés, falla de 209
Saskatchewan, oeste de Canadá 130-131, *130, 131*
Saturn V (cohete) 12, 15, *14-15*
Saturno 9, 27
    anillo *A* 104
    anillo *B* 104
    anillo *E* 96, 99, 102
    anillo *F* 105
    anillos 88-93, *88, 89, 90, 92-93,* 102, 103-105, *104, 105,* 110
    atmósfera 127
    brillo de los anillos 90, 91, *92*
    campo magnético 55
    día de 86
    división de Cassini 88, 104, 105, 108
    eclipses 24
    formación del Sistema Solar y 84-85
    gravitación y alcance de su influjo 60
    intenso bombardeo tardío y 9, 108, 110
    misiones *Voyager* a 58
    órbita alrededor del Sol 71, 86
    posición dentro del Sistema Solar *86-87*
    resonancia orbital y 103-105, 108
    satélites 24, *86,* 88, 94-95, 96, *97,* 98-102, *99, 100,* 104-105, *148, 149-152, 150, 151, 152, 153*
    tamaño de 86
    temperatura en superficie 128
    vida en 213
Scablands, Washington, Estados Unidos 214-216, *214, 215, 216-217, 220,* 221
Schwabe, Heinrich 40
Sedna 26, *26*
ser humano, composición del 212
Shoemaker-Levy (cometa) 50
Sistema Solar:
    como mecanismo de relojería 68
    nacimiento del 78-83, *78, 79, 80, 81, 82-83*
    ritmos del *72-73*
    véase también por el nombre particular de cada planeta
Sobre las revoluciones de los orbes celestes (Copérnico) 76
SOHO (Observatorio Solar y Heliosférico, sonda) 38, 39
Sojourner 140-141
Sol 8, 12, 22
    atmósfera, estructura 48-49
    como agente que desplaza el agua de la Tierra 37, 40, *41*
    como fuente de energía 31, 32, 34-35, *35*
    composición 46, 48-49, *48-49*
    conocimiento del 29
    corona *48-49,* 49
    defensas contra la fuerza del 50, *51*
    dominios 26-27
    duración 31
    eclipse total de *20,* 23-25, *23, 25,* 44-45, *44-45,* 46, *47,* 49
    energía 30, 31
    esfera casi perfecta 46
    fuerzas ocultas tras el 34-35, *35*
    fulguración solar 50, *51*
    fusión nuclear y energía 31, 34-35
    futuro 61
    importancia 29
    influencia en la Tierra 37, 40, *41, 42,* 43, 69-71
    manchas solares 38, *38, 39,* 40
    muerte 68
    nacimiento 31, *32-33*
    plasma 48, 49, 65
    potencia de la luz solar 35, 36, 40, 41, *42,* 43
    tamaño 27, 46
    viento solar 50, 55, 58, 141
Strokkur (géiser de Islandia en el valle de Haukadalur) 100
Subaru (telescopio) *110-111*
supercélula 78
supernova 81

250

T

Tales de Mileto 210
Telescopio Muy Grande (VLT), Observatorio de Paranal, Chile 31, 61, *61*
temperatura:
    ambiente de la Tierra 124, *125*, 126, *129*
    en la superficie de planetas 128-129
    véase también por el nombre particular de cada planeta
teoría general de la relatividad 79, 103-104, 120
termitas 228, *228*, 229
Tetis 88
Tierra 88
    ataduras de la fuerza de la gravedad 122-123, *122, 123*, 141
    atmósfera 50, 114, *115*, 116-117, *116, 117*, 118-119, 119
    campo magnético 50, 52, 141
    civilización en la 241
    como centro del universo 74
    efecto invernadero en la 12, 126, 127, 136, *136-137*, 179
    efectos del Sol 37, 40, *40, 41*, 69-71
    el delicado equilibrio de la (el planeta de Ricitos de Oro) 134, 155, 179
    el viento solar y la 50, 55, 60, 141
    episodios de extinciones masivas 178, 188
    erupciones volcánicas 168, *174*, 175, 178, 179, 194, *194*, 195, *196-197*, 197, 199, 200, 236
    evolución de la 9
    formación de la 177
    fuente de calor 175, 176
    importancia de la lluvia 179
    la delgada línea azul de la 116, 119, *123*
    la Luna y las mareas 190-191, *190, 191*, 192
    las estaciones y el Sol *70-71*, 71
    Luna *véase* Luna
    meteorología 12, 40, 52, 78, 81
    órbita alrededor del Sol 71
    primera línea de defensa contra asteroides 130-131, *130, 131*
    recepción de agua a través de cometas 9, 110
    temperatura ambiente 124, *125*, 126
    vapor de agua en 126
Titán 24, 88, 94, *95, 148*, 149
    ciclo del metano 158-159, *158, 159*
    cómo retiene su atmósfera 149-151
    Kraken Mare 158
    lagos 156-159, *156, 157, 159*
    satélite misterioso 149-150
    viaje a 152, *152, 153*
Tizón (río) 163
todoterrenos de exploración de Marte:
    Opportunity 24-25, 139, *139*, 166, *219*, 222-223, *223*
    Spirit 27, *27, 138*, 139, 166, 222
Tolomeo, Claudio 74
Tombaugh, Clyde 50
tornados 78, 81
TRACE (nave espacial) 50
Tromsø 54
Túnez 69, *69, 74*

U

U2 (avión espía) 116
Urano 86
    atmósfera de 127
    descubrimiento de 26, 98, 120
    eclipses en 24
    intenso bombardeo tardío y 108
    ley de la gravitación de Newton y 120-121
    misiones *Voyager* a 58
    órbita alrededor del Sol 71
    salida del Sol en 26-27
    satélites 24
    temperatura en superficie 129

V

Valle de la Muerte, California *30*
valle del Rift en África oriental 166, 194
Varanasi, India *20, 23, 23*, 44-45, *44-45*
Vatnajökull (glaciar de Islandia) 236, *236-239*, 239
Venus 88, *134, 135*
    «garrapata» *134*, 179
    atmósfera 127, 134, 177, 178, 179
    efecto invernadero en 12, 134, 136, 179
    Guinevere Planitia *179*
    Maat Mons 178
    órbita alrededor del Sol 71, 134
    origen de 169
    presión en la superficie 208
    Sif Mons *177*, 178-179
    superficie *177*
    temperatura en superficie 128, 177
    Tierra, rasgos compartidos con 134
    vida en 213
    volcanes 134, *134*, 136, 177, 178-179, *179*
    volcanes de domo 179
Venus Express 178
Verrier, Urbain Le 121
Vesta (meteorito) *184*
vida extraterrestre 206-241
    ¿qué es la vida? 212
    el agua y la 213-217
    en el congelador 230-239
    Europa 230-129
    Marte 211, 218-229
    Sol 210-211
    sometida a grandes presiones 208-211, *209*
    subterránea 224-229
vida subterránea 225, *225, 226, 227, 227*
vida?, ¿qué es la 212
viento interestelar 58, 60

Viking (sondas) 139, *164-165*
Vine, Allyn 208
volcanes:
en Encélado 100, 101, 102
en Ío 198-199, *198, 199,* 200
en Júpiter *198,* 199, *199*
en la Tierra 168, *174,* 175, 178, 194, *194, 195, 196-197,* 197, 199, 200, 236
en Marte 139, 166, 169, *169,* 175, 223, 224, 228
en Titán 149
en Venus 134, *134,* 136, 177, 178, 179, *179*
«garrapata» *134,* 179
las leyes de la física y los 202
Volta, Alessandro 228
Voyager (sondas) 9, 58, *58, 59,* 94, 99, 100, 121, 151, 198, 199, 233, *233*

W

Wells, H. G. 218, 229
White, Ed *13*
Woods Hole, Institución Oceanográfica 207
Wright Flyer 1 12, *15*
Wright, Orville 12
Wright, Wilbur 12

Y

yeso 223
Yucatán, península de, México 130-131, 188, *188*

Z

Zeus 192

CRÉDITOS DE LAS ILUSTRACIONES

Los derechos de reproducción (©) de todas las imágenes pertenecen a la BBC con las siguientes salvedades:

18, 50, 62, 72, 86 ,128, 142, 172, 200 Nathalie Lees © HarperCollins; 8-9 Corbis; 10-11 NASA-Hubble Heritage/ digital/Science Faction/ Corbis; 13 NASA/digital/Science Faction/Corbis; 28 Diego Giudice/ Corbis; 47 Roger Ressmeyer y Jay Pasachoff/Williams College/ Science Faction/Corbis; 56-57 Arctic-Images/Corbis; 70 Peter Richardson/Robert Harding World Imagery/Corbis; 110 David Nunuk/Science Photo Library; 138 HO/Reuters/Corbis; 145 Jim Reed/Corbis; 174 Corbis; 181 Bettmann/Corbis; 209 National Undersea Research Program/NOAA/Science Photo Library; 228 Sinclair Stammers/Science Photo Library; 240 TWPhoto/Corbis; 248 Scharmer *et al.,* Real Academia Sueca de Ciencias/Science Photo Library; 253 NASA/JPL/SSI/Science Photo Library; 14, 17, 25 (ambas), 31, 35, 38 (ambas), 48, 53, 58, 59, 60 (superior), 61 (superior) 75, 80, 81, 82, 89 (izquierda), 95 (2 superior), 100 (inferior), 108, 109, 118, 121, 122, 123, 133 (todas), 134, 135, 139, 140 (superior), 146, 147, 148, 150, 153, 156, 159, 164, 169 (ambas), 170, 177 (ambas), 179 (ambas), 182, 183, 185 (ambas), 188 (superior), 190, 191, 192, 193, 198, 219, 224 (izquierda), 231, 232, 233 (todas), 243 NASA; 32-33 (inferior), 39, 60 (inferior), 69 (ambas), 85, 92, 97, 100 (superior), 157 Prime Focus/BBC; 41, 42, 54 (inferior), 90 (superior), 107, 125, 136, 154, 236 Brian Cox.

PÁGINA 248: Las manchas solares son regiones más frías de la superficie del Sol que se ven negras por el contraste con las zonas más brillantes y calientes de alrededor.

PÁGINA 253: Saturno y sus anillos fotografiados con la cámara de gran angular instalada a bordo de la nave espacial *Cassini* de la NASA.

AGRADECIMIENTOS

La redacción de este libro le debe mucho al esfuerzo y a la creatividad de todos los que participaron en la producción televisiva de *Maravillas del Sistema Solar* de la BBC. A Danielle Peck, que encabezó el equipo con gran pasión y dinamismo; y a Gideon Bradshaw, Michael Lachmann, Chris Holt y Paul Olding, artífices de la producción y la dirección de tan preciosos rodajes.

También quisiéramos manifestar nuestro agradecimiento a Rebecca Edwards, Diana Ellis-Hill, Tom Ranson, Ben Finney, Laura Mulholland, Kevin White, George McMillan, Paul Jenkins, Simon Farmer, Chris Titus King, Freddie Claire, Darren Jonusas, Gerard Evans, Martin Johnson, Louise Salkow, Lee Sutton, Laura Davey, Rebecca Lavender, Alison Castle y David Pembrey, Sheridan Tongue, Donna Dixon, Julie Wilkinson, Sara Revell, Anna Charlton, Louise Farley, Nicola Kingham y al equipo de Prime Focus London.

Asimismo agradecemos a Andy Pilkington el trabajo que realizó en el libro, y a Jeff Forshaw y a John Zarnecki el generoso tiempo y la meditación que dedicaron al proyecto.

Brian quisiera agradecer, además, a la Universidad de Mánchester y a la Real Sociedad Británica que le permitieran tomarse el tiempo necesario para hacer *Maravillas*. Asimismo se siente especialmente en deuda con Alan Gilbert (11 de septiembre de 1944 - 27 de julio de 2010), presidente inaugural y vicerrector de la Universidad de Mánchester, que supo ver el verdadero valor de las universidades y animó a su institución y a sus académicos a cambiar la sociedad para mejor desde fuera de su torre de marfil.

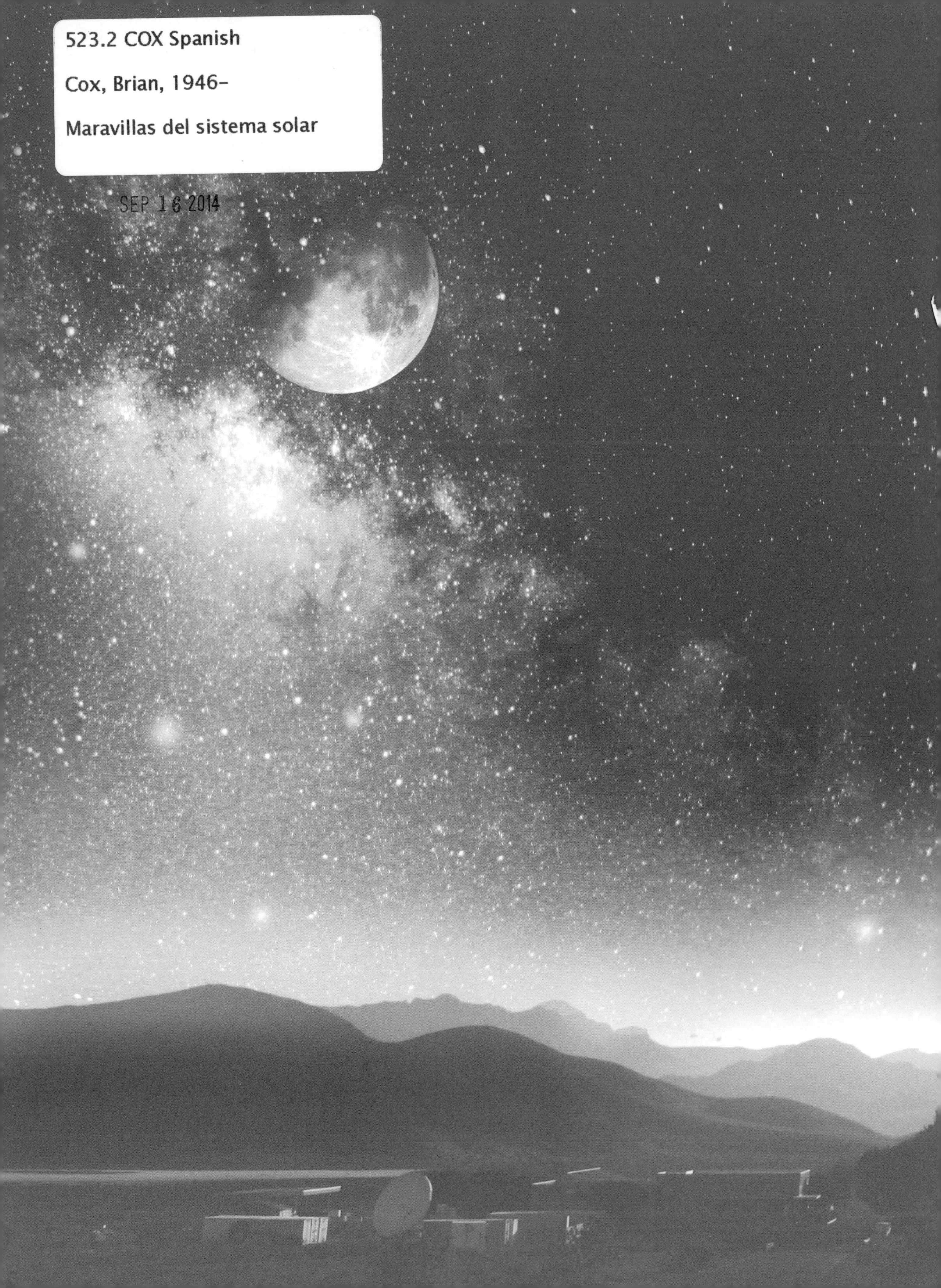